くるり科学ずかん

変身《へんしん》のなぞ

化学《かがく》のスター！

原田佐和子　小川真理子　片神貴子　溝口恵 文　富士鷹なすび 絵

玉川大学出版部

“変身《へんしん》”しているのはだれだ？

あなたのまわりには、いまどんなものがあるだろう？　そして、それは、なにでできているのかな？

たとえば、テーブルの上《うえ》においてある、おやつのケーキとジュース。これらは、なにでできているかな？

ケーキ：砂糖《さとう》、小麦粉《こむぎこ》、バター、卵《たまご》、水《みず》、
くだもの（イチゴ）など
お皿《さら》：陶磁器《とうじき》（土《つち》）
フォーク：金属《きんぞく》

ストロー：プラスチック
コップ：ガラス
あまい飲《の》みもの：砂糖《さとう》、水《みず》、その他《た》

おやつひとつをとってみても、ずいぶんいろんなものでできていることがわかる。

もうすこし、細《こま》かく見《み》ていこう。たとえば、ケーキやジュースの材料《ざいりょう》として使《つか》われる砂糖《さとう》（グラニュー糖《とう》）。

グラニュー糖《とう》のちいさな粒《つぶ》を、虫《むし》めがねで見《み》てごらん
スズメのチュン太《た》。この本《ほん》の案内役《あんないやく》
グラニュー糖
拡大《かくだい》

グラニュー糖《とう》の粒《つぶ》を拡大《かくだい》（大《おお》きく）してみると、きれいな宝石《ほうせき》のようなかたちをしていることがわかる。このようにきれいにそろったかたちを「結晶《けっしょう》」という。
そして、この結晶《けっしょう》がドロップくらい巨大《きょだい》になったものが、氷砂糖《こおりざとう》だ。よく見《み》ると、グラニュー糖《とう》のひと粒《つぶ》と氷砂糖《こおりざとう》の粒《つぶ》は、同《おな》じようなかたちをしているのがわかる。

ひと粒《つぶ》の結晶《けっしょう》は、さらにちいさな粒《つぶ》のあつまりだ。

拡大《かくだい》

ひと粒《つぶ》のグラニュー糖《とう》

拡大《かくだい》してみると……

ちいさな粒《つぶ》がたくさんあつまっている

このちいさな粒《つぶ》を図《ず》にすると、つぎのようになる。

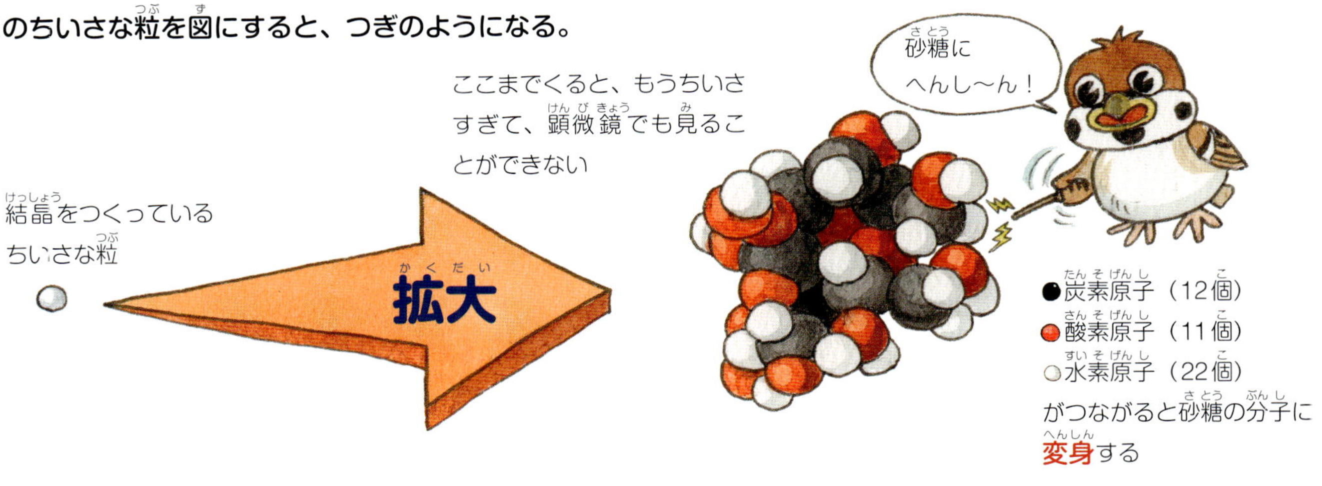
ここまでくると、もうちいさすぎて、顕微鏡《けんびきょう》でも見《み》ることができない
結晶《けっしょう》をつくっているちいさな粒《つぶ》
拡大《かくだい》
砂糖《さとう》にへんし～ん！
●炭素原子《たんそげんし》（12個《こ》）
●酸素原子《さんそげんし》（11個《こ》）
○水素原子《すいそげんし》（22個《こ》）
がつながると砂糖《さとう》の分子《ぶんし》に変身《へんしん》する

砂糖《さとう》だけではなくて、わたしたちのまわりにあるものはすべて、ちいさなちいさな粒《つぶ》があつまってできている。この粒《つぶ》のことを「分子《ぶんし》」という。さらに分子《ぶんし》は、もっとちいさな「原子《げんし》（たとえば炭素《たんそ》、水素《すいそ》、酸素《さんそ》、窒素《ちっそ》、アルミニウム、鉄《てつ》など）」が組《く》みあわさってできているんだ。この組《く》みあわせやつながりかたが変《か》わると、まったくちがったものに“変身《へんしん》”してしまう。この本《ほん》は、そのいろいろな“変身《へんしん》”について紹介《しょうかい》している。

変身《へんしん》のなぞ●もくじ

第0章

ようこそ“変身《へんしん》”の世界《せかい》へ！

最初《さいしょ》に、この世界《せかい》に登場《とうじょう》する原子《げんし》や分子《ぶんし》といった主役《しゅやく》たちを紹介《しょうかい》しよう。
ものが“変身《へんしん》”するとき、この主役《しゅやく》たちがつながったりはなれたりする。
つながりかたによって、くっつく強《つよ》さもさまざまだ。
どんなつながりかたがあるのかも、見《み》てみよう。

水《みず》は“変身《へんしん》”の名人《めいじん》

冷凍庫《れいとうこ》のなかに水《みず》を入《い》れておくと、かたい氷《こおり》ができる。やわらかい水《みず》が、凍《こお》るとどうしてかたくなるんだろう？　この氷《こおり》を冷凍庫《れいとうこ》から出《だ》すと、やがて溶《と》けて水《みず》にもどる。水《みず》を、こんどは火《ひ》で熱《ねっ》すると、ボコボコと泡《あわ》が出《で》て水《みず》の量《りょう》がへり、やがてなくなってしまう。水《みず》はどこへいったのかな？

カリカリ
かたいぜ！

冷凍庫《れいとうこ》のなかでかたまった氷《こおり》

と〜け〜た〜
おいしい
水《みず》！

氷《こおり》が溶《と》けて水《みず》になる

なにかが
出《で》ていくよ
空《から》だき注意《ちゅうい》！

熱《ねっ》するとなくなってしまう

固体《こたい》・液体《えきたい》・気体《きたい》

世界中《せかいじゅう》にあるどんなものも、ものすごくちいさな粒《つぶ》（原子《げんし》や分子《ぶんし》）があつまってできている。水《みず》も、目《め》に見《み》えないくらいちいさな粒《つぶ》のあつまりだ。それが、周囲《しゅうい》の条件《じょうけん》によって「固体《こたい》」「液体《えきたい》」「気体《きたい》」とかたちを変《か》えていく。

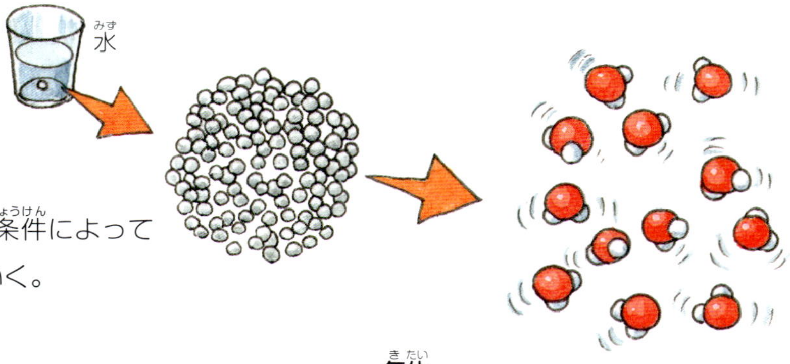

水《みず》

固体《こたい》
ちいさな粒《つぶ》たちがきちんとならんで動《うご》かない

液体《えきたい》
ちいさな粒《つぶ》たちはおたがいに引《ひ》きあうけれど、自由《じゆう》に動《うご》くことができる

気体《きたい》
ちいさな粒《つぶ》たちは1個《こ》ずつバラバラになって、空気中《くうきちゅう》をとびまわる

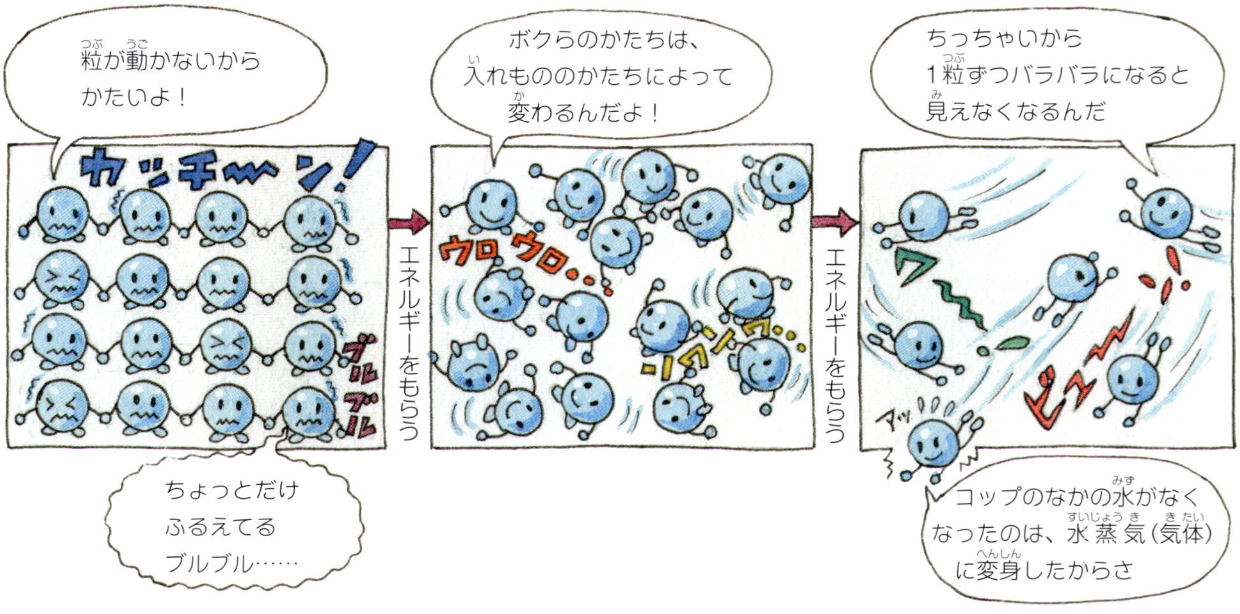

粒《つぶ》が動《うご》かないから
かたいよ！
カッチーン！
ブルブル
ちょっとだけ
ふるえてる
ブルブル……
エネルギーをもらう
ボクらのかたちは、
入《い》れもののかたちによって
変《か》わるんだよ！
ウロウロ…
エネルギーをもらう
ちっちゃいから
1粒《つぶ》ずつバラバラになると
見《み》えなくなるんだ
アッ
コップのなかの水《みず》がなく
なったのは、水蒸気《すいじょうき》（気体《きたい》）
に変身《へんしん》したからさ

水《みず》は、いろんなところにひそんでいる

どんなものでも、「固体《こたい》」「液体《えきたい》」「気体《きたい》」の３つのかたちに変身《へんしん》することができる。でも、あなたの身近《みぢか》なところで「固体《こたい》の酸素《さんそ》」や「液体《えきたい》の金《きん》」なんて、見《み》たことはないと思《おも》う。ものには、気体《きたい》になりやすいもの、固体《こたい》になりやすいものがあるんだ。そんななかで水《みず》は、わたしたちの身近《みぢか》なところで固体《こたい》、液体《えきたい》、気体《きたい》のすべてのかたちに変身《へんしん》することができる。水《みず》は、どんなところに、どんなかたちでひそんでいるのだろう？

固体《こたい》でひそむ

空《そら》の高《たか》いところでは、水蒸気《すいじょうき》がひえて氷《こおり》の粒《つぶ》になり、雲《くも》をつくっている。雲《くも》は、氷《こおり》の粒《つぶ》や水《みず》の粒《つぶ》のあつまりだ。

氷《こおり》の粒《つぶ》
水《みず》の粒《つぶ》

気体《きたい》でひそむ

目《め》には見《み》えないけれど、空気中《くうきちゅう》には水蒸気《すいじょうき》になった水《みず》がある。雨《あめ》の日《ひ》やジメジメした日《ひ》に洗濯《せんたく》ものがかわきにくいのは、空気中《くうきちゅう》に気体《きたい》の水《みず》（水蒸気《すいじょうき》）がたくさんあるからだ。

雨《あめ》の日《ひ》は、
家《いえ》のなかにも
水蒸気《すいじょうき》がいっぱい！

液体《えきたい》でひそむ

大人《おとな》は体重《たいじゅう》の60％《パーセント》が、子《こ》どもは体重《たいじゅう》の70％が、水分《すいぶん》でできている。

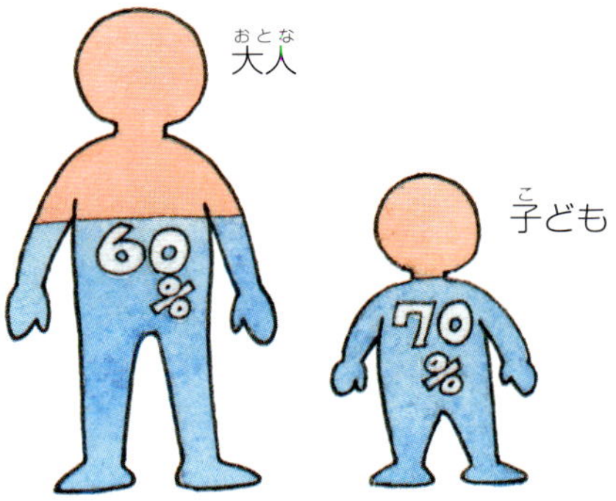
大人《おとな》
60%
子《こ》ども
70%

食《た》べもののなかにも、たくさんの水分《すいぶん》がふくまれている

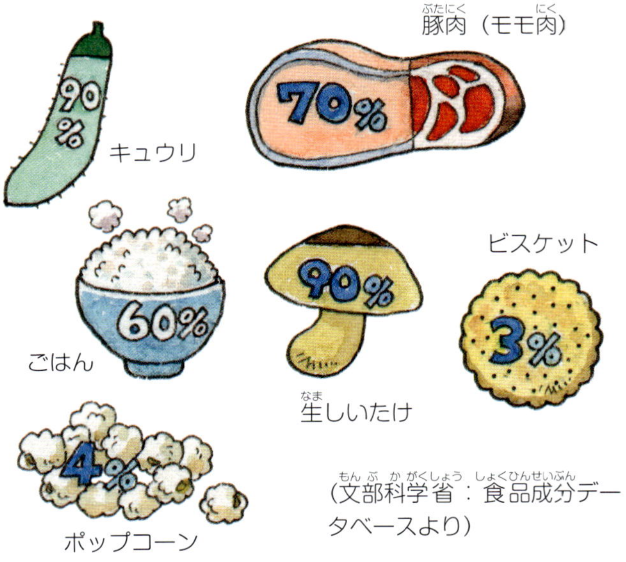
90%
キュウリ
豚肉《ぶたにく》（モモ肉《にく》）
70%
60%
ごはん
90%
生《なま》しいたけ
ビスケット
3%
4%
ポップコーン

（文部科学省《もんぶかがくしょう》：食品成分《しょくひんせいぶん》データベースより）

水《みず》は変《か》わりもの

ほとんどの液体《えきたい》は、固体《こたい》になったときのほうが粒《つぶ》がぎっしりつまっている。だから、同《おな》じ体積《たいせき》でくらべると、固《こ》体《たい》のほうが重《おも》い。でも、水《みず》はちがう。氷《こおり》が水《みず》に浮《う》くのは、水《みず》よりも氷《こおり》のほうが軽《かる》いからだ（どうしてそうなるのかは、P.18からの「固体《こたい》⇄液体《えきたい》⇄気体《きたい》の変身《へんしん》」を見《み》てね）。

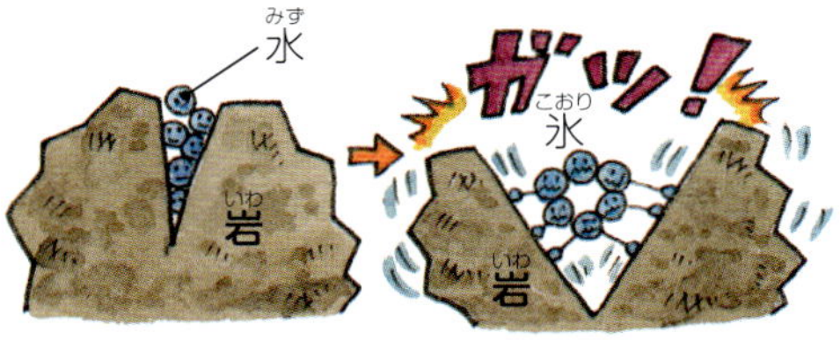
水《みず》
岩《いわ》
ガッ！
氷《こおり》
岩《いわ》

水《みず》が氷《こおり》になると、体積《たいせき》がふえる。岩《いわ》の割《わ》れめにしみこんだ水《みず》が凍《こお》ると、外《そと》にふくらもうとする力《ちから》のはたらきで岩《いわ》が割《わ》れてしまうこともある

ミクロの世界《せかい》から“変身《へんしん》”のなぞをとく

水《みず》のほかにも、わたしたちのまわりには、ものが「ふくらむ」「色《いろ》が変《か》わる」「溶《と》ける」「錆《さ》びる」など、たくさんの不思議《ふしぎ》な“変身《へんしん》”が見《み》られる。この変身《へんしん》のなぞをときあかしていくためには、目《め》に見《み》えないほどちいさな「ミクロの世界《せかい》」でどんなことが起《お》こっているのかを知《し》ることが必要《ひつよう》だ。
最初《さいしょ》に、ミクロの世界《せかい》がどのくらいの大《おお》きさなのか（どのくらいちいさな世界《せかい》なのか）を知《し》るために、身《み》のまわりにあるちいさいものとくらべてみよう。

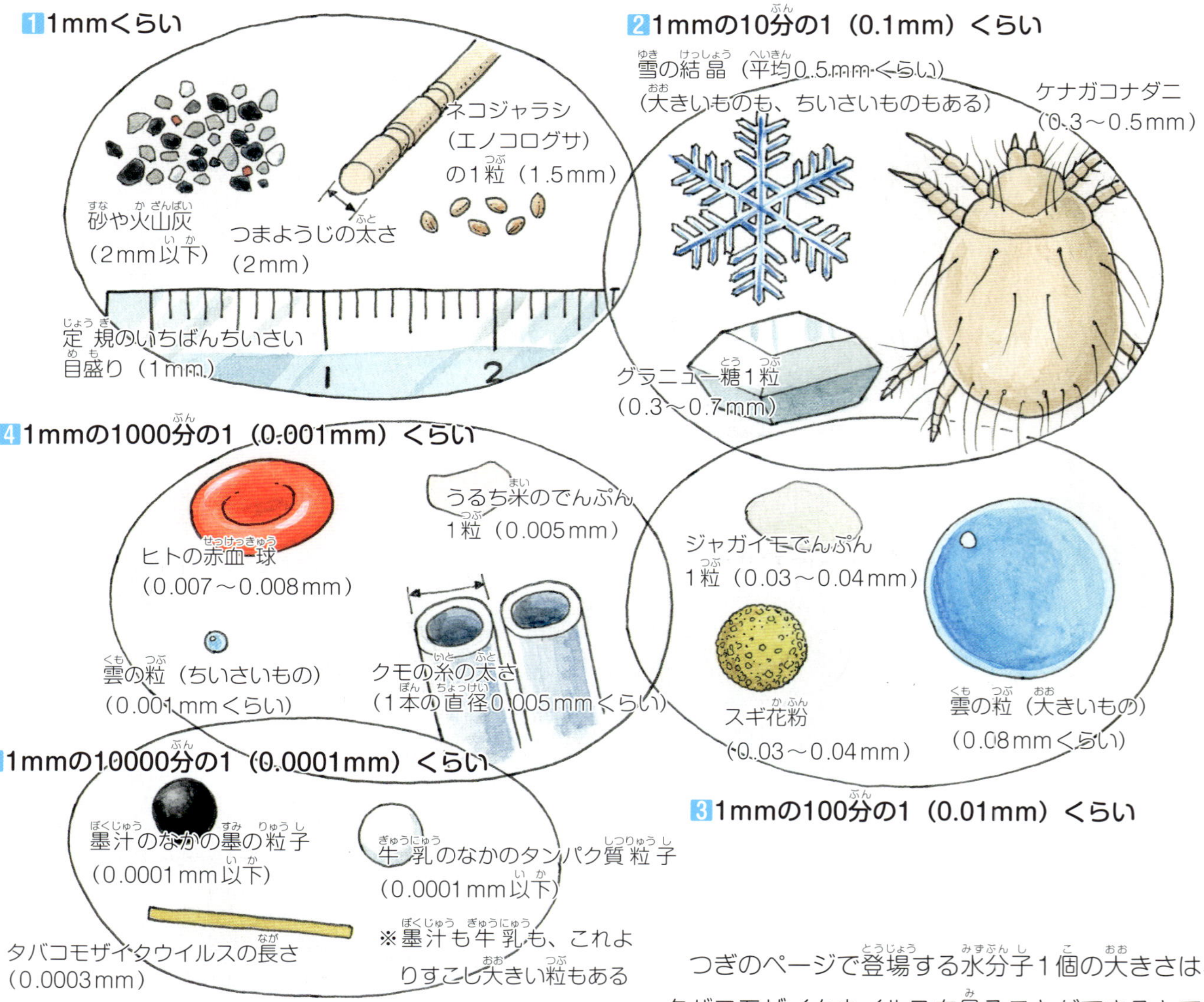

1 1mmくらい
砂《すな》や火山灰《かざんばい》
（2mm以下《いか》）
つまようじの太《ふと》さ
（2mm）
ネコジャラシ
（エノコログサ）
の1粒《つぶ》（1.5mm）
定規《じょうぎ》のいちばんちいさい
目盛《めも》り（1mm）
2 1mmの10分《ぶん》の1（0.1mm）くらい
雪《ゆき》の結晶《けっしょう》（平均《へいきん》0.5mmくらい）
（大《おお》きいものも、ちいさいものもある）
ケナガコナダニ
（0.3～0.5mm）
グラニュー糖《とう》1粒《つぶ》
（0.3～0.7mm）
3 1mmの100分《ぶん》の1（0.01mm）くらい
ジャガイモでんぷん
1粒《つぶ》（0.03～0.04mm）
スギ花粉《かふん》
（0.03～0.04mm）
雲《くも》の粒《つぶ》（大《おお》きいもの）
（0.08mmくらい）
4 1mmの1000分《ぶん》の1（0.001mm）くらい
ヒトの赤血球《せっけっきゅう》
（0.007～0.008mm）
うるち米《まい》のでんぷん
1粒《つぶ》（0.005mm）
雲《くも》の粒《つぶ》（ちいさいもの）
（0.001mmくらい）
クモの糸《いと》の太《ふと》さ
（1本《ぽん》の直径《ちょっけい》0.005mmくらい）
5 1mmの10000分《ぶん》の1（0.0001mm）くらい
墨汁《ぼくじゅう》のなかの墨《すみ》の粒子《りゅうし》
（0.0001mm以下《いか》）
牛乳《ぎゅうにゅう》のなかのタンパク質粒子《しつりゅうし》
（0.0001mm以下《いか》）
タバコモザイクウイルスの長《なが》さ
（0.0003mm）
※墨汁《ぼくじゅう》も牛乳《ぎゅうにゅう》も、これより
すこし大《おお》きい粒《つぶ》もある

※ものすごくちいさいが、このあたりはまだ、電子顕微鏡《でんしけんびきょう》を使《つか》えば見《み》ることができる

つぎのページで登場《とうじょう》する水分子《みずぶんし》1個《こ》の大《おお》きさは、タバコモザイクウイルスを見《み》ることができるとても性能《せいのう》のいい電子顕微鏡《でんしけんびきょう》の倍率《ばいりつ》を、さらに1000倍《ばい》にしなくては見《み》ることができない。

●ミクロの世界《せかい》

とても性能《せいのう》のいい顕微鏡《けんびきょう》でも見《み》えないくらいちいさなものの世界《せかい》のこと。だいたい1mmの1000分《ぶん》の1（0.001mm）以下《いか》だから、ちいさすぎて、わたしたちの目《め》ではとても見《み》ることができない。

目《め》に見《み》えないミクロの世界《せかい》の主人公《しゅじんこう》──分子《ぶんし》と原子《げんし》

　ミクロの世界《せかい》の主人公《しゅじんこう》は、分子《ぶんし》やそれよりももっとちいさい原子《げんし》など、ものすごくちいさな粒《つぶ》たちだ。この粒《つぶ》たちが、くっついたりはなれたり、ぶつかりあったりすると、不思議《ふしぎ》な変化《へんか》が起《お》きる。ここでは、このちいさな粒《つぶ》たちのことを紹介《しょうかい》しておこう。

分子《ぶんし》

●水《みず》は水分子《みずぶんし》のあつまり

水《みず》をどんどん拡大《かくだい》して見《み》ていくと、ちいさな水《みず》の粒《つぶ》（分子《ぶんし》）がたくさんあつまったものだということがわかる。目《め》に見《み》えないほどちいさな分子《ぶんし》が数《かぞ》えきれないほどたくさんあつまって、やっと目《め》で見《み》ることができる「水《みず》」になっているというわけだ。

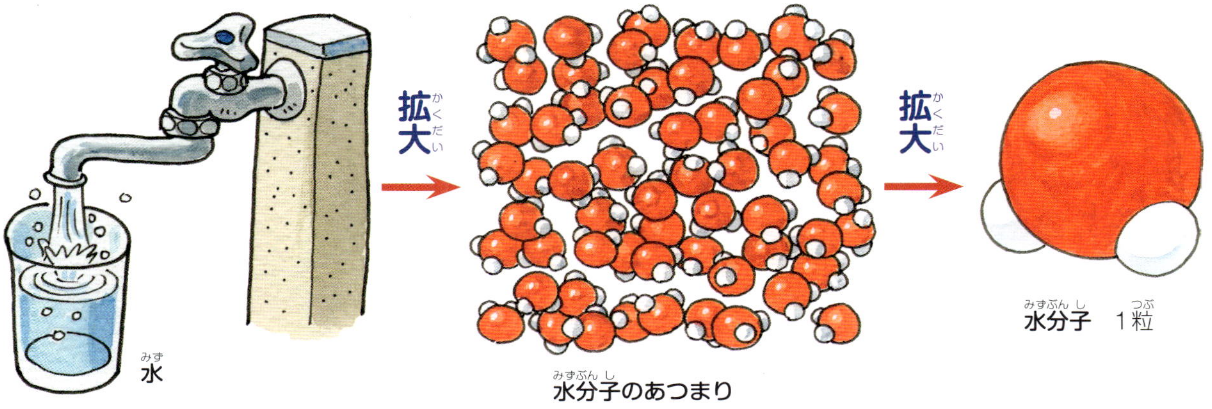
水《みず》
拡大《かくだい》
水分子《みずぶんし》のあつまり
拡大《かくだい》
水分子《みずぶんし》 1粒《つぶ》

●水分子《みずぶんし》をもっと拡大《かくだい》してみると……

ちいさな水分子《みずぶんし》を、もっと拡大《かくだい》してみよう。すると、この分子《ぶんし》はさらにちいさな粒《つぶ》があつまってできていることがわかる。このちいさな粒《つぶ》のことを「原子《げんし》」という。水分子《みずぶんし》の場合《ばあい》は、酸素原子《さんそげんし》が1個《こ》と水素原子《すいそげんし》が2個結《こむす》びついている。つまり、水《みず》の正体《しょうたい》は、

酸素原子《さんそげんし》1個《こ》と水素原子《すいそげんし》2個《こ》とがくっついた、水分子《みずぶんし》のあつまり

と、まとめることができる。

水分子《みずぶんし》
酸素原子《さんそげんし》
水素原子《すいそげんし》

酸素原子《さんそげんし》1個《こ》と水素原子《すいそげんし》2個《こ》があつまって、1個《こ》の水分子《みずぶんし》ができている

●分子《ぶんし》

「もの」をかたちづくっているちいさな粒《つぶ》。分子《ぶんし》の1粒《つぶ》1粒《つぶ》は、どれもみな、その「もの」と同《おな》じ性質《せいしつ》をもっている。

●原子《げんし》

分子《ぶんし》をかたちづくっているさらにちいさな粒《つぶ》。原子《げんし》が化学的《かがくてき》に結《むす》びついて、分子《ぶんし》という粒《つぶ》をつくっている。分子《ぶんし》は、もとの原子《げんし》とは性質《せいしつ》がちがっている。

原子《げんし》

原子《げんし》だけでできたもの

水《みず》は、酸素原子《さんそげんし》と水素原子《すいそげんし》がくっついた水分子《みずぶんし》のあつまりだった。でも、すべてのものが分子《ぶんし》のあつまりというわけではない。たとえば1円《えん》玉《だま》。これは、アルミニウム原子《げんし》だけがたくさんあつまったものだ。

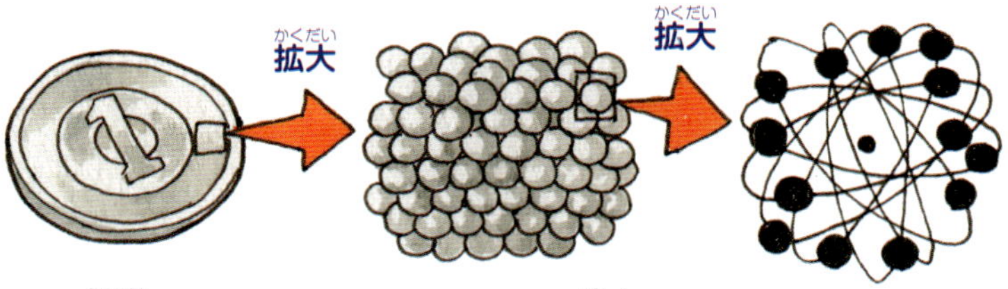
拡大《かくだい》
拡大《かくだい》
1円玉《えんだま》
アルミニウム原子《げんし》のあつまり
アルミニウム原子《げんし》

原子《げんし》のなかをのぞいてみると

原子《げんし》のなかをのぞいてみよう。原子《げんし》の中心《ちゅうしん》にはちいさな原子核《げんしかく》があり、そのまわりをもっとちいさな電子《でんし》がいくつかまわっている。原子核《げんしかく》は、プラスの電気《でんき》を帯《お》びた粒《つぶ》（陽子《ようし》）と、電気《でんき》を帯《お》びていない粒《つぶ》（中性子《ちゅうせいし》）でできている。陽子《ようし》が何個《なんこ》あるかは、原子《げんし》の種類《しゅるい》によって決《き》まる。

原子《げんし》のイメージ

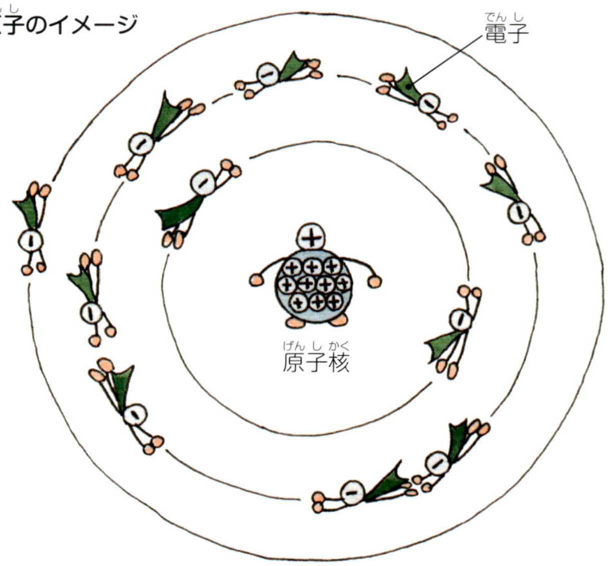
電子《でんし》
原子核《げんしかく》

- 陽子《ようし》⊕と電子《でんし》⊖のそれぞれ1個《こ》がもっている電気《でんき》の量《りょう》は同《おな》じ
- 1つの原子《げんし》のなかにある陽子《ようし》の数《かず》と電子《でんし》の数《かず》は同《おな》じ

だから、
1つの原子《げんし》のなかで
⊕と⊖は
つりあっているんだ

- 原子《げんし》そのものは、電気《でんき》を帯《お》びていない
- 原子《げんし》のなかで陽子《ようし》⊕と電子《でんし》⊖は引《ひ》きあうので、電子《でんし》は原子核《げんしかく》のまわりをとびつづける

原子《げんし》の大《おお》きさ

いちばん外側《そとがわ》をとんでいる電子《でんし》がいるところまでが、その原子《げんし》の大《おお》きさだ。種類《しゅるい》によってちがうけれど、原《げん》子《し》は中心《ちゅうしん》にある原子核《げんしかく》の大《おお》きさの数万倍《すうまんばい》の大《おお》きさをもっている。たとえば炭素原子《たんそげんし》の場合《ばあい》、その大《おお》きさは炭素《たんそ》の原子核《げんしかく》の約《やく》3万倍《まんばい》だ。

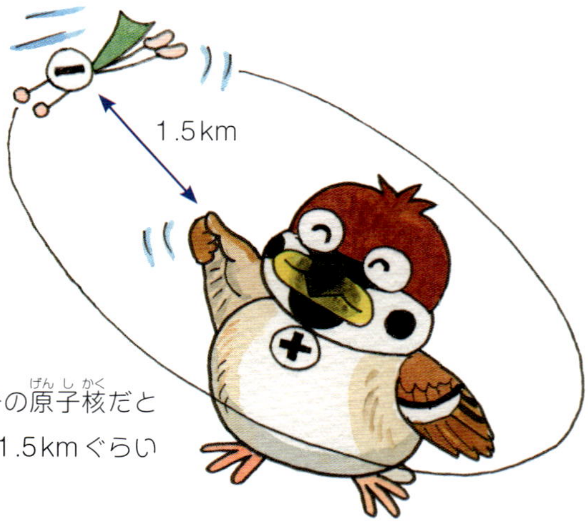
1.5km

身長《しんちょう》10cmのボク（スズメ）が炭素原子《たんそげんし》の原子核《げんしかく》だとしたら、いちばん外側《そとがわ》の電子《でんし》は、なんと1.5kmぐらいはなれたところをとんでいるんだ！

つながる、ちいさな粒《つぶ》たち

ちいさな粒《つぶ》（原子《げんし》）たちは、いろいろな方法《ほうほう》でつながって、ものをかたちづくっている。そのつながりかたによって、しっかりしたかたいものに変身《へんしん》する場合《ばあい》もあれば、こわれやすいものに変身《へんしん》する場合《ばあい》もある。また、数個《すうこ》の原子《げんし》がつながって分子《ぶんし》の粒《つぶ》になり、空気中《くうきちゅう》をとびまわることもある。ちいさな粒《つぶ》たちは、どのようにつながっているのだろう？

原子《げんし》がつながる

原子《げんし》どうしがつながる方法《ほうほう》には、おもに３通《とお》り（「共有結合《きょうゆうけつごう》」「金属結合《きんぞくけつごう》」「イオン結合《けつごう》」）ある。また、原子《げんし》のなかには、つながるのがきらいなものもある。

共有結合《きょうゆうけつごう》

電子《でんし》がほしい原子《げんし》

電子《でんし》をわたしたくない２個《こ》の原子《げんし》のあいだで、電子《でんし》をいっしょに使《つか》って（共有《きょうゆう》して）つながる。

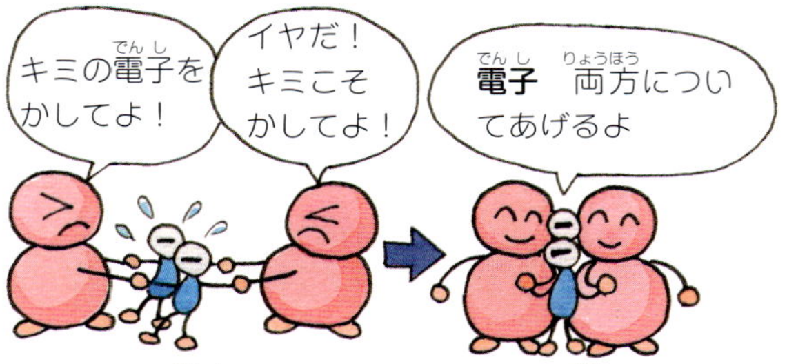
キミの電子《でんし》をかしてよ！
イヤだ！キミこそかしてよ！
電子《でんし》　両方《りょうほう》についてあげるよ

おたがいの電子《でんし》をとりあう　**みんな　仲《なか》よし！**

※ 共有結合《きょうゆうけつごう》の例《れい》：酸素分子《さんそぶんし》

金属結合《きんぞくけつごう》

金属原子《きんぞくげんし》がたくさんあつまると、そこにある電子《でんし》たちは原子《げんし》の垣根《かきね》をこえて自由《じゆう》に動《うご》く（自由電子《じゆうでんし》という）。この自由電《じゆうでん》子《し》が原子《げんし》のあいだを縫《ぬ》うように動《うご》きまわって、原子《げんし》をつなぐ。

金属《きんぞく》がピカピカ光《ひか》るのはボクら自由電子《じゆうでんし》が走《はし》りまわって光《ひかり》をけちらしているからなんだ
ボクらは自由《じゆう》だ！

※ 金属結合《きんぞくけつごう》の例《れい》：鉄《てつ》

イオン結合《けつごう》

電子《でんし》をわたしたい原子《げんし》

片方《かたほう》の原子《げんし》がもう一方《いっぽう》へ電子《でんし》をわたしてしまう。電子《でんし》をもらったほうはマイナスがふえるのでマイナスの電気《でんき》を帯《お》び、わたしたほうはマイナスがへったぶんプラスの電気《でんき》を帯《お》びる。このように、原子《げんし》が電子《でんし》をもらったり、わたしたりして電気《でんき》を帯《お》びたものを、「**イオン**」という。マイナスとプラスのイオンは、たがいに引《ひ》かれあってつながる。

オレの電子《でんし》をかしてやるよ
ありがとう！
＋と－は仲《なか》よし

電子《でんし》がへったら　⊕に帯電《たいでん》　（＋イオン）

電子《でんし》がふえたら　⊖に帯電《たいでん》　（－イオン）

※イオン結合《けつごう》の例《れい》：食塩《しょくえん》

※イオンについては、第《だい》２章《しょう》「色《いろ》が変《か》わる」の「イオンってなんだ？」（P.35）も見《み》てみよう

ひとりが好《す》き！

「つながるのがきらい」という原子《げんし》もある。たとえば、ヘリウムなどがそうだ。ヘリウムは風船《ふうせん》やアドバルーンを空《そら》に浮《う》かべるときによく使《つか》われる。ひとりぼっちが好《す》きで、ほかの原子《げんし》と反応《はんのう》しないため、爆発《ばくはつ》する危険《きけん》がないからだ（ヘリウムより軽《かる》い水素《すいそ》は、酸素《さんそ》と反応《はんのう》して爆発《ばくはつ》する）。

ひとりでいるのが好《す》きなの
ほっといてくださらない？

分子《ぶんし》がつながる

原子《げんし》がつながってできた分子《ぶんし》の1粒《つぶ》ずつは、バラバラになって空気中《くうきちゅう》にただよっている場合《ばあい》もあるが、分子《ぶんし》のあいだでもっとつながろうとする力《ちから》がはたらき、たくさんの分子《ぶんし》がつながっていることが多《おお》い。

水素結合《すいそけつごう》

水分子《みずぶんし》は酸素原子《さんそげんし》1個《こ》と水素原子《すいそげんし》2個《こ》でできているが、酸素《さんそ》が電子《でんし》をひっぱる力《ちから》が強《つよ》いため、水素《すいそ》の電子《でんし》は酸素《さんそ》のほうにかたよっている。そのため、水《みず》の分子《ぶんし》は、酸素《さんそ》のほうがすこしマイナス、水素《すいそ》のほうがすこしプラスにかたよっている。プラスとマイナスは引《ひ》きあうので、水《みず》分子《ぶんし》どうしはつながる。また、同《おな》じように電子《でんし》がかたよったほかの種類《しゅるい》の分子《ぶんし》ともつながりやすい。このように、水素《すいそ》の電子《でんし》がかたよるおかげでほかの分子《ぶんし》ともつながることができるので、このつながりかたを「**水素結合《すいそけつごう》**」という。

水分子《みずぶんし》 −
＋
酸素《さんそ》 水素《すいそ》の電子《でんし》たち
こっちへおいで！
水素《すいそ》 酸素《さんそ》がボクらの
電子《でんし》をひっぱるんだよ

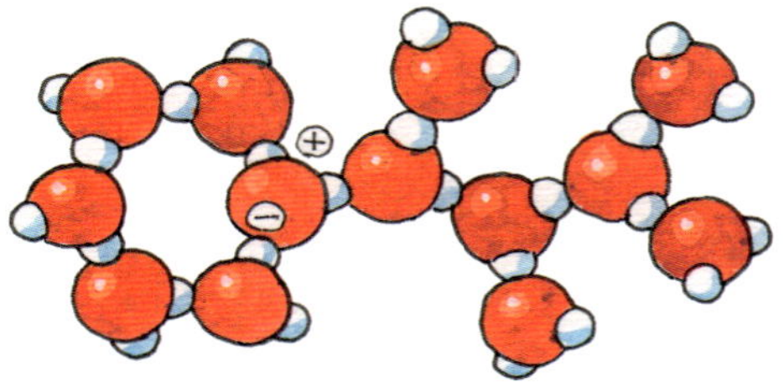
⊕
⊖
水分子《みずぶんし》どうしが水素結合《すいそけつごう》でつながったようす

弱《よわ》いつながり

電子《でんし》は、どんな温度《おんど》や圧力《あつりょく》のもとでも、いつも動《うご》きまわっている。分子《ぶんし》のなかでプラスとマイナスがかたよる瞬間《しゅんかん》があると、分子《ぶんし》どうしのあいだに引《ひ》きあう力《ちから》が生《う》まれ、弱《よわ》くつながる。ただ、このつながりは水素結合《すいそけつごう》などとくらべるとずっと弱《よわ》いので、切《き》れやすい。

このつながりかたをするもののなかには、分子《ぶんし》どうしのつながりが一気《いっき》に切《き》れて、固体《こたい》から気体《きたい》へ変化《へんか》（昇華《しょうか》）するものもある。

（くわしくは、P.29の「ドライアイスが昇華《しょうか》するのは、なぜ？」を見《み》てね）

つながりが
弱《よわ》いから、
すぐ切《き》れちゃう
アッ！
……弱《よわ》いつながり

原子《げんし》や分子《ぶんし》の粒《つぶ》がくっついたりはなれたりするときには、電子《でんし》が両方《りょうほう》の粒《つぶ》のあいだを行《い》き来《き》したり、粒《つぶ》と粒《つぶ》のあいだで電子《でんし》をやりとりしたりする。電子《でんし》の動《うご》きがわかれば、変身《へんしん》のなぞをときあかすことができるだろう。

第1章

ふくらむ・ちぢむ・かたちが変《か》わる

どんなものでも、固体《こたい》、液体《えきたい》、気体《きたい》に変身《へんしん》することができる。
ものが変身《へんしん》するとき、体積《たいせき》はどうなるだろう？
おいしそうにふくらむ食《た》べものは、材料《ざいりょう》のなにが変身《へんしん》してふくらむのかな？
ものがふくらんだり、ちぢんだり、かたちが変《か》わるときは、
原子《げんし》や分子《ぶんし》の動《うご》きかたや、つながりかたが変《か》わっているんだ。

固体《こたい》⇄液体《えきたい》⇄気体《きたい》の変身《へんしん》

わたしたちの身《み》のまわりにあるものは、どんなものでも固体《こたい》、液体《えきたい》、気体《きたい》に変身《へんしん》することができる。このとき、分子《ぶんし》や原子《げんし》はどんな変化《へんか》をしているのだろう？

水《みず》は変《か》わりもの

水《みず》は、わたしたちのいちばん身近《みぢか》にある液体《えきたい》だ。いろいろなかたちに（1気圧《きあつ》の場合《ばあい》、0℃以下《いか》になると固体《こたい》の氷《こおり》に、100℃以上《いじょう》になると気体《きたい》の水蒸気《すいじょうき》に）変身《へんしん》して、身《み》のまわりにひそんでいる。このように、固体《こたい》、液体《えきたい》、気体《きたい》のすべての状態《じょうたい》をわたしたちがじっさいに見《み》ることができるものは、意外《いがい》にすくない。そして、じつは水《みず》は変《か》わりものだ。水《みず》とそれ以外《いがい》のものが、固体《こたい》⇄液体《えきたい》、液体《えきたい》⇄気体《きたい》でどんな変身《へんしん》をしているのかを見《み》ながら、いったいどこが“変《か》わっている”のかを、たしかめてみよう。

水《みず》って、変身《へんしん》の
名人《めいじん》で、そのうえ
変《か》わりものなんだ

固体《こたい》⇄液体《えきたい》の変身《へんしん》

ものが固体《こたい》のときには、分子《ぶんし》、原子《げんし》の粒《つぶ》がほとんど動《うご》かない。ところが、固体《こたい》がエネルギーをもらうと、分子《ぶんし》、原子《げんし》の粒《つぶ》が動《うご》きはじめ、自由《じゆう》に泳《およ》ぎまわるようになる。これが液体《えきたい》だ。ちいさな粒《つぶ》たちが自由《じゆう》に動《うご》く液体《えきたい》にくらべ、粒《つぶ》が動《うご》かない固体《こたい》のほうが体積《たいせき》はちいさいのがふつうだ。

固体《こたい》 分子《ぶんし》はきれいにならんでいて、ほとんど動《うご》かない

液体《えきたい》 分子《ぶんし》がエネルギーをもらって自由《じゆう》に泳《およ》ぎまわる

ロウと水《みず》のちがい

ロウ（固体《こたい》）を加熱《かねつ》すると、100℃以下《いか》で溶《と》けて透明《とうめい》な液体《えきたい》になる。液体《えきたい》のロウがひえて固体《こたい》になると体積《たいせき》はどうなるかを、実験《じっけん》でたしかめてみよう。

ロウ
耐熱性《たいねつせい》のコップにロウを入《い》れて、湯煎《ゆせん》で溶《と》かす

湯煎《ゆせん》とは、材料《ざいりょう》の入《はい》った容器《ようき》ごと湯《ゆ》につけて、なかの材料《ざいりょう》を溶《と》かすことをいうよ

液体《えきたい》のロウ　**固体《こたい》のロウ**

溶《と》かしたロウを1日《にち》おいてさまし、固《かた》まったところを見《み》てみよう。コップのなかのロウは、中央《ちゅうおう》がきれいにすり鉢《ばち》型《がた》にへこんでいるはずだ。これは、さめて固体《こたい》になるときに分子《ぶんし》が規則正《きそくただ》しくならび、体積《たいせき》がへったからだ。

それでは、水《みず》はどうだろう。水《みず》は、固体《こたい》になるときに、分子《ぶんし》どうしが六角形《ろっかっけい》になるようにならぼうとする。これは、水分子《みずぶんし》の酸素側《さんそがわ》はすこしマイナス、水素側《すいそがわ》はすこしプラスの電気《でんき》を帯《お》びていることが関係《かんけい》している（くわしくは、P.16の「水素結合《すいそけつごう》」を見《み》てね）。この状態《じょうたい》でプラスとマイナスがとなりあうようにならぼうとすると、どうしても分子《ぶんし》の粒《つぶ》どうしのすきまが多《おお》くなってしまう。だから、液体《えきたい》の水《みず》よりも固体《こたい》の氷《こおり》のほうが体積《たいせき》がふえるというわけ。同《おな》じ体積《たいせき》で見《み》ると、固体《こたい》のほうが液体《えきたい》のときより分子《ぶんし》の数《かず》がすくないので、軽《かる》い。つまり、氷《こおり》は水《みず》に浮《う》く。これは、ほかのものには見《み》られない水《みず》の特徴《とくちょう》だ。最初《さいしょ》に水《みず》はとても「変《か》わりもの」だといったわけがわかったかな？

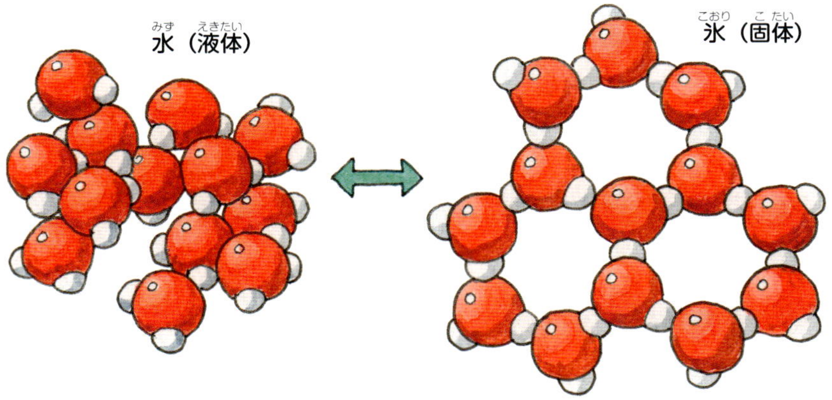
水《みず》（液体《えきたい》）
氷《こおり》（固体《こたい》）

液体《えきたい》のときは、分子《ぶんし》
が動《うご》きまわっているから、
すきまに入《はい》りこむこと
もあるんだね

氷《こおり》の下《した》は意外《いがい》にあたたかい

北《きた》の国《くに》や、標高《ひょうこう》の高《たか》いところでは、冬《ふゆ》になると大《おお》きな池《いけ》や湖《みずうみ》が凍《こお》ってしまうことがある。「あんなに冷《つめ》たそうな氷《こおり》の下《した》で、魚《さかな》たちは寒《さむ》くないのかな？」と考《かんが》えてしまうよね。でも、じつはこの氷《こおり》のおかげで、池《いけ》や湖《みずうみ》にすむ生《い》きものたちは大《おお》いに助《たす》かっているんだ。

水《みず》の上《うえ》に浮《う》かんだ氷《こおり》が天井《てんじょう》の役割《やくわり》をはたすので、下《した》の水《みず》は意外《いがい》とあたたかい。だから、水《みず》のなかにすむ生《い》きものたちは、寒《さむ》い季節《きせつ》をのりきることができる。もしも氷《こおり》が水《みず》よりも重《おも》かったら、水面《すいめん》で凍《こお》った氷《こおり》が水底《みずぞこ》にどんどん沈《しず》んでいって、やがて池《いけ》や湖《みずうみ》の全体《ぜんたい》が凍《こお》ってしまうだろう。

氷《こおり》の天井《てんじょう》ができる
おかげで、
水《みず》のなかは0℃以下《いか》には
ならないんだよ
氷《こおり》の上《うえ》は
寒《さむ》そうだねぇ

液体《えきたい》⇄気体《きたい》の変身《へんしん》

液体《えきたい》がエネルギーをもらうと、粒《つぶ》たちは1個《こ》ずつバラバラになって空気中《くうきちゅう》へとびだしていき、とびまわりはじめる。これが気体《きたい》だ。気体《きたい》になると、体積《たいせき》は一気《いっき》にふえる。ものが液体《えきたい》から気体《きたい》へと変身《へんしん》するときの温度《おんど》を、**沸点《ふってん》**という。

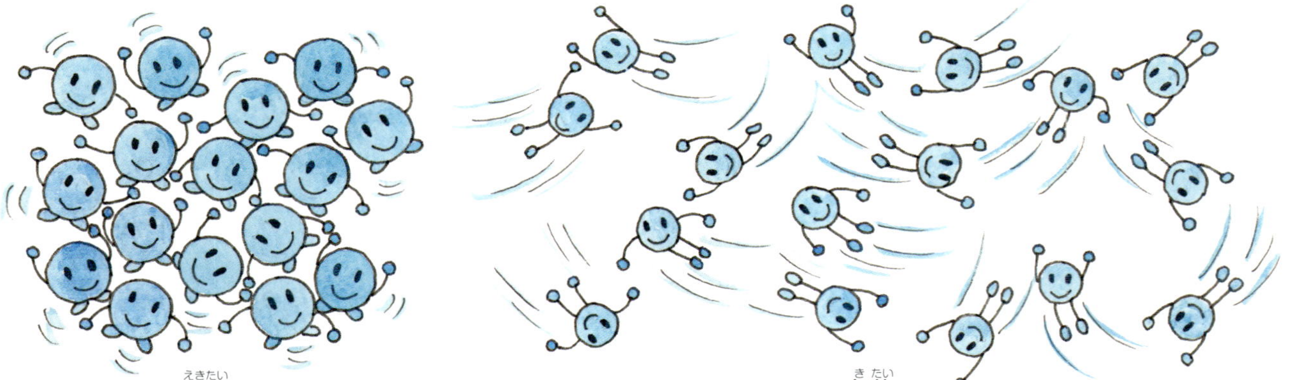

液体《えきたい》
気体《きたい》

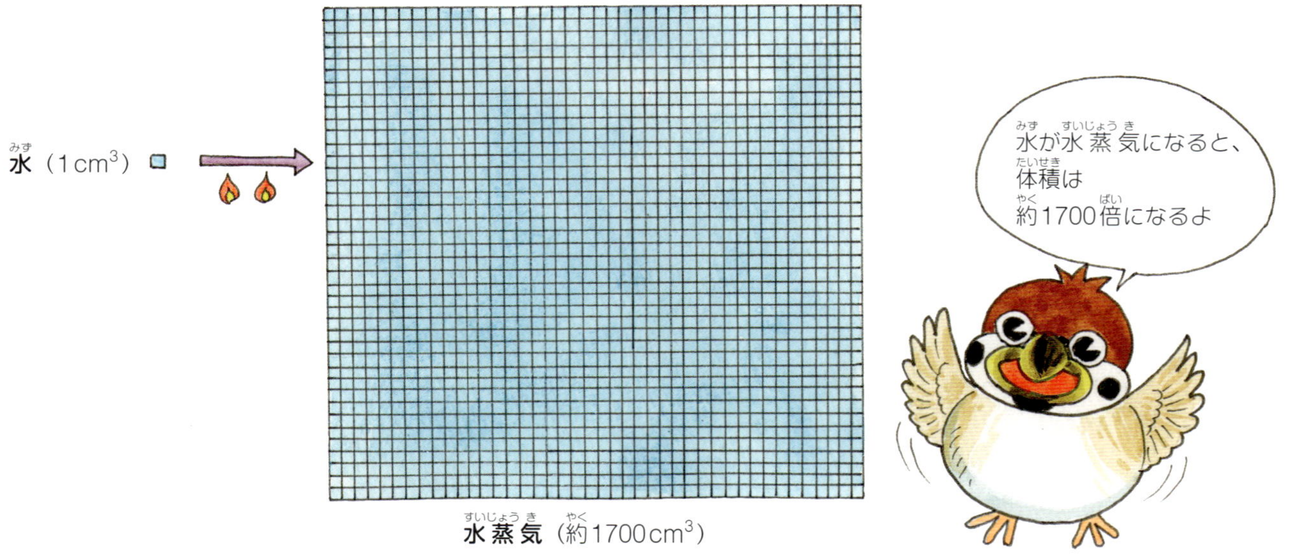

水《みず》（1cm^3）
水蒸気《すいじょうき》（約《やく》1700cm^3）
水《みず》が水蒸気《すいじょうき》になると、体積《たいせき》は約《やく》1700倍《ばい》になるよ

液体《えきたい》が気体《きたい》になって空気中《くうきちゅう》にとびだすときには、エネルギーが必要《ひつよう》だ。ふつうは、分子《ぶんし》1粒《つぶ》がちいさくて軽《かる》いほうが、大《おお》きくて重《おも》い分子《ぶんし》よりもすくないエネルギーでとびだすことができる。

軽《かる》いものは、すくないエネルギーでかんたんに気体《きたい》になるよ
ポイッ
軽《かる》い分子《ぶんし》
重《おも》い！みんな、手伝《てつだ》ってよ！
重《おも》い分子《ぶんし》

分子《ぶんし》の重《おも》さは、その分子《ぶんし》をつくっている原子《げんし》の種類《しゅるい》と数《かず》で決《き》まる。原子《げんし》1粒《つぶ》の重《おも》さはあまりにも軽《かる》いので、科学者《かがくしゃ》は炭素原子《たんそげんし》（原子核《げんしかく》には、陽子《ようし》が6個《こ》と中性子《ちゅうせいし》が6個《こ》ある）の重《おも》さを12と決《き》めた。そして、ほかの原子《げんし》の重《おも》さは炭素原子《たんそげんし》とくらべて表《あらわ》すことにした。いちばん軽《かる》い水素原子《すいそげんし》の重《おも》さは、陽子《ようし》が1個《こ》なので1だ。

この方法《ほうほう》で計算《けいさん》すると、水分子《みずぶんし》の重《おも》さは18（小数点以下《しょうすうてんいか》は省《しょう》略《りゃく》）になる。同《おな》じくらいの重《おも》さの分子《ぶんし》には、メタン（16）やエタン（30）がある。では、水《みず》、メタン、エタンの沸点《ふってん》は、重《おも》さの順《じゅん》になっているだろうか。とんでもない！　メタンは−《マイナス》164℃、エタンが−89℃なのに、水《みず》の沸点《ふってん》は100℃と、とび抜《ぬ》けて高《たか》くなっている。

水《みず》と同《おな》じくらいの重《おも》さのメタンもエタンも気体《きたい》なのに、水《みず》は液体《えきたい》なんだね〜
エタン
メタン

水《みず》の沸点《ふってん》が高《たか》いわけ

ここでも、水《みず》の水素結合《すいそけつごう》（P.16）が登場《とうじょう》する。水分子《みずぶんし》はおたがいに水素結合《すいそけつごう》でつながり、蒸発《じょうはつ》しようとする分子《ぶんし》をひっぱる力《ちから》がはたらくので、これをひきはなすためには大《おお》きなエネルギーが必要《ひつよう》になる。

みんなといっしょがいいよ〜
いくなよ〜
軽《かる》いはずなのに、ひきはなすのはやけにたいへんだ！
水分子《みずぶんし》たちって、仲《なか》がいいなぁ
水分子《みずぶんし》

まとめ

- どんなものでも固体《こたい》⇄液体《えきたい》⇄気体《きたい》に変身《へんしん》する
- 水《みず》が「変《か》わりもの」といわれる理由《りゆう》は
  ①同《おな》じ体積《たいせき》でくらべると、固体《こたい》（氷《こおり》）のほうが液体《えきたい》（水《みず》）より軽《かる》い。だから、氷《こおり》は水《みず》に浮《う》く
  ②同《おな》じくらいの重《おも》さの分子《ぶんし》とくらべると、びっくりするほど沸点《ふってん》が高《たか》い

●メタンやエタン

どちらも、天然《てんねん》ガスにふくまれている気体《きたい》。家庭《かてい》で使《つか》われている都市《とし》ガスは、メタンが主成分《しゅせいぶん》だ。

ふくらむ食《た》べもの

焼《や》くとやわらかくなってふくらむお餅《もち》や、フライパンでふっくら焼《や》くホットケーキ。それぞれ、ふくらむ理由《りゆう》はちがっている。どのようにしてふくらむのだろう――そのなぞをさぐってみよう。

お餅《もち》がふくらむ

焼《や》くと、プーッとふくらむお餅《もち》。どうしてふくらむのだろう？　真空《しんくう》パックに入《はい》っている四角《しかく》い切《き》り餅《もち》は、表面《ひょうめん》がかわいてかたくなっているのに、焼《や》くとふっくらやわらかくなる。どうしてこんなにおいしく変身《へんしん》するのかな？　じつは、お餅《もち》のなかで水《みず》の分子《ぶんし》たちが大活躍《だいかつやく》しているんだ。

●お餅《もち》のできるまで

お餅《もち》は、蒸《む》したもち米《ごめ》を臼《うす》に入《い》れ、杵《きね》でついてつくる。「もち米《ごめ》」は、わたしたちがふだんごはんとして食《た》べている「うるち米《まい》」とはちがって、よくねばる。

もち米《ごめ》を蒸《む》して

臼《うす》と杵《きね》でつく

つきたてをまるめたり、
さめてから切《き》ったり

お餅《もち》をつくっている分子《ぶんし》

うるち米《まい》ももち米《ごめ》も、ブドウ糖《とう》という分子《ぶんし》がたくさんつながった「でんぷん」でできている。米《こめ》のでんぷんには、分子《ぶんし》のかたちがまっすぐで短《みじか》いアミロースと、長《なが》くて枝《えだ》わかれが多《おお》いアミロペクチンがある。

もち米《ごめ》のでんぷんは、ほとんどがアミロペクチンで、これがねばりの正体《しょうたい》だ。分子《ぶんし》が長《なが》く、枝《えだ》わかれが多《おお》いアミロペクチンは、からみあって網目《あみめ》のようになっている。のびちぢみできるので、とてもよくねばる。

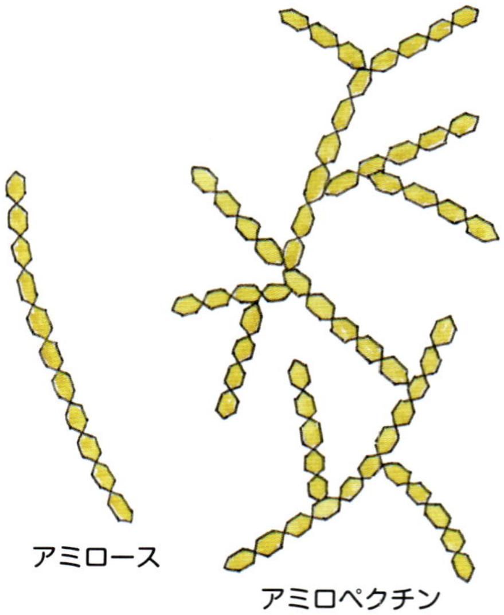

●でんぷん

植物《しょくぶつ》が、葉《は》で光合成《こうごうせい》をしてつくりだすもの。養分《ようぶん》として、種子《しゅし》や根《ね》などにたくわえる。でんぷんのようにちいさな分子《ぶんし》がたくさんあつまってできた大《おお》きな分子《ぶんし》のことを、高分子《こうぶんし》という（高分子《こうぶんし》については、第《だい》5章《しょう》「つながる」を見《み》てね）。

やわらかい餅《もち》・かたい餅《もち》

つきたてのあたたかいお餅《もち》は、水分《すいぶん》をたっぷりふくんでいる。このときのでんぷんは、枝《えだ》わかれが広《ひろ》がっている。これを「α《アルファ》でんぷん」という。枝《えだ》わかれのあいだには、気体《きたい》の水分子《みずぶんし》（水《すい》蒸《じょう》気《き》）が入《はい》りこんでいる。

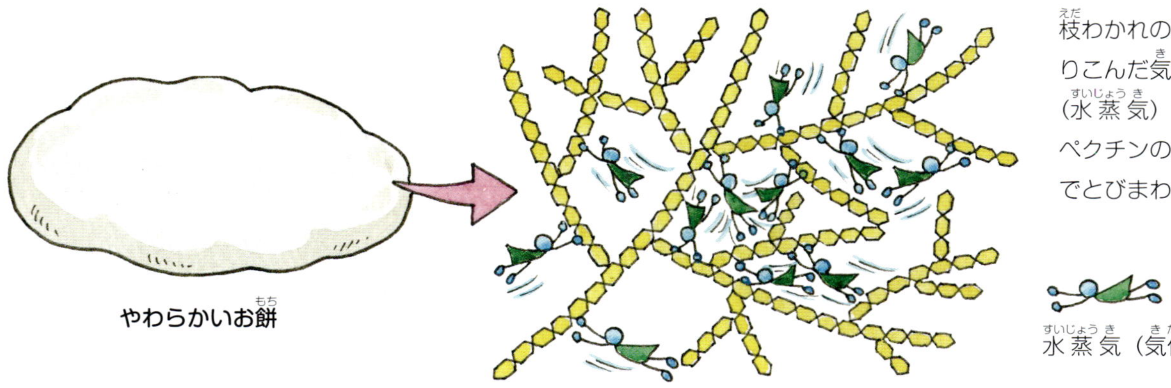
やわらかいお餅《もち》
枝《えだ》わかれのあいだに入《はい》りこんだ気体《きたい》の水分子《みずぶんし》（水《すい》蒸《じょう》気《き》）が、アミロペクチンの網目《あみめ》のなかでとびまわっている
水《すい》蒸《じょう》気《き》（気体《きたい》の水分子《みずぶんし》）
やわらかいお餅《もち》のでんぷん分子《ぶんし》（α《アルファ》でんぷん）

お餅《もち》がさめてかわくと、でんぷん分子《ぶんし》の枝《えだ》わかれがとじてかたくなる。これを「β《ベータ》でんぷん」という。ただ、表《ひょう》面《めん》がかわいてかたくなった切《き》り餅《もち》のなかにも水分《すいぶん》はちゃんとのこっている。真空《しんくう》パックから出《だ》したお餅《もち》がすぐにカビてしまうのは、このこっている水分《すいぶん》のためだ。

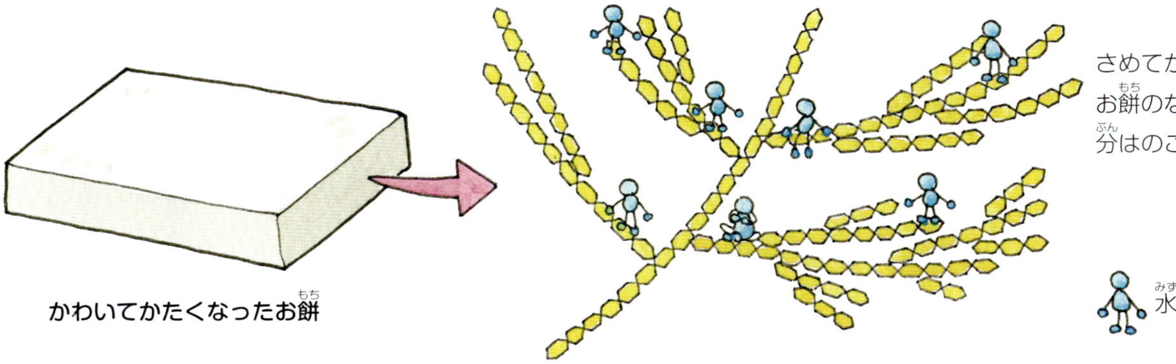
かわいてかたくなったお餅《もち》
さめてかたくなったお餅《もち》のなかにも、水《すい》分《ぶん》はのこっている
水分子《みずぶんし》
かたくなったお餅《もち》のでんぷん分子《ぶんし》（β《ベータ》でんぷん）

お餅《もち》がふくらむわけ

お餅《もち》を焼《や》くとふくらんで、やわらかく、おいしくなるのは、お餅《もち》のなかにある水分《すいぶん》が熱《ねっ》せられて、気体《きたい》（水《すい》蒸《じょう》気《き》）になるからだ。P.20で紹《しょう》介《かい》したように、水《みず》は、蒸《じょう》発《はつ》して水《すい》蒸《じょう》気《き》になると、体積《たいせき》が約《やく》1700倍《ばい》にもなる。そして、焼《や》いてふっくらしたお餅《もち》も、さめてかわくと、またかたくなってしまう。

ホットケーキがふくらむ

ホットケーキもふくらむが、お餅《もち》のふくらみかたとはちょっとちがっている。どうちがうのかな？　そのこたえを知《し》るためには、ホットケーキの材料《ざいりょう》とつくりかたを知《し》る必要《ひつよう》がある。

●ホットケーキをつくってみよう

〈材料《ざいりょう》〉（2人分《ふたりぶん》）

小麦粉《こむぎこ》：200ｇ《グラム》　重曹《じゅうそう》：小《こ》さじ3分《ぶん》の1　砂糖《さとう》：大《おお》さじ2

卵《たまご》：1個《こ》　牛乳《ぎゅうにゅう》：200 mℓ《ミリリットル》

〈つくりかた〉

1 ボールに小麦粉《こむぎこ》、重曹《じゅうそう》、砂糖《さとう》、卵《たまご》、牛乳《ぎゅうにゅう》を入《い》れてよくかき混《ま》ぜ、生地《きじ》をつくる

2 油《あぶら》をうすくひいたフライパンに1を流《なが》し入《い》れて、弱火《よわび》で焼《や》く

3 2～3分《ぶん》ほどして表面《ひょうめん》にポツポツと泡《あわ》が出《で》てきたら裏《うら》がえす

4 ホットケーキに竹串《たけぐし》を刺《さ》してみて、生地《きじ》がついてこなければできあがり

ホットケーキがふくらむしくみ

ホットケーキの材料《ざいりょう》のなかで、ふくらむなぞをとくカギになるのは「重曹《じゅうそう》」だ。

ホットケーキを焼《や》くと、生地《きじ》のなかの重曹《じゅうそう》が熱《ねつ》で分解《ぶんかい》して二酸化炭素《にさんかたんそ》と水蒸気《すいじょうき》が発生《はっせい》する。小麦《こむぎ》粉《こ》でんぷんの網目《あみめ》のなかにとじこめられている二酸《にさん》化炭素《かたんそ》は、外《そと》へ出《で》ようとして生地《きじ》のなかであばれるので、ホットケーキがふくらむ。つくりかたの3でポツポツと出《で》てくる泡《あわ》は、生地《きじ》からとびだした二酸《にさん》化炭素《かたんそ》だ。

泡《あわ》ができはじめたら、それ以上《いじょう》二酸化炭素《にさんかたんそ》が逃《に》げださないように、ここでホットケーキを裏《うら》がえそう。すると、生地《きじ》のなかに二酸化炭《にさんかたん》素《そ》の泡《あわ》がとじこめられるので、ふっくらとしたホットケーキができあがる。

ホットケーキを焼《や》くと、ポツポツした穴《あな》から二酸化炭《にさんかたん》素分子《そぶんし》がとびだしていく

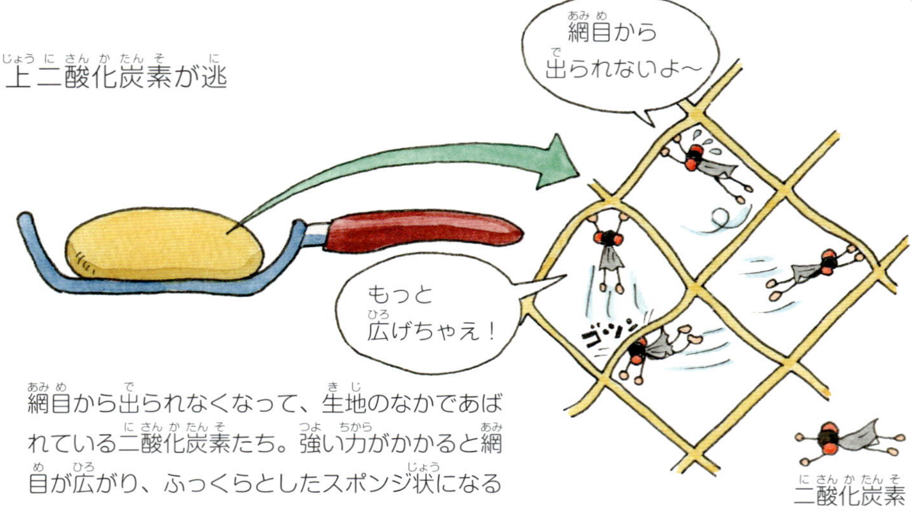

網目《あみめ》から出《で》られなくなって、生地《きじ》のなかであばれている二酸化炭素《にさんかたんそ》たち。強《つよ》い力《ちから》がかかると網《あみ》目《め》が広《ひろ》がり、ふっくらとしたスポンジ状《じょう》になる

重曹《じゅうそう》ってなんだ？

重曹《じゅうそう》は、正式《せいしき》な名前《なまえ》を「炭酸水素《たんさんすいそ》ナトリウム」といって、ナトリウム、水素《すいそ》、酸素《さんそ》、炭素《たんそ》の4種類《しゅるい》の原子《げんし》でできている。重曹《じゅうそう》に熱《ねつ》を加《くわ》えると、分解《ぶんかい》して炭酸《たんさん》ナトリウム、二酸化炭素《にさんかたんそ》、水《みず》になる。

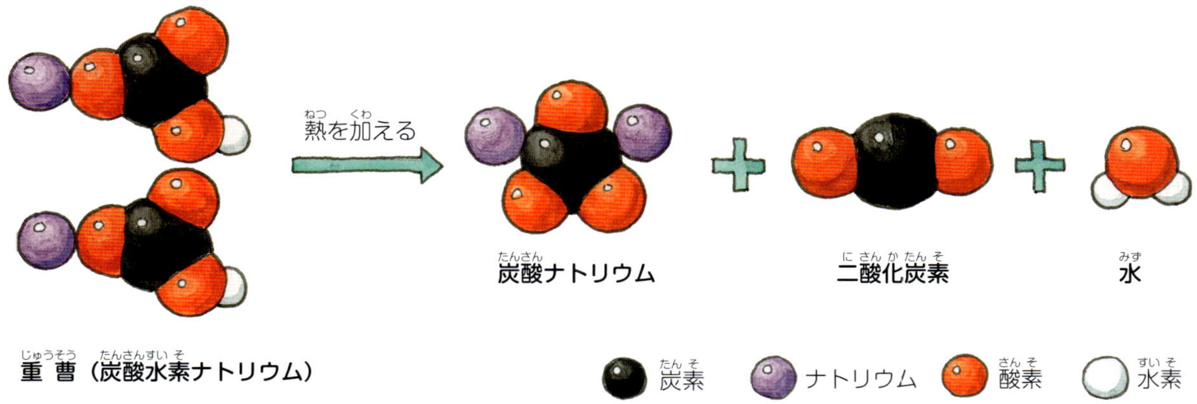
熱《ねつ》を加《くわ》える
炭酸《たんさん》ナトリウム
二酸化炭素《にさんかたんそ》
水《みず》
重曹《じゅうそう》（炭酸水素《たんさんすいそ》ナトリウム）
炭素《たんそ》
ナトリウム
酸素《さんそ》
水素《すいそ》

ほかにもある、二酸化炭素《にさんかたんそ》でふくらむお菓子《かし》

縁日《えんにち》でカルメ焼《や》きをつくっているところを見《み》たことがあるかな？　砂糖《さとう》とほんのすこしの水《みず》を入《い》れて加熱《かねつ》し、そこに重曹《じゅうそう》を入《い》れると、ブクブクとちいさな泡《あわ》が出《で》てきてふくれて固《かた》まる。この泡《あわ》も、重曹《じゅうそう》が熱《ねつ》で分解《ぶんかい》して出《で》てきた二酸化炭素《にさんかたんそ》だ。

●カルメ焼《や》きのできるまで

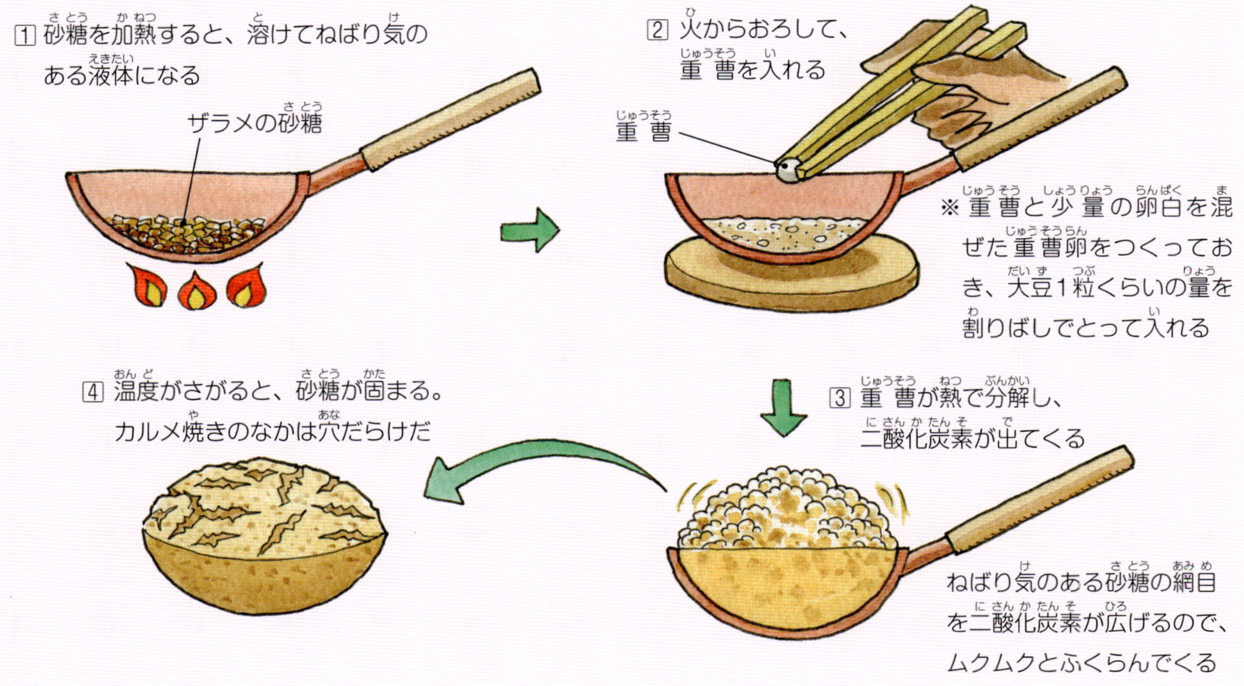
1 砂糖《さとう》を加熱《かねつ》すると、溶《と》けてねばり気《け》のある液体《えきたい》になる
ザラメの砂糖《さとう》
2 火《ひ》からおろして、重曹《じゅうそう》を入《い》れる
重曹《じゅうそう》
※重曹《じゅうそう》と少量《しょうりょう》の卵白《らんぱく》を混《ま》ぜた重曹卵《じゅうそうらん》をつくっておき、大豆《だいず》1粒《つぶ》くらいの量《りょう》を割《わ》りばしでとって入《い》れる
3 重曹《じゅうそう》が熱《ねつ》で分解《ぶんかい》し、二酸化炭素《にさんかたんそ》が出《で》てくる
ねばり気《け》のある砂糖《さとう》の網目《あみめ》を二酸化炭素《にさんかたんそ》が広《ひろ》げるので、ムクムクとふくらんでくる
4 温度《おんど》がさがると、砂糖《さとう》が固《かた》まる。カルメ焼《や》きのなかは穴《あな》だらけだ

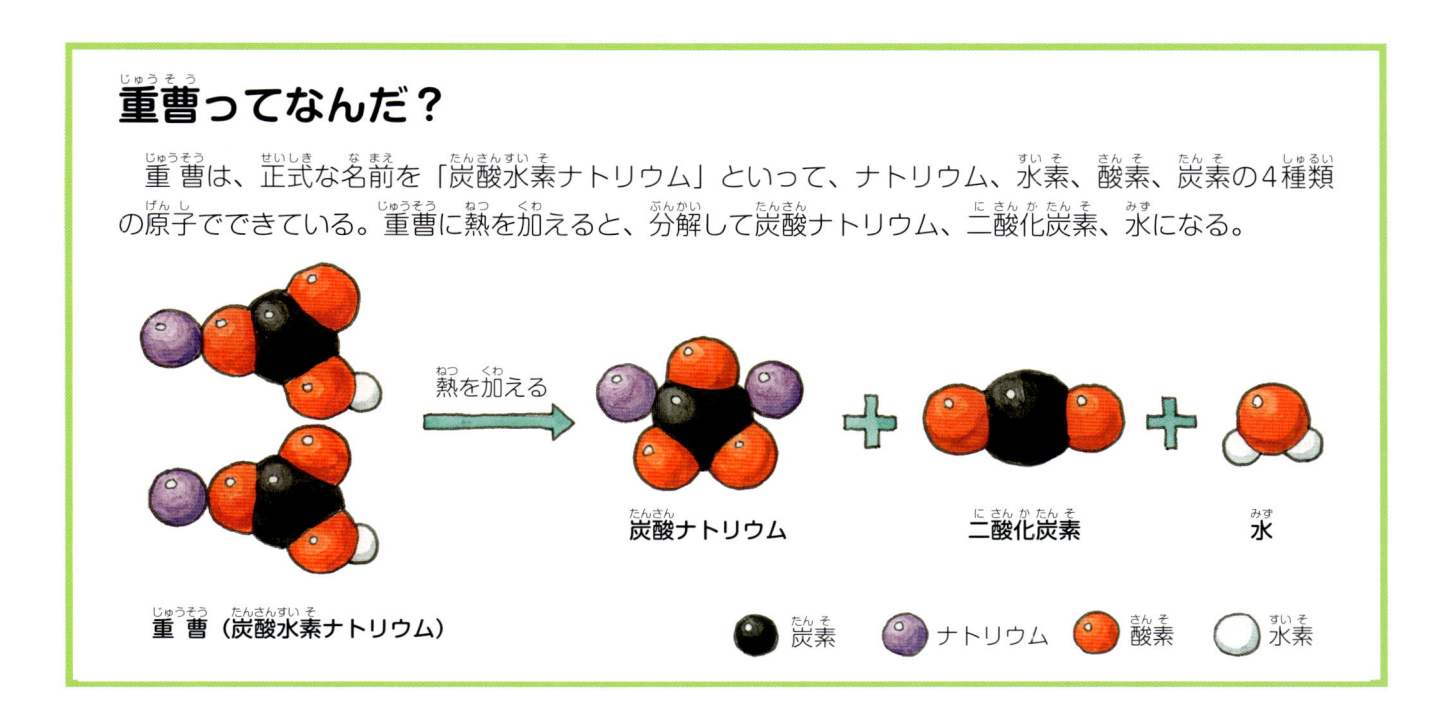

そのほかのしくみでふくらむ

お餅《もち》やホットケーキ以外《いがい》にも、熱《ねつ》でふくらむ食《た》べものはたくさんある。たとえば、おでんの材料《ざいりょう》に使《つか》われるはんぺん。鍋《なべ》にふたをして加熱《かねつ》すると、あっというまに大《おお》きくふくらむ（ふたをとると、すぐにしぼんでしまうけどね）。これは、はんぺんが、空気《くうき》の入《はい》ったちいさなすきまをたくさんもったスポンジのような構造《こうぞう》をしているからだ。

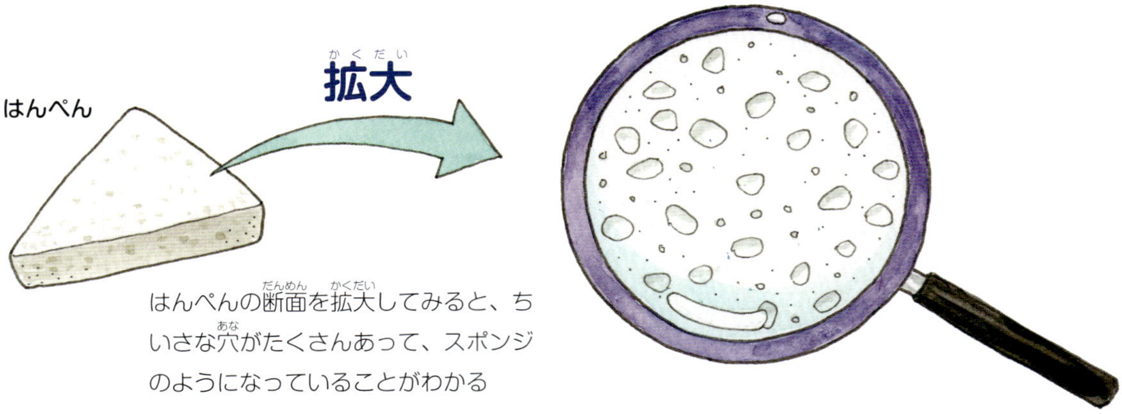

はんぺんの断面《だんめん》を拡大《かくだい》してみると、ちいさな穴《あな》がたくさんあって、スポンジのようになっていることがわかる

空気《くうき》があたためられると、はんぺんのなかで空気《くうき》の分子《ぶんし》たちが元気《げんき》に動《うご》きまわり、スポンジのようなはんぺんの壁《かべ》にぶつかるので、ふくらむ。ふくらみすぎると、はんぺんの壁《かべ》の部分《ぶぶん》がこわれてしまうこともある。加熱《かねつ》をやめると、はんぺんのなかの空気《くうき》がひえ、空気《くうき》の分子《ぶんし》の活動《かつどう》がおさまるので、しぼむ。

まとめ

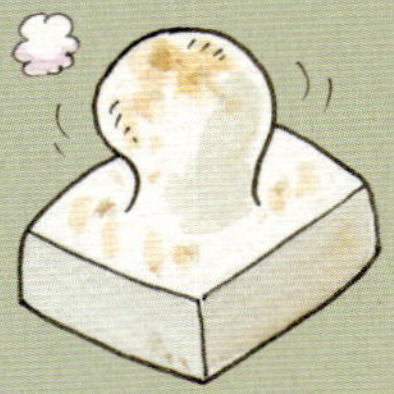

餅《もち》
なかの水分《すいぶん》が水蒸気《すいじょうき》になってふくらむ

ホットケーキ
固体《こたい》の重曹《じゅうそう》が熱《ねつ》で分解《ぶんかい》して二酸化炭素《にさんかたんそ》が発生《はっせい》してふくらむ

はんぺん
なかに入《はい》っていた空気《くうき》が熱《ねつ》で動《うご》きがはげしくなってふくらむ

消《き》えた？ ドライアイス

近所《きんじょ》のお店《みせ》でアイスクリームを買《か》ったら、箱《はこ》のなかにドライアイスを入《い》れてくれた。このドライアイス、冷凍庫《れいとうこ》に入《い》れておけばとけないと思《おも》っていたのに、いつのまにか消《き》えてなくなってしまった。どこへいったのかな？　消《き》えたドライアイスのなぞにせまる！

とても冷《つめ》たい、二酸化炭素《にさんかたんそ》の固体《こたい》

ドライアイスは、二酸化炭素《にさんかたんそ》をひやして固《かた》めたものだ。氷《こおり》（水《みず》の固体《こたい》）とちがって、まわりをほとんどぬらさないので、「ドライ（かわいた）アイス（氷《こおり》）」という名前《なまえ》がついた。その温度《おんど》は、なんと約《やくマイナス》－79℃。氷《こおり》よりもずっと冷《つめ》たいので、アイスクリームをはじめ、冷凍食品《れいとうしょくひん》、ケーキなどの食品《しょくひん》を低《ひく》い温度《おんど》のまま運《はこ》ぶときなどに、保冷剤《ほれいざい》として使《つか》われる。ただし、ふつうの家庭《かてい》で使《つか》われている冷凍庫内《れいとうこない》の温度《おんど》は約《やくマイナス》－20℃で、ドライアイスの温度《おんど》よりはるかに高《たか》い。つまり、ドライアイスは、とくべつな冷凍庫《れいとうこ》でなければ保存《ほぞん》することができない。

ドライアイスから出《で》ているけむりのようなものは、空気中《くうきちゅう》の水蒸気《すいじょうき》がひえてできた水《みず》の粒《つぶ》だ

ドライアイスの変身《へんしん》！

二酸化炭素《にさんかたんそ》の分子《ぶんし》があつまってできているドライアイスは、分子《ぶんし》どうしの結《むす》びつきがとても弱《よわ》い。まわりから熱《ねつ》をもらって分子《ぶんし》の動《うご》きが活発《かっぱつ》になると、液体《えきたい》にならず、いきなり気体《きたい》（二酸化炭素《にさんかたんそ》）になって空気中《くうきちゅう》へとびだしていってしまう。だから、まるで消《き》えてなくなったように感《かん》じる。でも、ドライアイスは消《き》えたわけではなく、固体《こたい》から気体《きたい》に変身《へんしん》しただけなのだ。このような変身《へんしん》のことを**昇華《しょうか》**という。

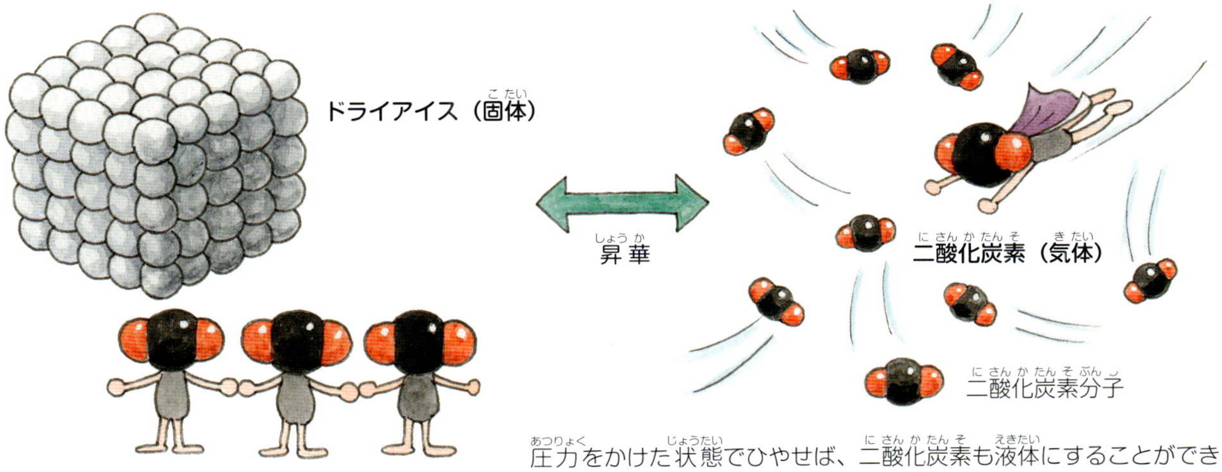

圧力《あつりょく》をかけた状態《じょうたい》でひやせば、二酸化炭素《にさんかたんそ》も液体《えきたい》にすることができる

●昇華《しょうか》

固体《こたい》が、液体《えきたい》の状態《じょうたい》をとおりこしていきなり気体《きたい》になってしまうこと。また反対《はんたい》に、気体《きたい》からいきなり固体《こたい》になることも昇華《しょうか》とよばれる。ドライアイスのように昇華《しょうか》するものには、ヨウ素《そ》、防虫剤《ぼうちゅうざい》（ナフタレン、パラジクロロベンゼン）などがある。

ドライアイスで消火実験《しょうかじっけん》

ドライアイスが消《き》えたわけではなく気体《きたい》に変身《へんしん》して見《み》えなくなっただけだということを、実験《じっけん》でたしかめよう。ドライアイスが溶《と》けてできる二酸化炭素《にさんかたんそ》は空気《くうき》よりも重《おも》いので、コップの底《そこ》にためることができる。二酸化炭素《にさんかたんそ》には、ものを燃《も》やすはたらきがないので、コップのなかの気体《きたい》をろうそくの炎《ほのお》にかけると火《ひ》は消《き》えてしまう。

コップにドライアイスのかけらを入《い》れて、二酸化《にさんか》炭素《たんそ》をためる。ふたはぜったいにしないこと

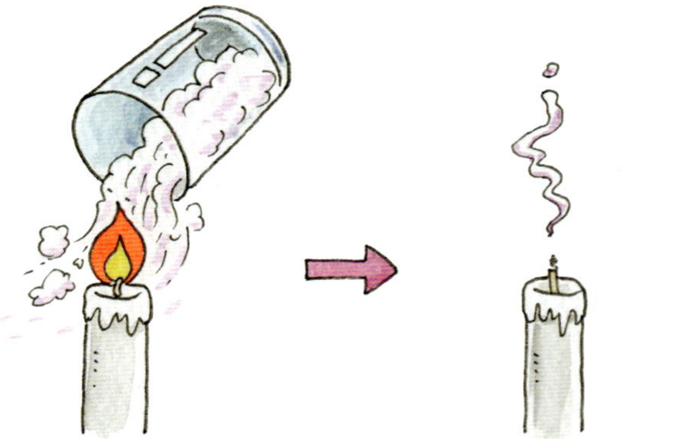

コップのなかの気体《きたい》（二酸化炭素《にさんかたんそ》）をろうそくの炎《ほのお》にかけると……火《ひ》が消《き》えた！

注《ちゅう》 意《い》：しめきった部屋《へや》で実験《じっけん》をしないこと。二酸化炭素《にさんかたんそ》は空気《くうき》より重《おも》いので、部屋《へや》の下《した》のほうにたまってその部分《ぶぶん》の空《くう》気《き》を追《お》いだしてしまう。ちいさい子《こ》どもやお年寄《としよ》りがいる場合《ばあい》はとくに危険《きけん》なので、注意《ちゅうい》すること！

ふくらむビニール袋《ぶくろ》

ドライアイスが気体《きたい》になると、体積《たいせき》は固体《こたい》のときの約《やく》750倍《ばい》にもなる。ドライアイスをビニール袋《ぶくろ》に入《い》れて口《くち》をしばっておくと、二酸化炭素《にさんかたんそ》をつかまえることができるので、こんな実験《じっけん》をしてみよう。

二酸化炭素《にさんかたんそ》をつかまえよう

ビニール袋《ぶくろ》にドライアイスを入《い》れて、口《くち》の部分《ぶぶん》をしっかりしばる

しばらくすると、パンパンにふくれて……

袋《ふくろ》が破裂《はれつ》することもある！

注《ちゅう》 意《い》：

ペットボトルやびんなどにドライアイスを入《い》れてふたをすると、破《は》裂《れつ》して危険《きけん》！　破片《はへん》で大《おお》けがをした人《ひと》もいるよ。割《わ》れると危険《きけん》な容《よう》器《き》のなかには、ぜったいにドライアイスをとじこめないこと。

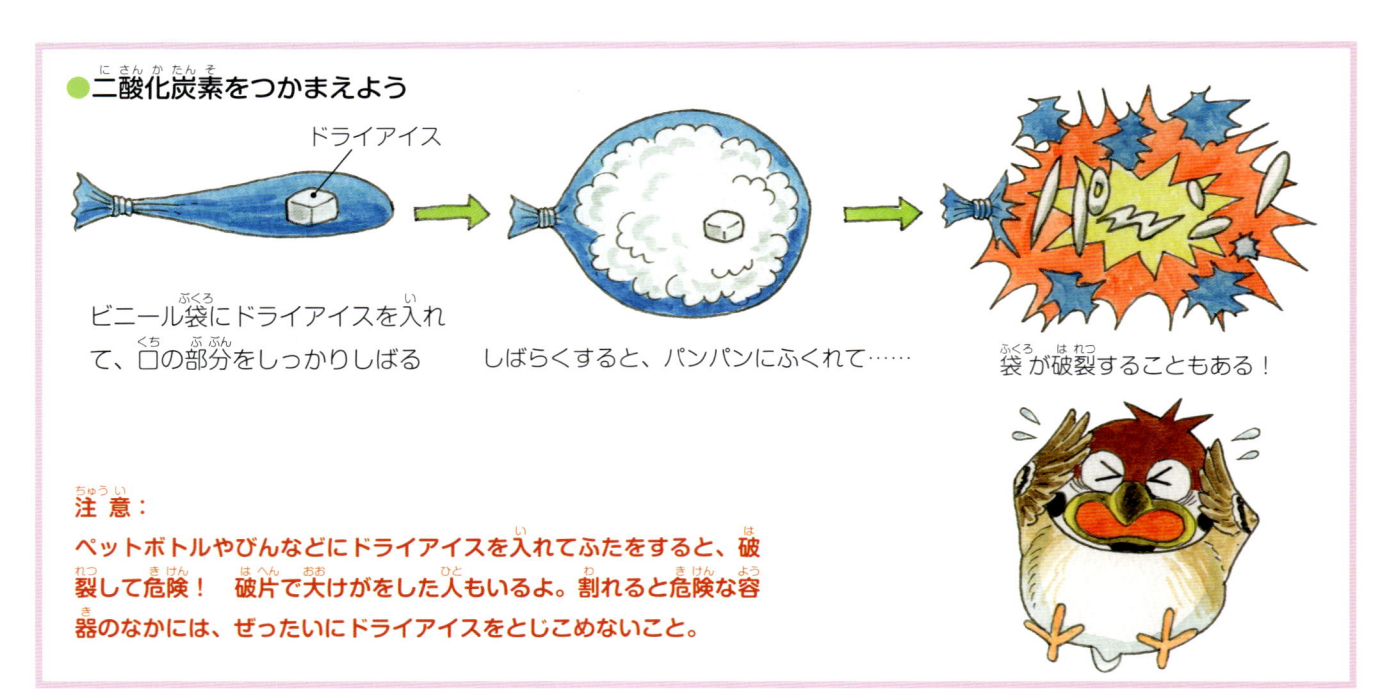

ドライアイスが昇華《しょうか》するのは、なぜ？

1

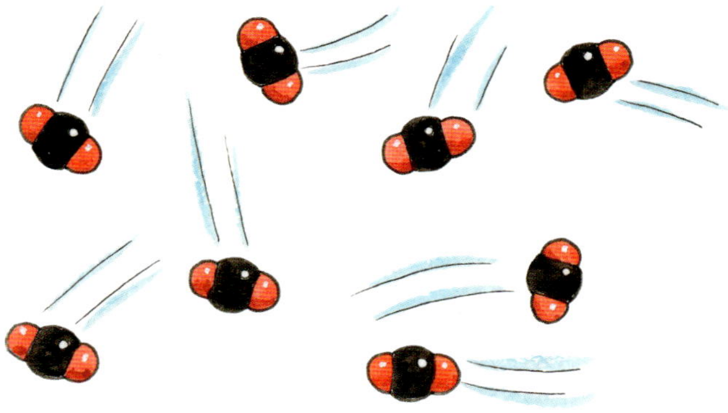

二酸化炭素《にさんかたんそ》の分子《ぶんし》は、酸素原子《さんそげんし》と炭素原子《たんそげんし》とがしっかりと結《むす》びついている。わたしたちが生活《せいかつ》する温度《おんど》の範囲内《はんいない》では、二酸化炭素《にさんかたんそ》の分子《ぶんし》どうしはつながろうとせず、それぞれが自由《じゆう》に空気中《くうきちゅう》をとびまわっている。

二酸化炭素分子《にさんかたんそぶんし》

（● 炭素《たんそ》 ● 酸素《さんそ》）

2 二酸化炭素分子《にさんかたんそぶんし》の中心《ちゅうしん》にある炭素《たんそ》と両側《りょうがわ》の酸素《さんそ》は、それぞれ2個《こ》ずつ電子《でんし》を出《だ》しあい、これを共有《きょうゆう》してつながっている（共有結合《きょうゆうけつごう》）。

● は、酸素《さんそ》と炭素《たんそ》が共有《きょうゆう》している電子《でんし》

3 電子《でんし》たちはいつも猛《もう》スピードでとびまわっているので、分子《ぶんし》のなかでは、電子《でんし》が一方《いっぽう》の原子《げんし》のほうにかたよることもある。このとき、電子《でんし》があつまっているほうは⊖、すくないほうは⊕の電気《でんき》を帯《お》びる。

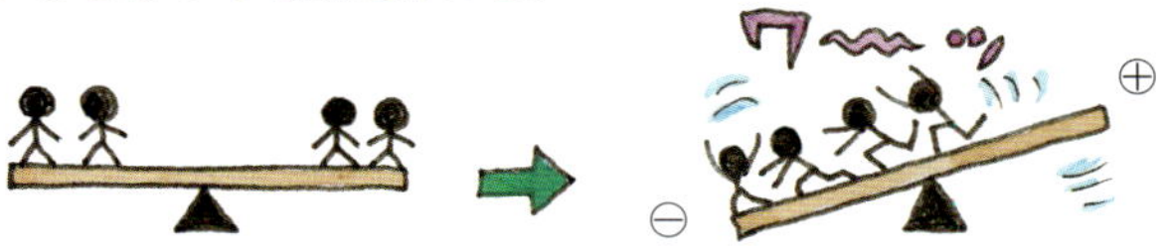
⊕
⊖

右《みぎ》のような分子《ぶんし》が弱《よわ》いつながりをつくる原因《げんいん》になる

すこし⊖  すこし⊕

4 分子《ぶんし》が動《うご》きまわっているときには、3のような分子《ぶんし》がとなりにきた分子《ぶんし》とつながろうとしても無理《むり》。

⊖
⊕
いそいでるんだ。
バイバイ！
手《て》をつなごうよ

5 二酸化炭素《にさんかたんそ》をどんどんひやしていくと、分子《ぶんし》の動《うご》きは遅《おそ》くなる。でも、電子《でんし》は温度《おんど》に関係《かんけい》なく元気《げんき》にとびまわっているので、分子《ぶんし》のなかで電子《でんし》がかたよった瞬間《しゅんかん》にとなりの分子《ぶんし》と引《ひ》きあう力《ちから》が生《う》まれ、くっつく。

うー、
寒《さむ》い！
⊖
⊕
こっちへ
おいで！

6 くっついた分子《ぶんし》は⊕と⊖がとなりにくるようにほんのすこしずつ電子《でんし》がかたよって弱《よわ》くつながり、固体《こたい》になる。これがドライアイスだ。

みんな、
あつまれ！
⊖ ⊕ ⊖ ⊕ ⊖ ⊕

7 ただし、すこしでも温度《おんど》があがったり圧力《あつりょく》がへったりして分子《ぶんし》が動《うご》けるようになると、弱《よわ》いつながりは切《き》れ、一気《いっき》に気体《きたい》にもどってしまう。

じゃあね！
バイバイ！
お、あたたかく
なってきた！

結晶《けっしょう》は美《うつく》しい

結晶《けっしょう》というのは、原子《げんし》、分子《ぶんし》、イオンが規則正《きそくただ》しいくりかえしパターンでならんでできた固体《こたい》のこと。砂糖《さとう》や塩《しお》、雪《ゆき》などの結晶《けっしょう》は有名《ゆうめい》なものだけれど、金属《きんぞく》やタンパク質《しつ》など、ほとんどのものが結晶《けっしょう》になる。

さまざまな結晶《けっしょう》

水《みず》は温度《おんど》をさげていくと固体《こたい》になる。このとき、ゆっくりひえるときれいな結晶《けっしょう》ができる。雪《ゆき》は天然《てんねん》にできる水《みず》の結晶《けっしょう》で、たいてい六角形《ろっかくけい》をしている。ほかにも、サイコロのようなかたちのもの（塩《しお》）、先《さき》がとがった六角柱《ろっかくちゅう》のもの（水晶《すいしょう》）、8つの面《めん》がすべて正三角形《せいさんかっけい》（正八面体《せいはちめんたい》）のもの（ミョウバン）など、いろいろなかたちの結晶《けっしょう》がある。結晶《けっしょう》は、原子《げんし》、分子《ぶんし》、イオンの粒《つぶ》が規則正《きそくただ》しくならび、美《うつく》しいかたちをしている。

雪《ゆき》の結晶《けっしょう》

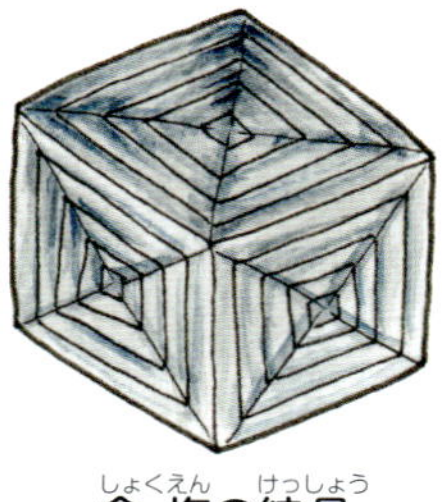

食塩《しょくえん》の結晶《けっしょう》

水晶《すいしょう》の結晶《けっしょう》

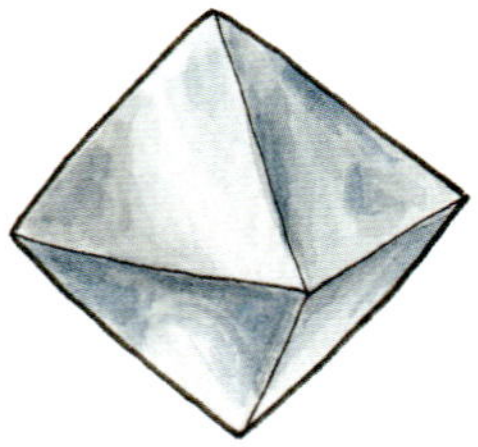

ミョウバンの結晶《けっしょう》

結晶《けっしょう》はこうしてできる

結晶《けっしょう》は、液体《えきたい》がゆっくり時間《じかん》をかけて固体《こたい》になることでかたちづくられる。時間《じかん》をかけることで、原子《げんし》、分子《ぶんし》、イオンの粒《つぶ》が規則正《きそくただ》しくならぶからだ。

たとえば、濃《こ》い砂糖水《さとうみず》のなかにちいさな砂糖《さとう》の結晶《けっしょう》を入《い》れてそっとおいておくと、砂糖《さとう》の結晶《けっしょう》ができる。この本《ほん》の最初《さいしょ》に出《で》てきたグラニュー糖《とう》は、1粒《つぶ》1粒《つぶ》がちいさな結晶《けっしょう》。大《おお》きな結晶《けっしょう》は氷砂糖《こおりざとう》だ。

これとはちがって、原子《げんし》、分子《ぶんし》、イオンの粒《つぶ》がきれいにならばず不規則《ふきそく》なまま固《かた》まったものを、**非晶質《ひしょうしつ》（アモルファス）**という。砂糖《さとう》の例《れい》でいうと、べっこう飴《あめ》などがそうだ。べっこう飴《あめ》は、濃《こ》い砂糖水《さとうみず》を煮詰《につ》めて熱《あつ》いうちに型《かた》に入《い》れ、さましてつくる。

同《おな》じ砂糖《さとう》でできていても、氷砂糖《こおりざとう》は結晶《けっしょう》、べっこう飴《あめ》は非晶質《ひしょうしつ》。虫眼鏡《むしめがね》や顕微鏡《けんびきょう》で見《み》ると、グラニュー糖《とう》は、氷砂糖《こおりざとう》と同《おな》じ、きれいな結晶形《けっしょうけい》をしているのがわかる

結合《けつごう》のしかたで変《か》わる結晶《けっしょう》のかたちや色《いろ》

　結晶《けっしょう》のかたちや色《いろ》は、ものをつくっている原子《げんし》、分子《ぶんし》などの粒《つぶ》の種類《しゅるい》や、その粒《つぶ》がどんな結合《けつごう》のしかたでどのようにならんでいるかによって、変《か》わる。たとえば塩《しお》は、イオン結合《けつごう》で結《むす》びつき、サイコロのような立方体《りっぽうたい》の結晶《けっしょう》になる。

塩《しお》の結晶《けっしょう》

塩《しお》は、イオン結合《けつごう》で結《むす》びついて固体《こたい》になっている。ナトリウムイオンと塩化物《えんかぶつ》イオンがひとつおきにくっついている
塩化物《えんかぶつ》イオン
ナトリウムイオン

美《うつく》しい石《いし》たち——結晶《けっしょう》のかたち

　水晶《すいしょう》、黄鉄鉱《おうてっこう》、ざくろ石《いし》、蛍石《ほたるいし》など自然界《しぜんかい》でできた鉱物《こうぶつ》にも、美《うつく》しいかたちをした結晶《けっしょう》がたくさんある。鉱物《こうぶつ》の結晶《けっしょう》は、地下《ちか》で溶《と》け、ゆっくり固《かた》まってできた。

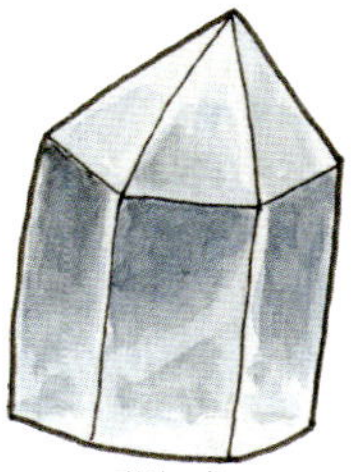

水晶《すいしょう》

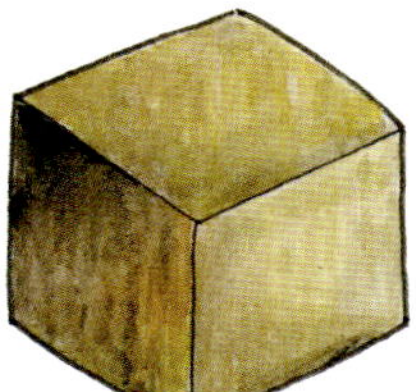

黄鉄鉱《おうてっこう》

ざくろ石《いし》

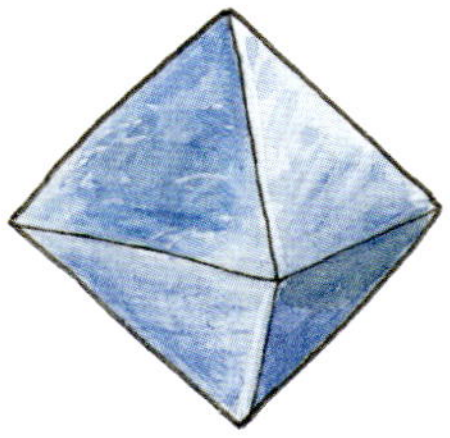

蛍石《ほたるいし》

　鉱物《こうぶつ》の結晶《けっしょう》のなかには、雲母《うんも》や方解石《ほうかいせき》のように、ひとつの方向《ほうこう》だけにはがれやすかったり、同《おな》じかたちに割《わ》れたりする性質《せいしつ》をもつものがある。この性質《せいしつ》は**劈開《へきかい》**といって、結晶《けっしょう》になるとき、ひとつの方向《ほうこう》の結《むす》びつきが弱《よわ》い場合《ばあい》に起《お》きる。

実験《じっけん》1

方解石《ほうかいせき》をちいさくくだいて、かけらがどんなかたちになるか、観察《かんさつ》してみよう。

方解石《ほうかいせき》の結晶《けっしょう》

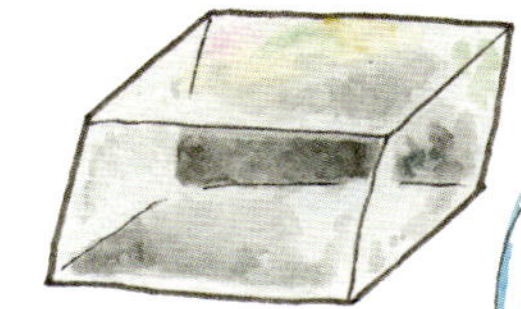

方解石《ほうかいせき》：マッチ箱《ばこ》をななめにつぶしたようなかたちの、透明《とうめい》な石《いし》

ちいさなかけらのかたちがみんな同《おな》じだ

実験《じっけん》2

つまようじや針《はり》などを使《つか》って、雲母《うんも》をうすくはがしてみよう。

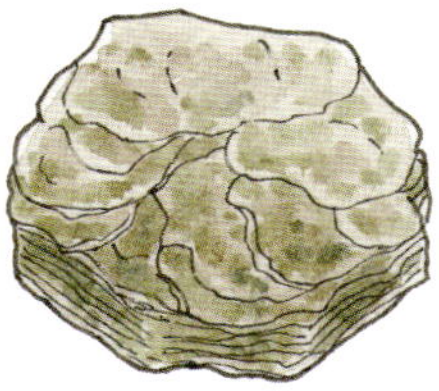

雲母《うんも》の結晶《けっしょう》

雲母《うんも》：別名《べつめい》を「千枚《せんまい》はがし」という

紙《かみ》よりもうすいよ！

ダイヤモンドと石墨《せきぼく》――同素体《どうそたい》の話《はなし》

ダイヤモンドと石墨《せきぼく》は、どちらも炭素《たんそ》だけでできている結晶《けっしょう》だ。炭素《たんそ》どうしは共有結合《きょうゆうけつごう》でつながっている。でも、この2つは、見《み》た目《め》もかたちも、性質《せいしつ》も、まったくちがっている。このように、同《おな》じ1種類《しゅるい》の原子《げんし》だけでできているのに、原子《げんし》のつながりかたがちがうために、まったくちがう性質《せいしつ》を示《しめ》すものを、「同素体《どうそたい》」という。

ダイヤモンドの結晶《けっしょう》（左《ひだり》）と石墨《せきぼく》の結晶《けっしょう》（右《みぎ》）

両方《りょうほう》の結晶《けっしょう》を図式《ずしき》にしてみると、結晶《けっしょう》のつながりかたが大《おお》きくちがっていることがわかる。ダイヤモンドの結晶《けっしょう》は、どの方向《ほうこう》にも同《おな》じ強《つよ》さで結《むす》びついている。そのため、大《おお》きな力《ちから》が加《くわ》わっても、なかなか変形《へんけい》することはない（ダイヤモンドは自然界《しぜんかい》のなかでいちばんかたい物質《ぶっしつ》だ）。一方《いっぽう》、石墨《せきぼく》は、六角形《ろっかくけい》につながった炭素《たんそ》の板《いた》が重《かさ》なりあうような結晶形《けっしょうけい》をしているため、うすくはがれる方向《ほうこう》にはもろく、かんたんにずれてはがれてしまう。この性質《せいしつ》のおかげで、鉛筆《えんぴつ》の芯《しん》（材料《ざいりょう》は石墨《せきぼく》）は紙《かみ》の上《うえ》をなめらかにすべり、文字《もじ》を書《か》くことができる。

ダイヤモンドの結晶構造《けっしょうこうぞう》

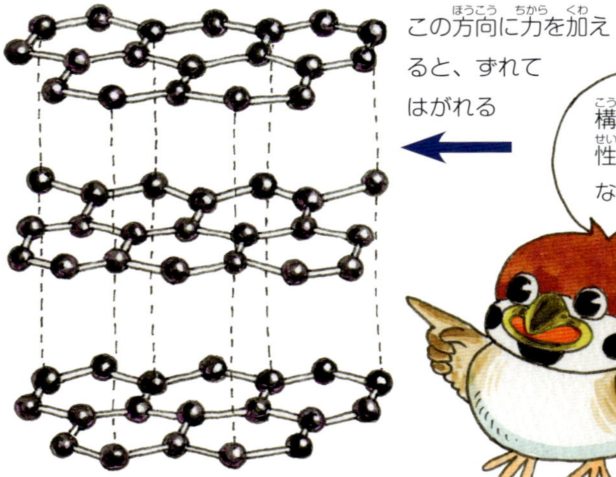
この方向《ほうこう》に力《ちから》を加《くわ》えると、ずれてはがれる

石墨《せきぼく》の結晶構造《けっしょうこうぞう》

構造《こうぞう》のちがいが、性質《せいしつ》のちがいになっているんだ！

え？　同《おな》じかたちなの？

金《きん》とダイヤモンド、それに植物《しょくぶつ》に病気《びょうき》をひきおこすタバコモザイクウイルス。3つの共通点《きょうつうてん》はなに？――こたえは、この3つの結晶《けっしょう》は同《おな》じかたちをしているということ。どれも正八面体《せいはちめんたい》というかたちで、8つの面《めん》がすべて正三角形《せいさんかっけい》だ。

ダイヤモンドの結晶《けっしょう》

タバコモザイクウイルスの結晶《けっしょう》

金《きん》の結晶《けっしょう》

第2章

色《いろ》が変《か》わる

夏《なつ》の夜空《よぞら》に咲《さ》く色《いろ》とりどりの花火《はなび》。秋《あき》になると赤《あか》く染《そ》まる木《こ》の葉《は》。虹色《にじいろ》に変化《へんか》するシャボン玉《だま》。
まわりを、見《み》わたしてごらん。さまざまな色《いろ》が現《あらわ》れたり変化《へんか》したりしているよ。
このとき、原子《げんし》や分子《ぶんし》の世界《せかい》では、どんなことが起《お》こっているのだろう？
この章《しょう》では、色《いろ》と光《ひかり》の関係《かんけい》にも注目《ちゅうもく》して、色《いろ》が変身《へんしん》するようすを見《み》ていくよ。

アサガオの色水《いろみず》が赤《あか》や青《あお》に変身《へんしん》！

夏《なつ》の庭《にわ》をいろどるアサガオ。花《はな》びらを水《みず》のなかでもむと、紫色《むらさきいろ》をした色水《いろみず》ができる。なんとこの色水《いろみず》、酢《す》を入《い》れると赤《あか》に、重曹《じゅうそう》を水《みず》に溶《と》かした液《えき》を入《い》れると青《あお》に変身《へんしん》した！

アサガオの花《はな》。水《みず》のなかでもむと、紫色《むらさきいろ》の色水《いろみず》ができる

中央《ちゅうおう》がもとの色水《いろみず》（紫色《むらさきいろ》）。左《ひだり》の赤《あか》い水《みず》は酢《す》を加《くわ》えたもの。右《みぎ》の青《あお》い水《みず》は、重曹水《じゅうそうすい》を加《くわ》えたもの。ずいぶんちがう色《いろ》になる

もとの色水《いろみず》が紫色《むらさきいろ》に見《み》えるのは、花《はな》びらにふくまれているアントシアンという「色素《しきそ》」のせいだ（色素《しきそ》については、P.52の「色素《しきそ》による色《いろ》」を見《み》よう）。この色素《しきそ》を液体《えきたい》に溶《と》かすと、その液《えき》の性質《せいしつ》によって色《いろ》が変《か》わる。酢《す》や重曹《じゅうそう》を入《い》れた液《えき》は、もとの色水《いろみず》とどこがちがうのか、「水素《すいそ》イオン」と「水酸化物《すいさんかぶつ》イオン」に注目《ちゅうもく》して見《み》ていこう。

液《えき》の性質《せいしつ》を知《し》ろう

液《えき》には、「酸性《さんせい》」「中性《ちゅうせい》」「アルカリ性《せい》」という3種類《しゅるい》の性質《せいしつ》がある。

たとえば液体《えきたい》の水《みず》は、ほとんどが水《みず》の分子《ぶんし》のかたちをしている。だけど、およそ6億個《おくこ》に1個《こ》の割合《わりあい》で、プラスの水素《すいそ》イオンとマイナスの水酸化物《すいさんかぶつ》イオンにわかれているものがある。ふつうの水《みず》の場合《ばあい》、このときの水素《すいそ》イオンと水酸化物《すいさんかぶつ》イオンの数《かず》は同《おな》じだ。つまり、プラスとマイナスとがつりあっているということになり、液《えき》の性質《せいしつ》は「中性《ちゅうせい》」ということになる。

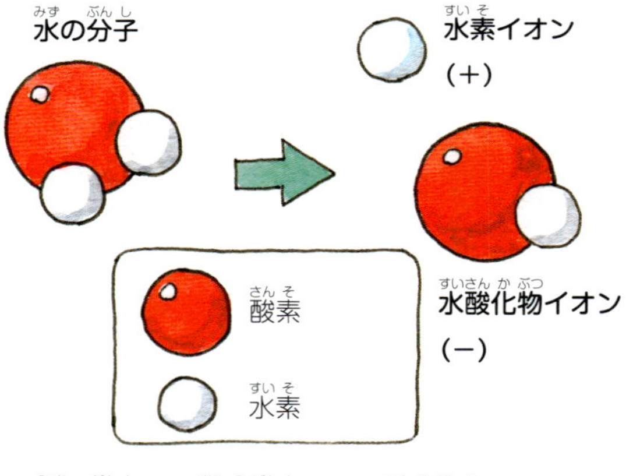

水《みず》の分子《ぶんし》は、酸素原子《さんそげんし》1つ、水素原子《すいそげんし》2つがくっついてできている。これがイオンになったばあい、水素《すいそ》イオンは酸性《さんせい》、水酸化物《すいさんかぶつ》イオンはアルカリ性《せい》を示《しめ》すもととなる

一方《いっぽう》、酢《す》を入《い》れた液《えき》では、酢酸《さくさん》などの酸《さん》が水素《すいそ》イオンとマイナスのイオンにわかれるので、水素《すいそ》イオンがふえる。このように、水酸化物《すいさんかぶつ》イオンよりも水素《すいそ》イオンのほうが多《おお》い液《えき》の性質《せいしつ》を「酸性《さんせい》」という。重曹《じゅうそう》を入《い》れた液《えき》では、重曹《じゅうそう》が水《みず》から水素《すいそ》イオンをうばうので、水酸化物《すいさんかぶつ》イオンがふえる。このように、水素《すいそ》イオンよりも水酸化物《すいさんかぶつ》イオンのほうが多《おお》い液《えき》の性質《せい しつ》を「アルカリ性《せい》」という。

イオンってなんだ？

原子《げんし》のところ（P.14）で見《み》たように、原子《げんし》の中心《ちゅうしん》にある原《げん》子核《しかく》にはプラスの電気《でんき》をもった粒《つぶ》（陽子《ようし》）が入《はい》っていて、そのまわりをマイナスの電気《でんき》をもった粒《つぶ》（電子《でんし》）がとびまわっている。原子核《げんしかく》のなかにあるプラスの粒《つぶ》（陽子《ようし》）と、まわりをとびまわっているマイナスの粒《つぶ》（電子《でんし》）の数《かず》は、ふつうは同《おな》じだ。

でも、原子《げんし》は、自分《じぶん》がもっている電子《でんし》を手放《てばな》したり、外《そと》から電子《でんし》を受《う》けとったりすることがある。それによって、プラスの電気《でんき》を帯《お》びたり、マイナスの電気《でんき》を帯《お》びたりする。

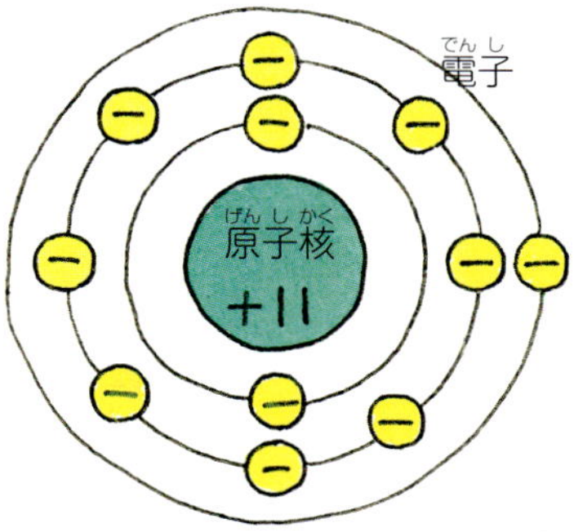
電子《でんし》
原子核《げんしかく》
+11
ナトリウム原子《げんし》。ふつう、原子核《げんしかく》にあるプラスの電気《でんき》は11個《こ》で、まわりを11個《こ》のマイナス電子《でんし》がとびまわっている

●プラスのイオン

電子《でんし》を手放《てばな》した原子《げんし》は、マイナスの粒《つぶ》よりプラスの粒《つぶ》のほうが多《おお》くなる。これを、プラスのイオンという。

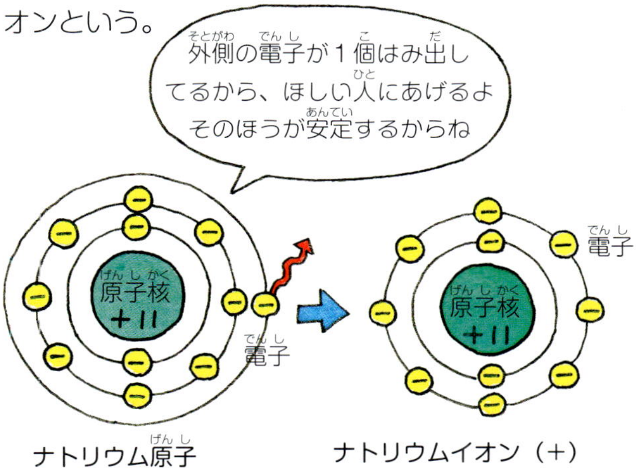
外側《そとがわ》の電子《でんし》が１個《こ》はみ出《だ》してるから、ほしい人《ひと》にあげるよ そのほうが安定《あんてい》するからね
原子核《げんしかく》
+11
電子《でんし》
原子核《げんしかく》
+11
電子《でんし》
ナトリウム原子《げんし》
ナトリウムイオン（＋）

●マイナスのイオン

電子《でんし》を受《う》けとった原子《げんし》は、プラスの粒《つぶ》よりマイナスの粒《つぶ》のほうが多《おお》くなる。これを、マイナスのイオンという。

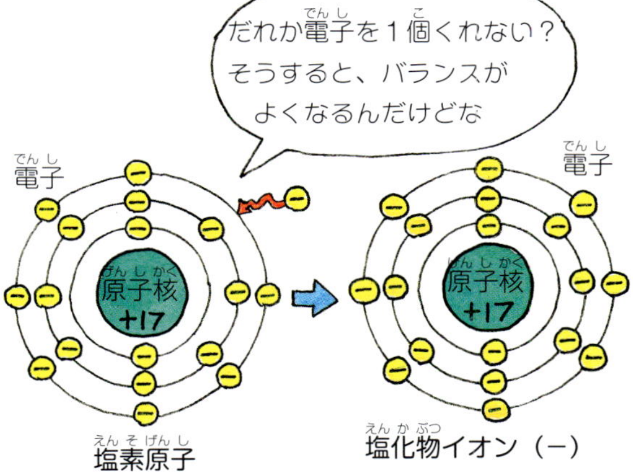
だれか電子《でんし》を１個《こ》くれない？ そうすると、バランスがよくなるんだけどな
電子《でんし》
原子核《げんしかく》
+17
電子《でんし》
原子核《げんしかく》
+17
塩素原子《えんそげんし》
塩化物《えんかぶつ》イオン（－）

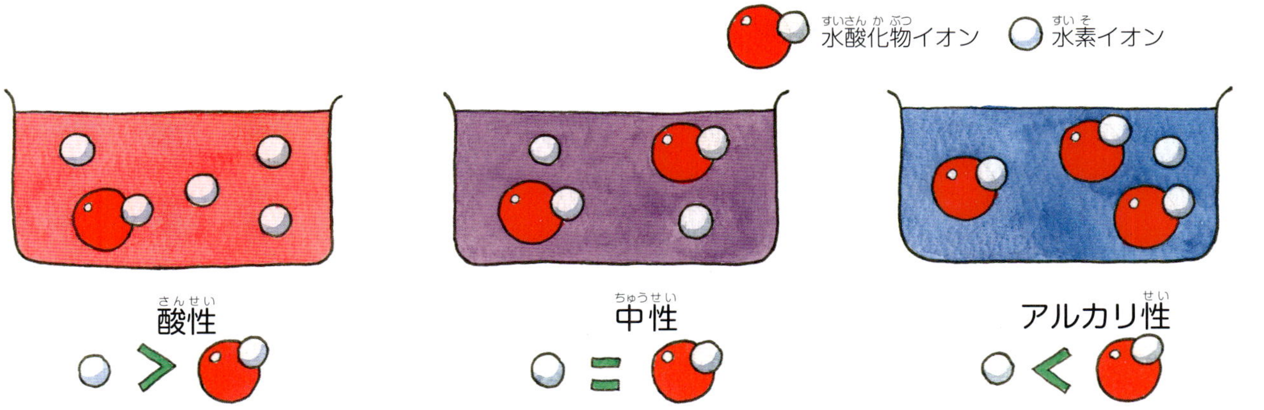
水酸化物《すいさんかぶつ》イオン
水素《すいそ》イオン
酸性《さんせい》
中性《ちゅうせい》
アルカリ性《せい》

水酸化物《すいさんかぶつ》イオンよりも水素《すいそ》イオンのほうが多《おお》い

水素《すいそ》イオンと水酸化物《すいさんかぶつ》イオンの数《かず》が同《おな》じ

水素《すいそ》イオンよりも水酸化物《すいさんかぶつ》イオンのほうが多《おお》い

酸性《さんせい》とアルカリ性《せい》でなぜ色《いろ》が変《か》わるのか

アサガオの色素《しきそ》のアントシアンは、中性《ちゅうせい》では紫色《むらさきいろ》をしている。なぜなら、アントシアンは紫色《むらさきいろ》の光《ひかり》だけを反射《はんしゃ》するかたちをしているからだ。けれど、酸性《さんせい》になって水素《すいそ》イオンがふえると、アントシアンに水素《すいそ》イオンがくっついてかたちが変《か》わる。水素《すいそ》イオンがくっついたかたちは赤色《あかいろ》の光《ひかり》だけを反射《はんしゃ》するから、赤色《あかいろ》に見《み》えるようになる。アルカリ性《せい》になって水酸化物《すいさんかぶつ》イオンがふえたときも、アントシアンに水酸化物《すいさんかぶつ》イオンがくっついてかたちが変《か》わる。水酸化物《すいさんかぶつ》イオンがくっついたかたちは、青色《あおいろ》に見《み》えるようになる。

色素《しきそ》のかたちがすこし変《か》わっただけでも、吸収《きゅうしゅう》したり反射《はんしゃ》したりする光《ひかり》の種類《しゅるい》（波長《はちょう》）が変《か》わるから、目《め》に見《み》える色《いろ》が変《か》わるんだ（くわしくは、P.51のコラム「色《いろ》ってなに？」を見《み》てね）。

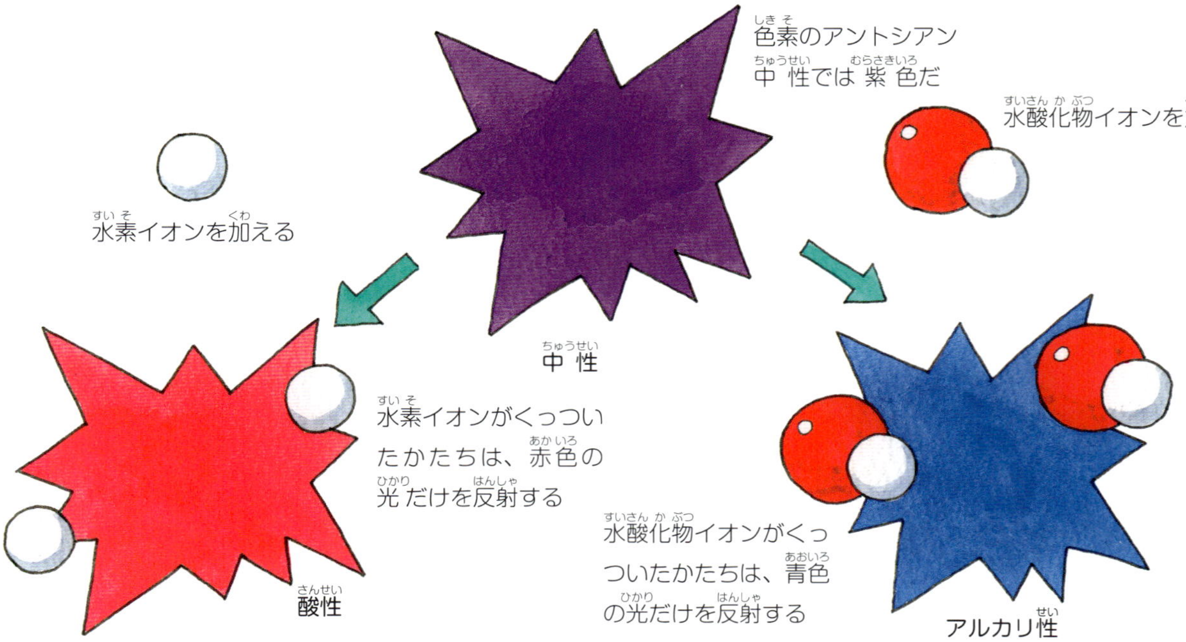

酸性《さんせい》とアルカリ性《せい》を混《ま》ぜてみよう

赤《あか》い酸性《さんせい》の液《えき》と青《あお》いアルカリ性《せい》の液《えき》を混《ま》ぜると、もとの紫色《むらさきいろ》の液《えき》にもどった！　これは、酸性《さんせい》の水素《すいそ》イオンとアルカリ性《せい》の水酸化物《すいさんかぶつ》イオンがくっついて、中性《ちゅうせい》の水《みず》にもどったからだ。このように、酸性《さんせい》とアルカリ性《せい》の液《えき》を混《ま》ぜたときに、たがいの性質《せいしつ》を打《う》ち消《け》しあうことを**中和《ちゅうわ》**という。

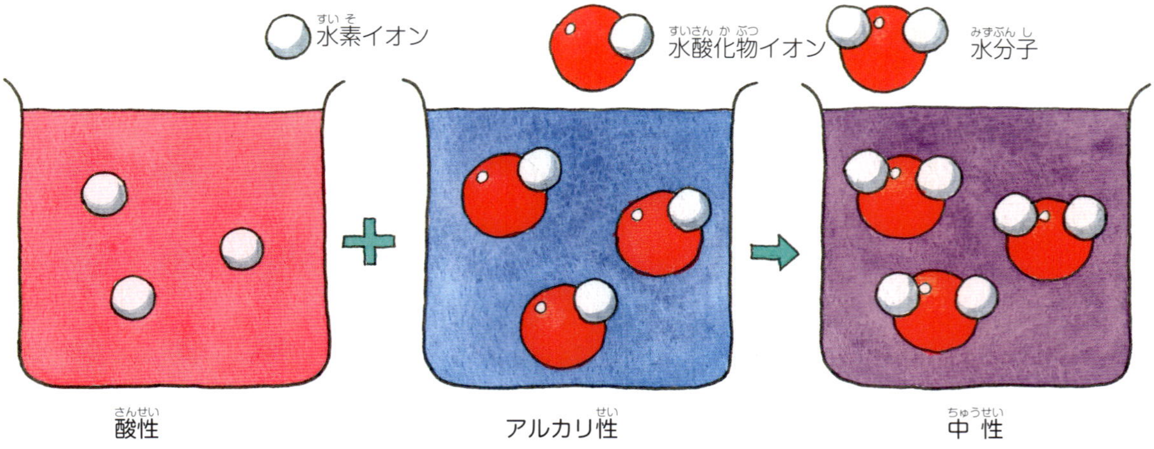

酸性《さんせい》・アルカリ性《せい》にも強弱《きょうじゃく》がある

同《おな》じ量《りょう》の液《えき》でくらべた場合《ばあい》、液《えき》のなかにある水素《すいそ》イオンの数《かず》が多《おお》いほど酸性《さんせい》が強《つよ》くなり、水酸化物《すいさんかぶつ》イオンの数《かず》が多《おお》いほどアルカリ性《せい》が強《つよ》くなる。その度合《どあ》いを数《かず》で表《あらわ》したものが**pH**《ピーエッチ》だ。 pHは、7なら中性《ちゅうせい》。7よりちいさくなるほど酸性《さんせい》が強《つよ》くなり、逆《ぎゃく》に7より大《おお》きくなるほどアルカリ性《せい》が強《つよ》くなる。

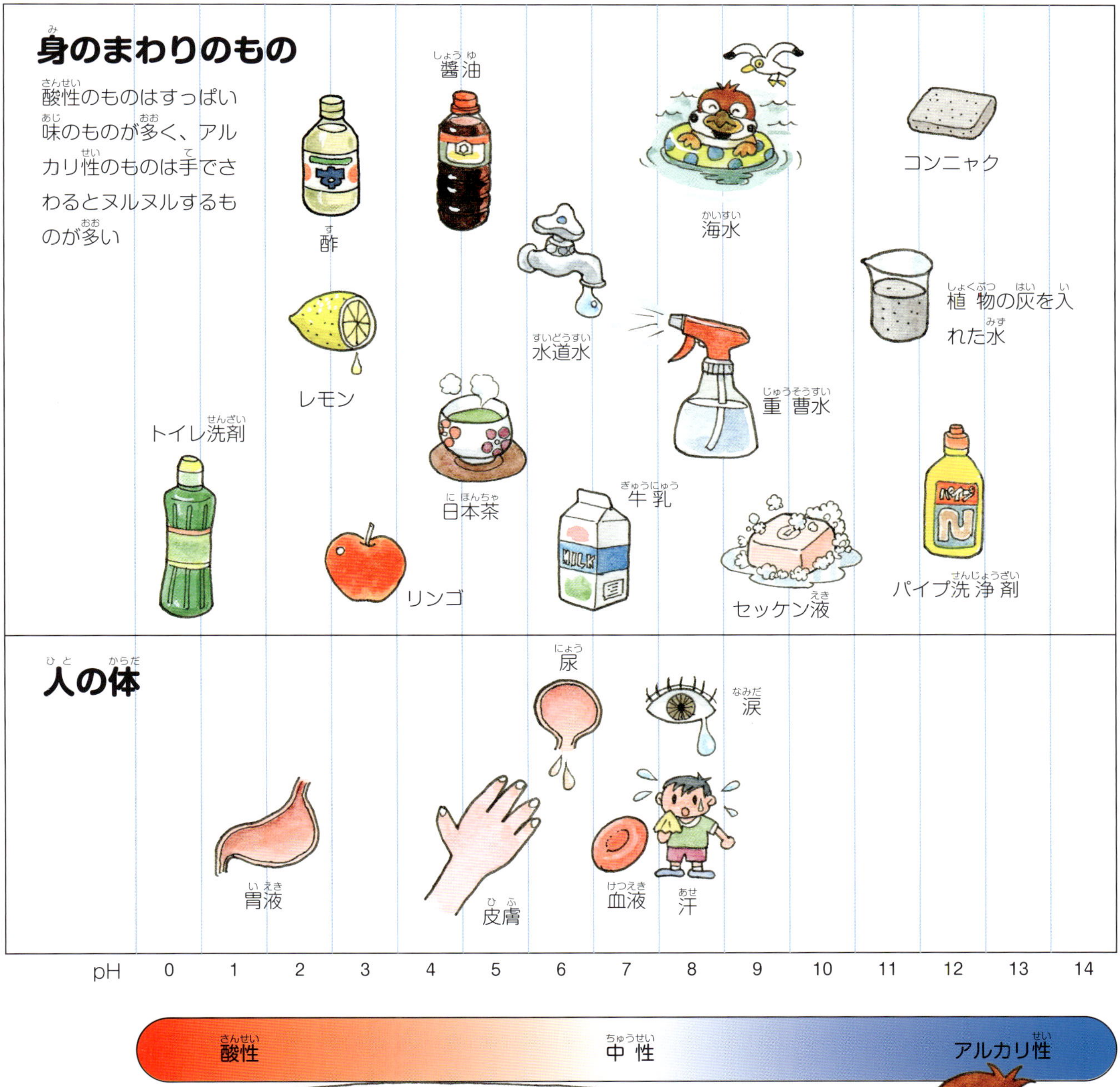
身《み》のまわりのもの
酸性《さんせい》のものはすっぱい味《あじ》のものが多《おお》く、アルカリ性《せい》のものは手《て》でさわるとヌルヌルするものが多《おお》い
酢《す》
醤油《しょうゆ》
レモン
トイレ洗剤《せんざい》
リンゴ
日本茶《にほんちゃ》
水道水《すいどうすい》
牛乳《ぎゅうにゅう》
海水《かいすい》
重曹水《じゅうそうすい》
セッケン液《えき》
コンニャク
植物《しょくぶつ》の灰《はい》を入《い》れた水《みず》
パイプ洗浄剤《せんじょうざい》
人《ひと》の体《からだ》
胃液《いえき》
皮膚《ひふ》
尿《にょう》
血液《けつえき》
汗《あせ》
涙《なみだ》
pH 0 1 2 3 4 5 6 7 8 9 10 11 12 13 14
酸性《さんせい》
中性《ちゅうせい》
アルカリ性《せい》

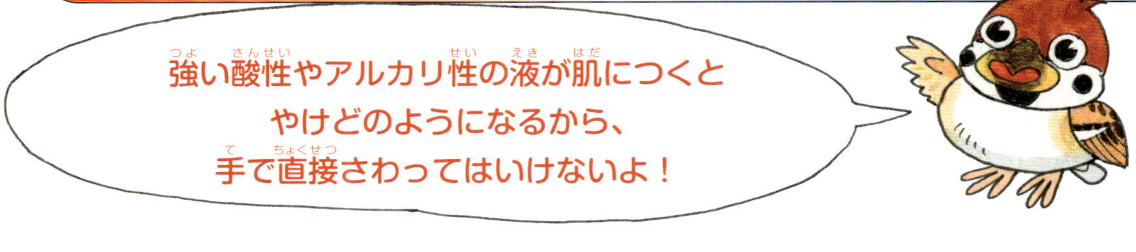
強《つよ》い酸性《さんせい》やアルカリ性《せい》の液《えき》が肌《はだ》につくと
やけどのようになるから、
手《て》で直接《ちょくせつ》さわってはいけないよ！

紅葉《こうよう》する木《き》のなぞを追《お》う

秋《あき》が深《ふか》まり、寒《さむ》くなってくると、それまで緑色《みどりいろ》だったカエデやサクラの葉《は》が赤《あか》や黄色《きいろ》に変身《へんしん》する。さあ、紅葉《こうよう》のひみつをさぐってみよう！

葉《は》っぱが赤《あか》くなるしくみ

ふだんの葉《は》は緑色《みどりいろ》をしているよね。葉《は》は、葉緑体《ようりょくたい》という部《ぶ》分《ぶん》で光《ひかり》のエネルギーを受《う》けとめて、光合成《こうごうせい》をおこなっている。葉緑体《ようりょくたい》のなかには、緑色《みどりいろ》の色素《しきそ》のクロロフィル（葉緑素《ようりょくそ》）と、黄色《きいろ》の色素《しきそ》のカロテノイドが入《はい》っている。ふだんはカロテノイドよりもクロロフィルのほうが多《おお》いから、緑色《みどりいろ》に見《み》える。

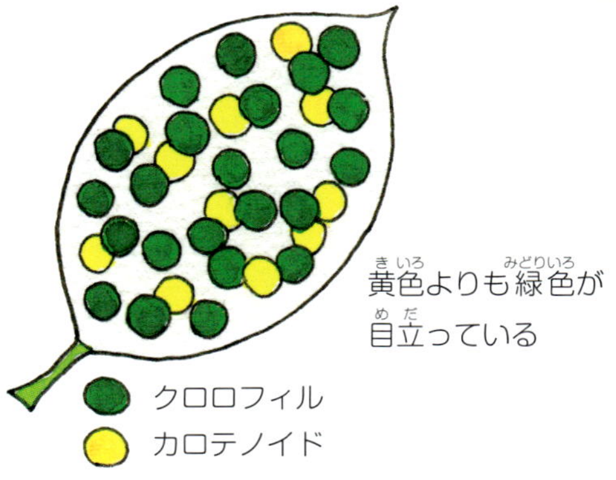
黄色《きいろ》よりも緑色《みどりいろ》が目立《めだ》っている
クロロフィル
カロテノイド

気温《きおん》がさがってくると、葉《は》を落《お》とす準備《じゅんび》として、葉《は》と枝《えだ》の境《さかい》に壁《かべ》ができはじめる。壁《かべ》ができると、根《ね》から吸《す》いあげた水《すい》分《ぶん》が葉《は》に送《おく》られにくくなり、緑色《みどりいろ》のクロロフィルがこわれだす。黄色《きいろ》のカロテノイドはクロロフィルよりもこわれにくいので、葉《は》は黄色《きいろ》く色《いろ》づいて見《み》えるようになる。

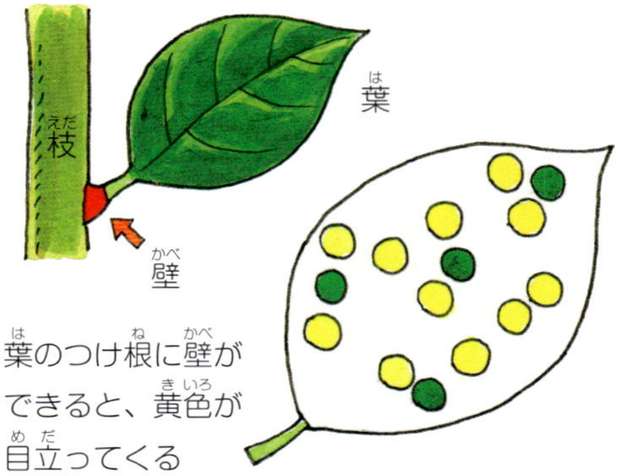
枝《えだ》
葉《は》
壁《かべ》
葉《は》のつけ根《ね》に壁《かべ》ができると、黄色《きいろ》が目立《めだ》ってくる

また、葉《は》でつくられた養分《ようぶん》は、ふだんは成長《せいちょう》のさかんな部《ぶ》分《ぶん》や果実《かじつ》などに運《はこ》ばれていたけれど、壁《かべ》ができてくるとそこでせき止《と》められて、葉《は》にたまってくる。養分《ようぶん》がたまると、葉《は》のなかにあるタンパク質《しつ》と反応《はんのう》して、アントシアンという赤《あか》い色素《しきそ》ができる。こうやって葉《は》の色《いろ》は、緑色《みどりいろ》から黄色《きいろ》へ、そして赤《あか》色《いろ》へと変《か》わっていく。

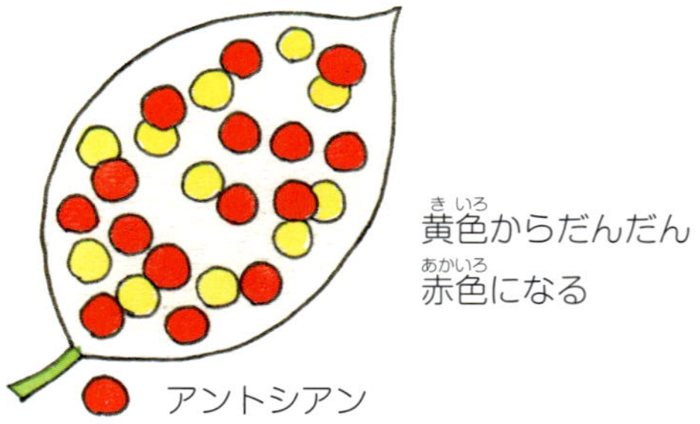
黄色《きいろ》からだんだん赤色《あかいろ》になる
アントシアン

黄色《きいろ》からオレンジ色《いろ》をへて赤色《あかいろ》になるモミジ

壁《かべ》がすっかりできあがると、葉《は》は壁《かべ》の部分《ぶぶん》からポロッとはなれて、落《お》ちてしまうよ
枝《えだ》
ポロッ

葉《は》の役割《やくわり》

葉《は》の役割《やくわり》は大《おお》きく3つある。「光合成《こうごうせい》」「呼吸《こきゅう》」「蒸散《じょうさん》」だ。光合成《こうごうせい》では、気孔《きこう》（葉《は》にある穴《あな》）からとりこんだ二酸化炭素《にさんかたんそ》と、根《ね》から吸《す》いあげた水《みず》を材料《ざいりょう》にして、太陽《たいよう》の光《ひかり》を用《もち》いて、養分《ようぶん》をつくりだしている。養分《ようぶん》は成長《せいちょう》のさかんな部分《ぶぶん》や果実《かじつ》へ送《おく》られ、光合成《こうごうせい》でできた酸素《さんそ》は、いらないので気孔《きこう》から捨《す》てられる。呼吸《こきゅう》では、気孔《きこう》から酸素《さんそ》をとりこんで、二酸化炭素《にさんかたんそ》を捨《す》てている。植物《しょくぶつ》も動物《どうぶつ》と同《おな》じように呼吸《こきゅう》をしているんだ。蒸散《じょうさん》では、根《ね》から吸《す》いあげた水《みず》を、水蒸気《すいじょうき》にして気孔《きこう》から出《だ》している。蒸散《じょうさん》には、よぶんな水《みず》を捨《す》てたり、葉《は》の温度《おんど》をさげたりする効果《こうか》がある。

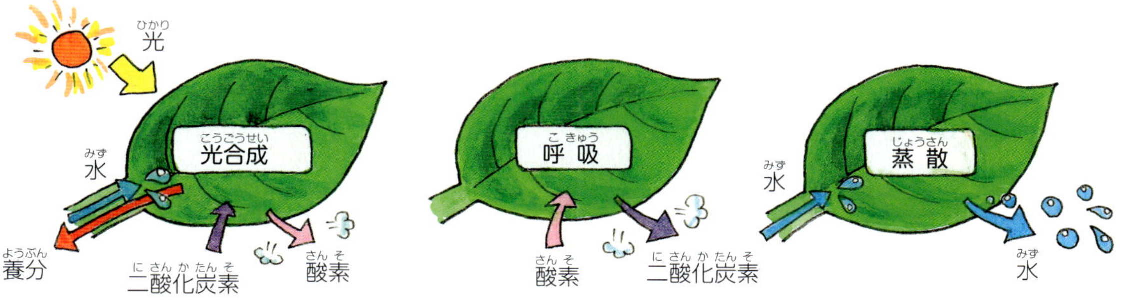

なぜ冬《ふゆ》に葉《は》を落《お》とすの？

冬《ふゆ》になると、太陽《たいよう》の光《ひかり》が弱《よわ》くなって、光合成《こうごうせい》をするのがむずかしくなる。そのうえ、乾燥《かんそう》して土《つち》のなかの水分《すいぶん》がすくなくなり、このまま葉《は》から蒸散《じょうさん》を続《つづ》けていると、木《き》も水分不足《すいぶんぶそく》になってしまう。だから、落葉樹《らくようじゅ》は葉《は》を落《お》とすことで、できるだけ養分《ようぶん》や水分《すいぶん》を失《うしな》わないようにしているんだ。

イチョウが赤《あか》くならないわけ

イチョウは、赤《あか》くならずに黄色《きいろ》いまま散《ち》るよね。これは、なぜだろう？　イチョウも、ふだんは緑色《みどりいろ》のクロロフィルが黄色《きいろ》のカロテノイドよりも多《おお》いので、緑色《みどりいろ》に見《み》える。そして寒《さむ》くなると、クロロフィルがこわれて黄色《きいろ》が目立《めだ》ちだす。カエデなどの葉《は》はこのあとに赤《あか》く色《いろ》づくけれど、イチョウにはアントシアンをつくるタンパク質《しつ》がないため、赤《あか》くはならない。だから、黄色《きいろ》いまま散《ち》るんだ。

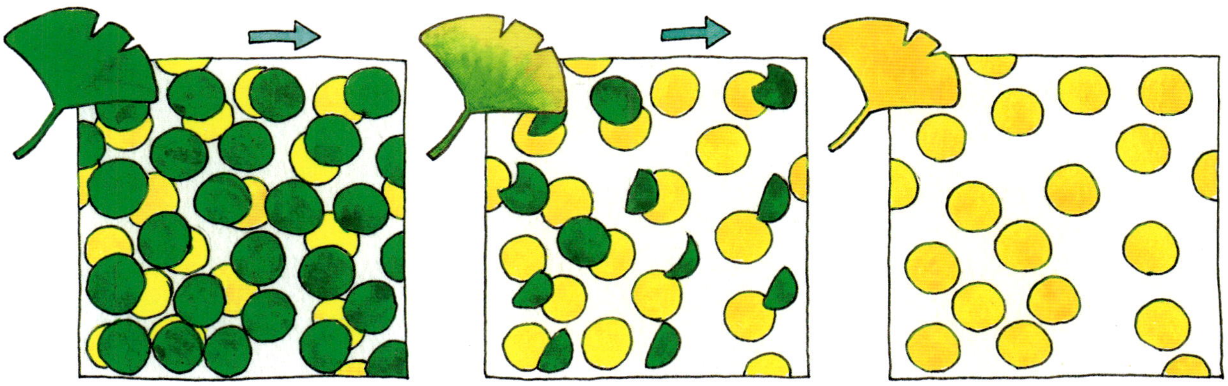

緑《みどり》のクロロフィルで、カロテノイドが目立《めだ》たない

クロロフィルが、こわれはじめる

カロテノイドがのこり、黄色《きいろ》くなる

紅葉《こうよう》するメリットはなに？

葉《は》を落《お》とすまえにわざわざ赤《あか》く色《いろ》づく理由《りゆう》は、まだよくわかっていない。いまのところ、つぎのような理由《りゆう》が考《かんが》えられている。つまり……

緑色《みどりいろ》のクロロフィルは、ふだんは葉緑体《ようりょくたい》のなかにあるけれど、気温《きおん》がさがって葉緑体《ようりょくたい》がこわれると、葉緑《ようりょく》体《たい》の外《そと》に出《で》てきてしまう。この状態《じょうたい》で光《ひかり》をあびると、クロロフィルはまわりの酸素《さんそ》を危険《きけん》な**活性酸素《かっせいさんそ》**に変《か》えはじめる。活性酸素《かっせいさんそ》は葉《は》の細胞《さいぼう》をこわすはたらきをもっているから、木《き》にとっては大問題《だいもんだい》だ。

ただ、クロロフィルは青《あお》い光《ひかり》をあびたときに活性酸素《かっせいさんそ》をつくりだしやすいので、青色《あおいろ》の光《ひかり》をさえぎってやりさえすれば活動《かつどう》をおさえることができる。その青色《あおいろ》の光《ひかり》をさえぎる方法《ほうほう》として葉《は》があみだしたのが、「紅葉《こうよう》する」という方法《ほうほう》だ。赤《あか》い色素《しきそ》のアントシアンが青色《あおいろ》の光《ひかり》を吸収《きゅうしゅう》してくれるため、活性酸素《かっせいさんそ》ができにくくなる。

木《き》は、赤《あか》く色《いろ》づかせることで葉《は》を守《まも》っているのではないかというわけだ。

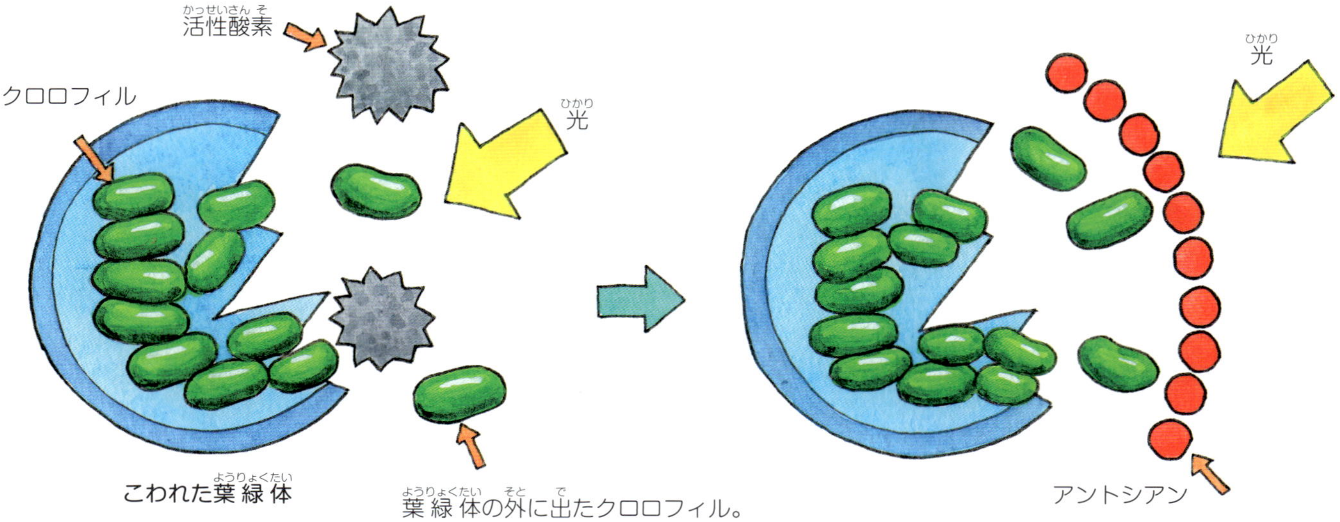

葉緑体《ようりょくたい》の外《そと》に出《で》たクロロフィル。光《ひかり》をあびると、まわりの酸素《さんそ》を活性酸素《かっせいさんそ》に変《か》えはじめる

青色《あおいろ》の光《ひかり》がアントシアンに吸収《きゅうしゅう》されて、クロロフィルまでとどきにくくなる

活性酸素《かっせいさんそ》ってなんだ？

活性酸素《かっせいさんそ》というのは、酸素分子《さんそぶんし》の電子《でんし》のバランスがくずれて不安定《ふあんてい》になったもの。自分《じぶん》が安定《あんてい》するために、ほかの物質《ぶっしつ》から電子《でんし》をうばう。ことばをかえると、「酸化《さんか》させる（錆《さ》びさせる）」ということだ。動物《どうぶつ》や植物《しょくぶつ》の体《からだ》のなかでこうしたことがおこると、細胞《さいぼう》は正常《せいじょう》なはたらきができなくなって、いろいろな病気《びょうき》をひきおこすことになる。

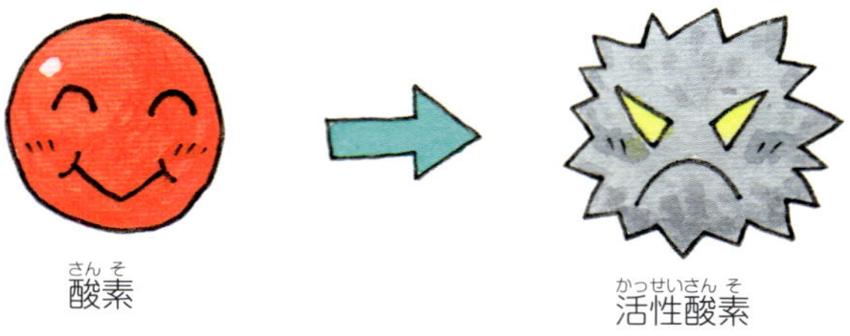

酸素分子《さんそぶんし》は、電子《でんし》のバランスがくずれると、不安定《ふあんてい》で危険《きけん》な活性酸素《かっせいさんそ》に変身《へんしん》する

紅葉《こうよう》する木《き》と紅葉《こうよう》しない木《き》

冬《ふゆ》の森《もり》や公園《こうえん》を歩《ある》いてみると、紅葉《こうよう》したあとにすっかり葉《は》を落《お》とした木《き》と、緑色《みどりいろ》の葉《は》をつけたままの木《き》があることに気《き》づく。 1年《ねん》のうちにいっせいに葉《は》を落《お》とす期間《きかん》のある木《き》を落葉樹《らくようじゅ》、1年中《ねんじゅう》葉《は》をつけている木《き》を常緑《じょうりょく》樹《じゅ》という。

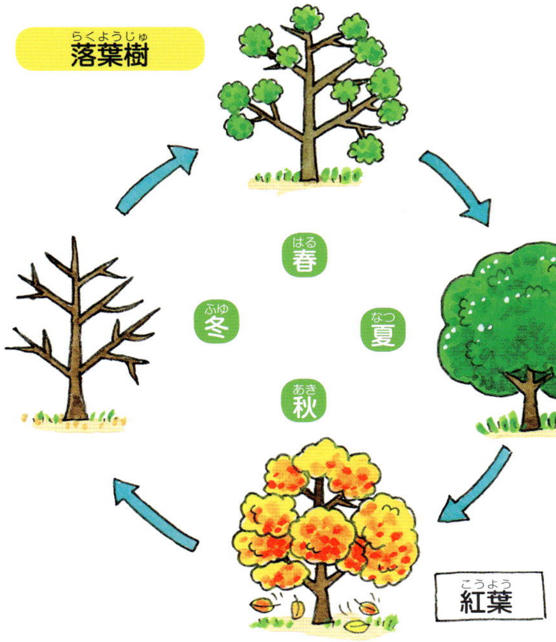

秋《あき》に紅葉《こうよう》して、冬《ふゆ》にはすっかり葉《は》を落《お》とす。春《はる》になると新《あたら》しい芽《め》が出《で》て、夏《なつ》に向《む》けて緑《みどり》の濃《こ》さをましていく

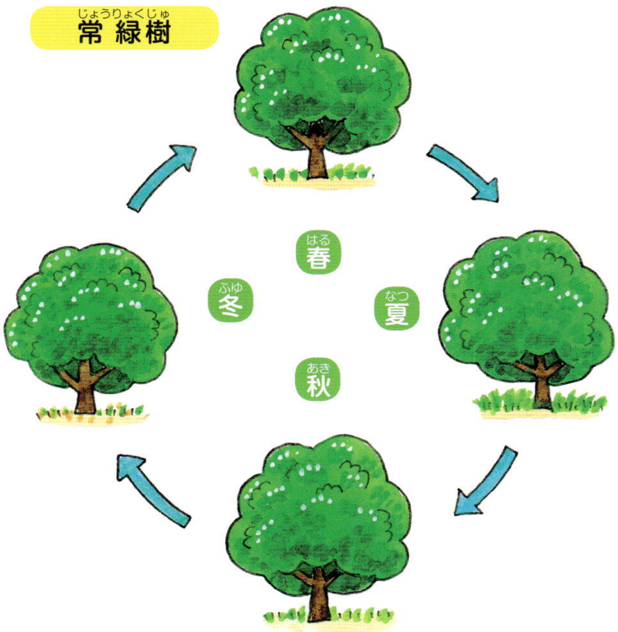

葉《は》をいっせいに落《お》とすことはなく、いつも緑《みどり》の葉《は》をつけている

葉《は》を落《お》とさない常緑樹《じょうりょくじゅ》は、暑《あつ》い地域《ちいき》と寒《さむ》い地域《ちいき》に多《おお》い。暑《あつ》い地域《ちいき》の常緑樹《じょうりょくじゅ》は、葉《は》を分厚《ぶあつ》くすることで乾燥《かんそう》に耐《た》え、寒《さむ》い地域《ちいき》の常緑樹《じょうりょくじゅ》は、葉《は》を針《はり》のように細《ほそ》くすることで寒《さむ》さに耐《た》えている。いっぽう、葉《は》がうすい落葉樹《らくようじゅ》は、葉《は》を落《お》とすことで乾燥《かんそう》や寒《さむ》さをのりきる。生《は》えている地域《ちいき》の気候《きこう》にあわせて、木《き》は葉《は》のかたちを変化《へんか》させてきたんだね。葉《は》がいっせいに紅葉《こうよう》する木《き》は、落葉樹《らくようじゅ》だけだよ。

ツバキ（常緑樹《じょうりょくじゅ》）
葉《は》は分厚《ぶあつ》い

マツ（常緑樹《じょうりょくじゅ》）
葉《は》は針《はり》のように細《ほそ》い

サクラ（落葉樹《らくようじゅ》）
葉《は》はうすい

色《いろ》とりどりの花火《はなび》

夏《なつ》の夜空《よぞら》をいろどる打《う》ちあげ花火《はなび》。庭先《にわさき》で楽《たの》しむ手持《ても》ち花火《はなび》――どちらも美《うつく》しい色《いろ》の炎《ほのお》が出《で》るよね。これは、どんなしくみになっているのかな？

いろいろある花火《はなび》の種類《しゅるい》

ひと口《くち》に花火《はなび》といっても、いろいろな種類《しゅるい》がある。花火大会《はなびたいかい》で目《め》にするのは、上空《じょうくう》で爆発《ばくはつ》させる「打《う》ちあげ花火《はなび》」や、地上《ちじょう》にしかけをつくってかたちや文字《もじ》を浮《う》かびあがらせる「しかけ花火《はなび》」など。個人《こじん》であそぶおもちゃ花火《はなび》には、線香花火《せんこうはなび》やススキ花火《はなび》といった「手持《ても》ち花火《はなび》」のほか、地上《ちじょう》において楽《たの》しむ「噴出花火《ふんしゅつはなび》」などがある。

だけど、どの花火《はなび》も基本的《きほんてき》なしくみは同《おな》じで、金属《きんぞく》が混《ま》ざった火薬《かやく》を燃《も》やし、火《ひ》の粉《こ》の色《いろ》やかたちを楽《たの》しむようになっている。金属《きんぞく》は、種類《しゅるい》によって燃《も》やしたときに決《き》まった色《いろ》の炎《ほのお》が出《で》る（たとえば、リチウムは赤色《あかいろ》、ナトリウムは黄色《きいろ》の炎《ほのお》が出《で》る）。これを炎色反応《えんしょくはんのう》という。花火《はなび》は、この炎色反応《えんしょくはんのう》を利用《りよう》したものだ。

打《う》ちあげ花火《はなび》

しかけ花火《はなび》

線香花火《せんこうはなび》

ススキ花火《はなび》

噴出花火《ふんしゅつはなび》

炎色反応《えんしょくはんのう》のしくみ

原子《げんし》の中心《ちゅうしん》には原子核《げんしかく》があって、そのまわりをいくつかの電子《でんし》がとびまわっている。内側《うちがわ》のコースにある電《でん》子《し》ほど、原子核《げんしかく》に近《ちか》くて強《つよ》くひきつけられているので、エネルギーが低《ひく》く安定《あんてい》している。逆《ぎゃく》に外側《そとがわ》のコースにある電子《でんし》ほど、エネルギーは高《たか》く不安定《ふあんてい》になる。

ふつうの状態《じょうたい》では、電子《でんし》はそれぞれ決《き》まったコースをとびまわっていて、それ以外《いがい》の場所《ばしょ》を勝手《かって》にとびまわることはできない。ところが、いつもは決《き》まったコースをとびまわっている電子《でんし》も、熱《ねっ》せられると熱《ねつ》エネルギーをもらって元気《げんき》になり、外側《そとがわ》のコースにジャンプする。だけど外側《そとがわ》のコースは不安定《ふあんてい》なので、電子《でんし》はまたもとのコースにもどりたくなる。内側《うちがわ》のコースにもどるときに、よけいなエネルギーを光《ひかり》として放《ほう》り出《だ》すんだ。

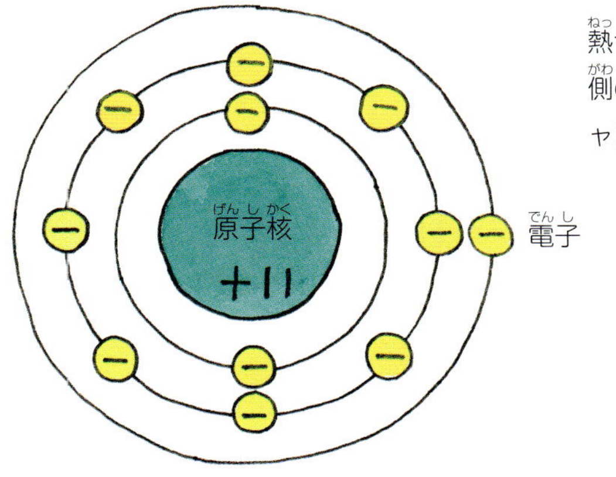

電子《でんし》はふつう、決《き》まったコースをとびまわっており、このコースからはずれることはない

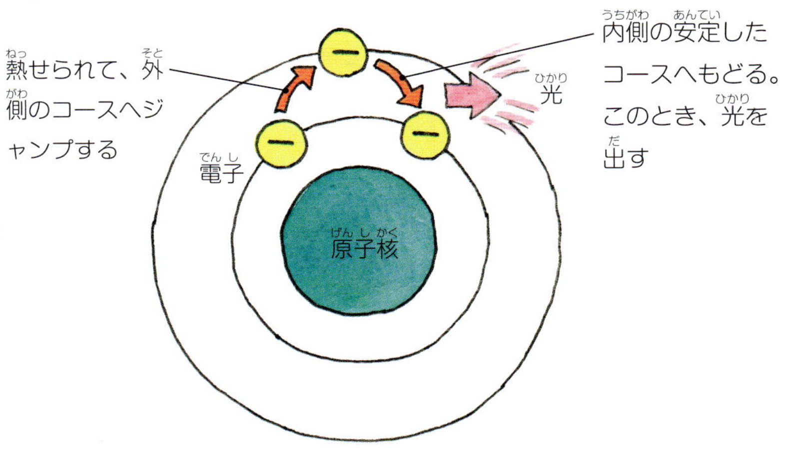

熱《ねっ》せられた電子《でんし》は外側《そとがわ》のコースにジャンプし、もとのコースにもどるときに光《ひかり》を出《だ》す

さまざまな色《いろ》が出《で》るひみつ

では、青《あお》、赤《あか》、黄《き》など、さまざまな色《いろ》の光《ひかり》が出《で》るのはなぜだろう？

金属《きんぞく》は、種類《しゅるい》によって電子《でんし》のジャンプのしかたがちがうため、放《ほう》り出《だ》す光《ひかり》エネルギーの大《おお》きさもちがってくる。光《ひかり》は、エネルギーの大《おお》きさによってちがった色《いろ》に見《み》える（たとえば、エネルギーが高《たか》いと紫 色《むらさきいろ》に、エネルギーが低《ひく》いと赤色《あかいろ》に見《み》える）。だから、それぞれの金属《きんぞく》で特有《とくゆう》の色《いろ》の光《ひかり》が見《み》えるというわけだ。

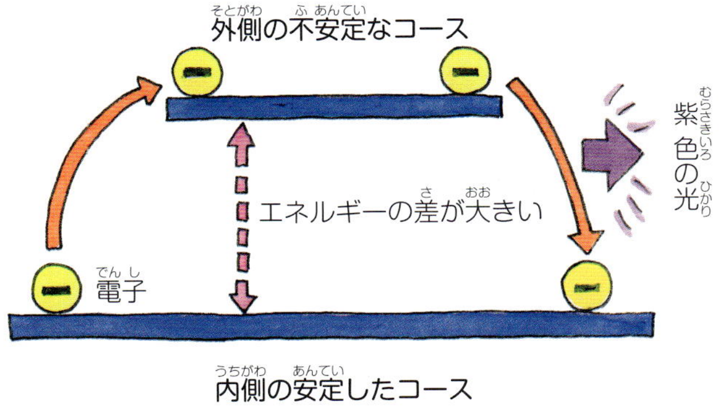

紫 色《むらさきいろ》の光《ひかり》が出《で》るのは、エネルギーの差《さ》が大《おお》きいとき

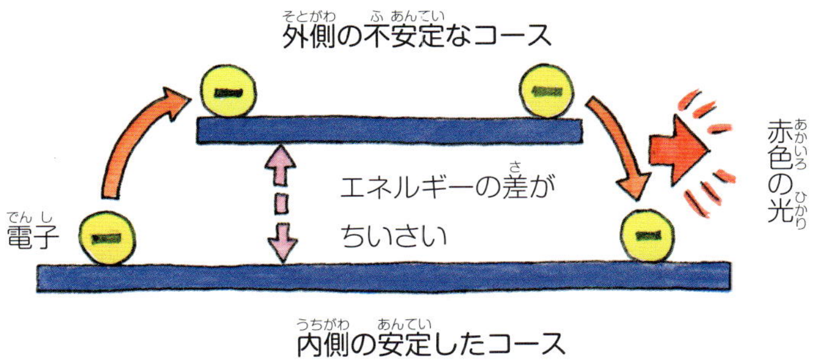

赤色《あかいろ》の光《ひかり》が出《で》るのは、エネルギーの差《さ》がちいさいとき

さまざまな金属《きんぞく》が燃《も》えるときに出《だ》す色《いろ》

金属《きんぞく》の種類《しゅるい》によって、さまざまな色《いろ》の炎《ほのお》が出《で》る炎色反応《えんしょくはんのう》。どんな色《いろ》の炎《ほのお》が出《で》るのか見《み》てみよう。

リチウム
ナトリウム
カリウム
銅《どう》
カルシウム
ストロンチウム
バリウム

打《う》ちあげ花火《はなび》の内部《ないぶ》をのぞいてみよう

一般的《いっぱんてき》な打《う》ちあげ花火《はなび》は、大《おお》きな花火玉《はなびだま》のなかに2種類《しゅるい》の火薬《かやく》が入《はい》っている。1つは、上空《じょうくう》で花火玉《はなびだま》を割《わ》るための「割薬《わりやく》」という火薬《かやく》。もう1つは、丸《まる》い粒状《つぶじょう》の「星《ほし》」とよばれる火薬《かやく》で、これには金属成分《きんぞくせいぶん》が入《はい》っている。

では、打《う》ちあげかたを見《み》てみよう。打《う》ちあげ用《よう》の筒《つつ》の底《そこ》に発射火薬《はっしゃかやく》を入《い》れておき、その上《うえ》に導火線《どうかせん》を下《した》にして花火玉《はなびだま》をセットする。筒《つつ》に火《ひ》を投《な》げこむと発射火薬《はっしゃかやく》に火《ひ》がつき、その爆発《ばくはつ》によって花火玉《はなびだま》が上空《じょうくう》に打《う》ちあげられる。打《う》ちあげと同時《どうじ》に導火線《どうかせん》にも火《ひ》がつき、上空《じょうくう》に達《たっ》するころに割薬《わりやく》に火《ひ》がついて爆発《ばくはつ》し、星《ほし》も爆発《ばくはつ》しながらとび散《ち》る。このとき星《ほし》の金属成分《きんぞくせいぶん》が燃《も》えて、さまざまな色《いろ》の炎《ほのお》が出《で》るんだ。

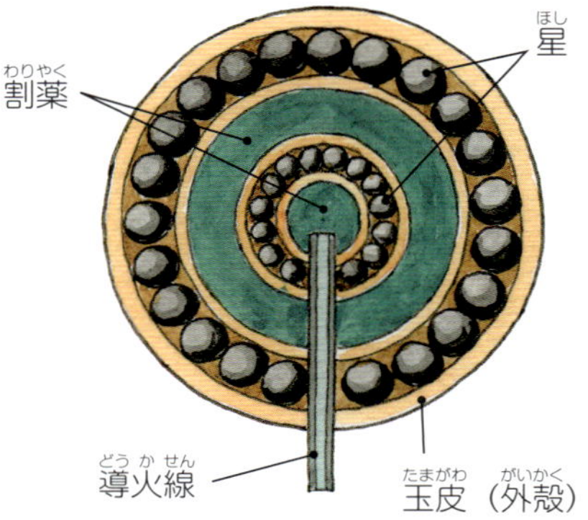
割薬《わりやく》
星《ほし》
導火線《どうかせん》
玉皮《たまがわ》（外殻《がいかく》）

花火玉《はなびだま》をたて半分《はんぶん》に割《わ》ったところ

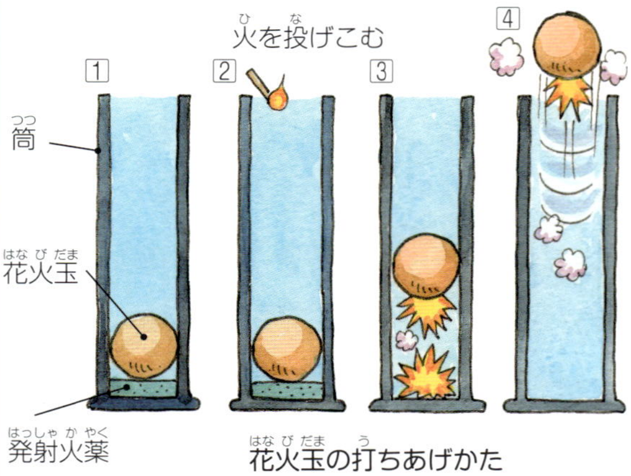
火《ひ》を投《な》げこむ
1
2
3
4
筒《つつ》
花火玉《はなびだま》
発射火薬《はっしゃかやく》

花火玉《はなびだま》の打《う》ちあげかた

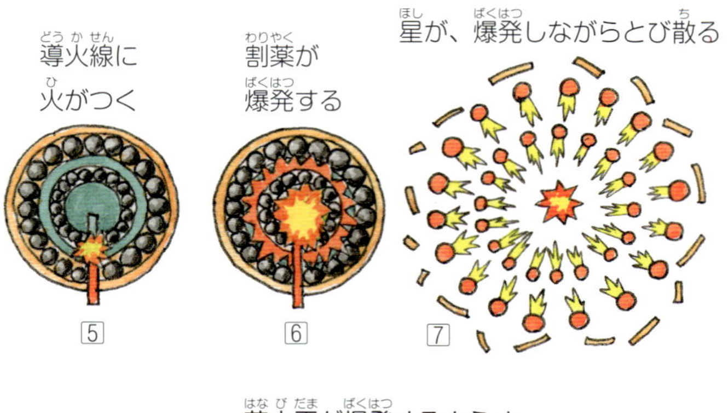
導火線《どうかせん》に
火《ひ》がつく
割薬《わりやく》が
爆発《ばくはつ》する
星《ほし》が、爆発《ばくはつ》しながらとび散《ち》る
5
6
7

花火玉《はなびだま》が爆発《ばくはつ》するようす

皮《かわ》をむいたリンゴが茶色《ちゃいろ》になった！

切《き》った直後《ちょくご》のリンゴは、黄色《きいろ》っぽい白色《しろいろ》だったのに、しばらくおいておくと、茶色《ちゃいろ》くなってしまった。そういえば、リンゴをすりおろしたときも茶色《ちゃいろ》くなったよ。なぜだろう？

リンゴが茶色《ちゃいろ》くなるしくみ

リンゴのなかには、ポリフェノールという成分《せいぶん》がふくまれている。さらに、ポリフェノールと酸素《さんそ》を結《むす》びつける酵素《こうそ》という成分《せいぶん》もふくまれている。この２つは、ふだんは別《べつ》べつの場所《ばしょ》にあるけれど、切《き》ったりすりおろしたりすると、いっしょになる。

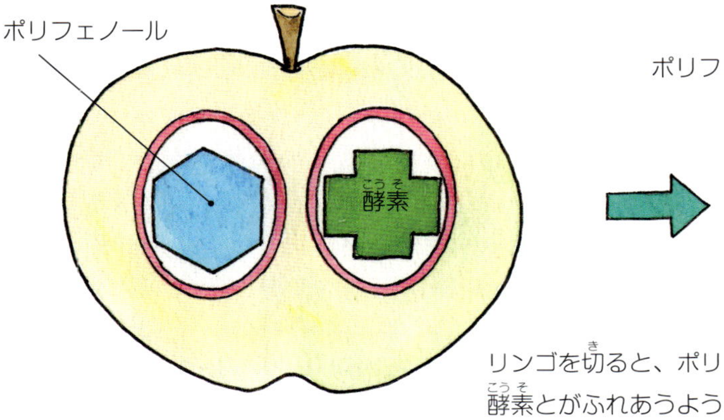

リンゴを切《き》ると、ポリフェノールと酵素《こうそ》とがふれあうようになる

この状態《じょうたい》で空気《くうき》にふれると、ポリフェノールが酸素《さんそ》とくっつく「酸化《さんか》」（酸化《さんか》については、P.86「『燃《も》える』と『錆《さ》びる』は親戚《しんせき》？」を見《み》よう）という反応《はんのう》が起《お》きて、茶色《ちゃいろ》い色素《しきそ》ができる。だから、リンゴの切《き》り口《くち》は茶色《ちゃいろ》になる。

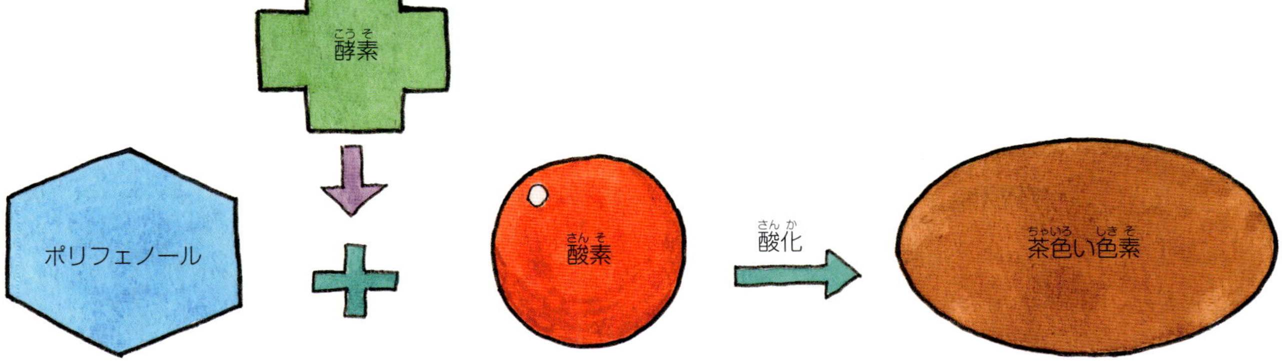

酵素《こうそ》のはたらきでポリフェノールと酸素《さんそ》がくっつき、茶色《ちゃいろ》い色素《しきそ》ができる

●酵素《こうそ》
生物《せいぶつ》の体内《たいない》で化学反応《かがくはんのう》を手助《てだす》けする物質《ぶっしつ》のこと。おもにタンパク質《しつ》からできていて、たくさんの種類《しゅるい》がある。

切《き》り口《くち》が茶色《ちゃいろ》くなるのはリンゴだけ？

切《き》り口《くち》が茶色《ちゃいろ》になるのは、リンゴだけではない。ポリフェノールがたくさんふくまれているくだものや野菜《やさい》は、切《き》り口《くち》が茶色《ちゃいろ》くなりやすい。たとえば、バナナ、モモ、ゴボウ、ナス、ジャガイモ、レタス、レンコンなどがそうだ。

茶色《ちゃいろ》くなるのをふせぐには

リンゴを水《みず》につけておくと、空気中《くうきちゅう》の酸素《さんそ》にふれにくくなるから、茶色《ちゃいろ》くなりにくい。レモンの入《はい》った水《みず》なら、さらに効果的《こうかてき》だ。レモンのビタミンCがポリフェノールよりも先《さき》に酸素《さんそ》と結《むす》びつくので、茶色《ちゃいろ》い色素《しきそ》ができにくいんだ。塩水《しおみず》でも、塩《しお》が酵素《こうそ》のはたらきをおさえてくれるので、茶色《ちゃいろ》くならないよ。

緑茶《りょくちゃ》、ウーロン茶《ちゃ》、紅茶《こうちゃ》

緑 色《みどりいろ》だったお茶《ちゃ》の葉《は》が、茶色《ちゃいろ》い紅茶《こうちゃ》やウーロン茶《ちゃ》になるのも、リンゴが茶色《ちゃいろ》くなるのと同《おな》じしくみだよ。緑茶《りょくちゃ》も紅茶《こうちゃ》もウーロン茶《ちゃ》も、みんな同《おな》じお茶《ちゃ》の葉《は》からつくられる。生《なま》の葉《は》にふくまれるポリフェノールが、酵素《こうそ》のはたらきで酸化《さんか》されて、茶色《ちゃいろ》い色素《しきそ》ができるんだ。

ポリフェノールをどの程度酸化《ていどさんか》させるかによって、ちがったお茶《ちゃ》になる。ポリフェノールを酸化《さんか》させずにつくったのが緑茶《りょくちゃ》。生葉《なまば》の緑色《みどりいろ》がそのままのこっているね。紅茶《こうちゃ》は完全《かんぜん》に酸化《さんか》させたお茶《ちゃ》で、ウーロン茶《ちゃ》は酸化《さんか》を途中《とちゅう》でとめたお茶《ちゃ》だ。

明《あか》るい血《ち》・暗《くら》い血《ち》

わたしたちの体《からだ》に流《なが》れている血《ち》は、もちろん赤色《あかいろ》。でも、同《おな》じ赤色《あかいろ》といっても、明《あか》るいものと暗《くら》いものがあるって知《し》っていた？

血液《けつえき》のはたらき

人間《にんげん》の血液《けつえき》のなかには、赤血球《せっけっきゅう》という赤《あか》い粒《つぶ》がたくさんふくまれている。赤血球《せっけっきゅう》は、穴《あな》のあいていないドーナツのようなかたちをしていて、酸素《さんそ》を全身《ぜんしん》に運《はこ》ぶ「トラック」のようなはたらきをしている。

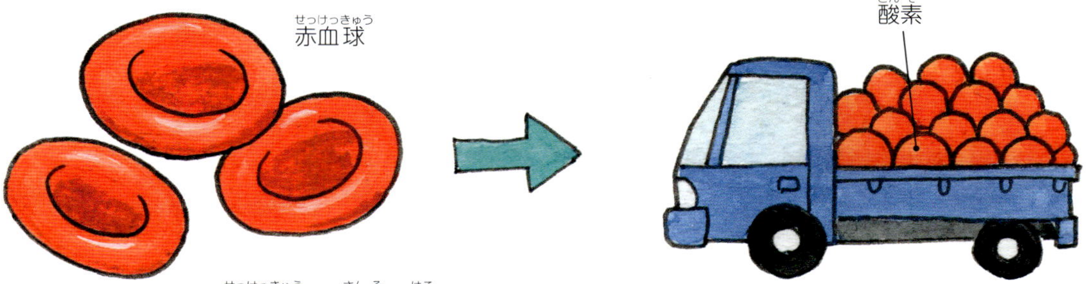
赤血球《せっけっきゅう》
酸素《さんそ》
赤血球《せっけっきゅう》は、酸素《さんそ》を運《はこ》ぶトラックみたいなもの

血液《けつえき》の動《うご》き

酸素《さんそ》は、肺《はい》でトラック（赤血球《せっけっきゅう》）に積《つ》まれ、血管《けっかん》をとおして全身《ぜんしん》に運《はこ》ばれていく。酸素《さんそ》は、生《い》きものが生《い》きていくために必要《ひつよう》ないろいろな臓器《ぞうき》が正常《せいじょう》にはたらくために使《つか》われる。

運《はこ》びおわって酸素《さんそ》がすくなくなった赤血球《せっけっきゅう》は心臓《しんぞう》へ、つぎに肺《はい》へもどり、肺《はい》でふたたび酸《さん》素《そ》を積《つ》みこんで、また全身《ぜんしん》へと向《む》かう。

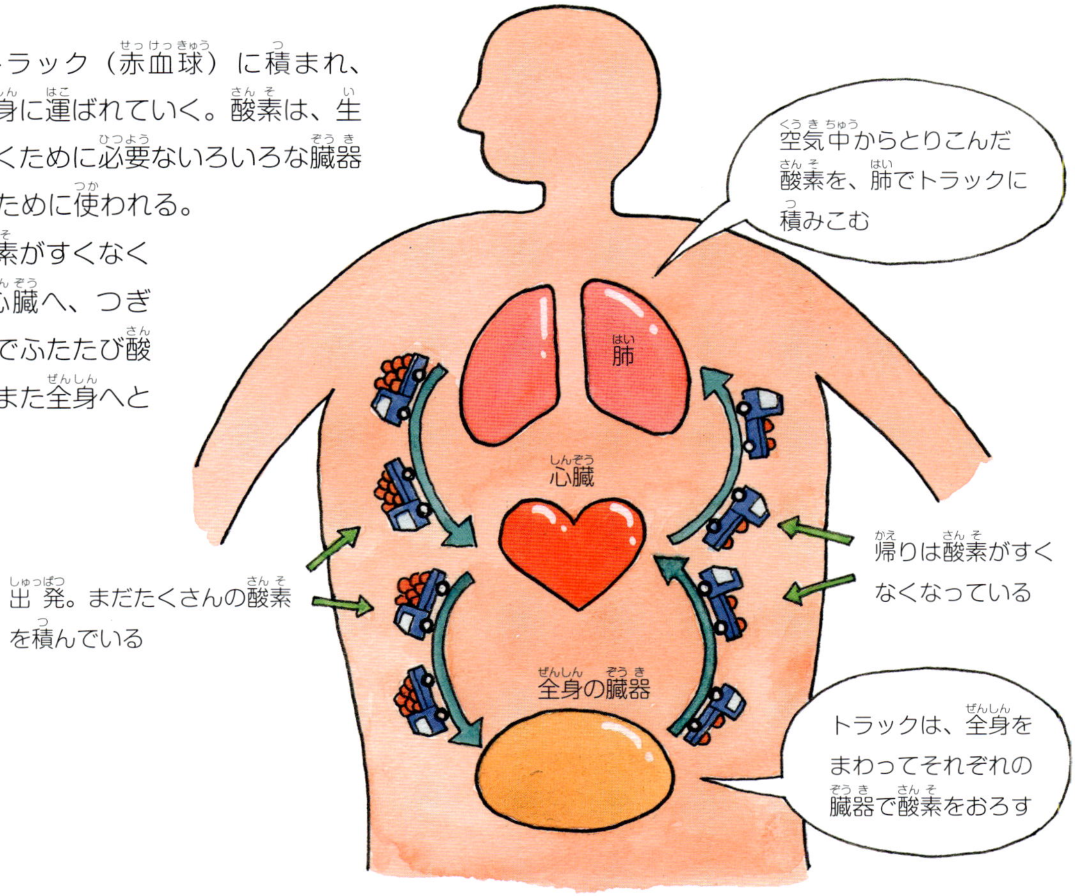
空気中《くうきちゅう》からとりこんだ酸素《さんそ》を、肺《はい》でトラックに積《つ》みこむ
肺《はい》
心臓《しんぞう》
帰《かえ》りは酸素《さんそ》がすくなくなっている
出発《しゅっぱつ》。まだたくさんの酸素《さんそ》を積《つ》んでいる
全身《ぜんしん》の臓器《ぞうき》
トラックは、全身《ぜんしん》をまわってそれぞれの臓器《ぞうき》で酸素《さんそ》をおろす

血液《けつえき》の色《いろ》が変《か》わる

血液《けつえき》が赤《あか》いのは、赤血球《せっけっきゅう》のなかに赤《あか》い色素《しきそ》をもつヘモグロビンがいっぱいあるからだ。ヘモグロビンは、ヘムという部分《ぶぶん》と、グロビンという部分《ぶぶん》からできている。4つあるヘムの中心《ちゅうしん》には鉄《てつ》があり、この鉄《てつ》に酸素《さんそ》が結《むす》びつくので、赤血球《せっけっきゅう》は酸素《さんそ》を運《はこ》ぶことができる。

鉄《てつ》に酸素《さんそ》が結《むす》びついていないときは、ヘム部分《ぶぶん》はグロビンにひっぱられてゆがんでいる。でも、酸素《さんそ》が結《むす》びつくと、酸素《さんそ》のほうにもひっぱられるので、ヘム部分《ぶぶん》はまっすぐになる。こうしてかたちが変《か》わると、吸収《きゅうしゅう》・反射《はんしゃ》する光《ひかり》の種類《しゅるい》（波長《はちょう》）が変《か》わり、見《み》た目《め》の色《いろ》が変《か》わる。酸素《さんそ》が多《おお》い血《ち》は明《あか》るい赤色《あかいろ》、酸素《さんそ》がすくない血《ち》は暗《くら》い赤色《あかいろ》になる。

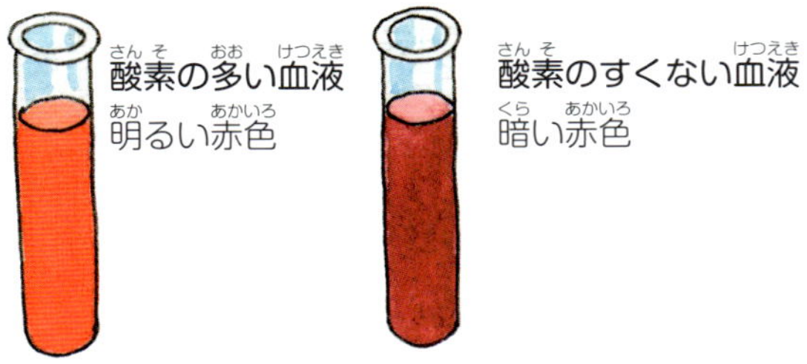
酸素《さんそ》の多《おお》い血液《けつえき》
明《あか》るい赤色《あかいろ》
酸素《さんそ》のすくない血液《けつえき》
暗《くら》い赤色《あかいろ》

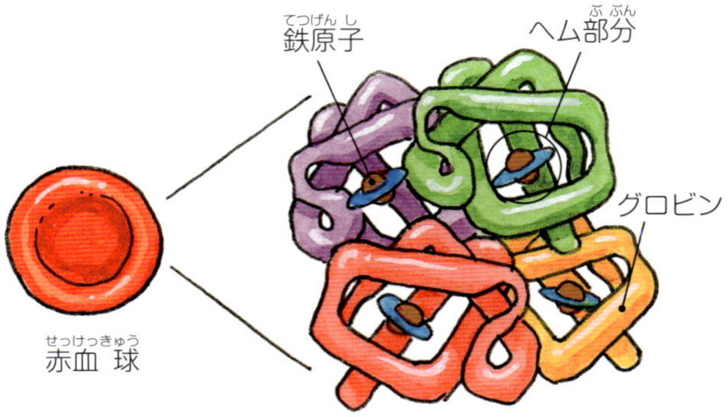
鉄原子《てつげんし》
ヘム部分《ぶぶん》
グロビン
赤血球《せっけっきゅう》

ヘモグロビンの構造《こうぞう》
ヘムの中心《ちゅうしん》の鉄《てつ》に酸素《さんそ》が結《むす》びつく

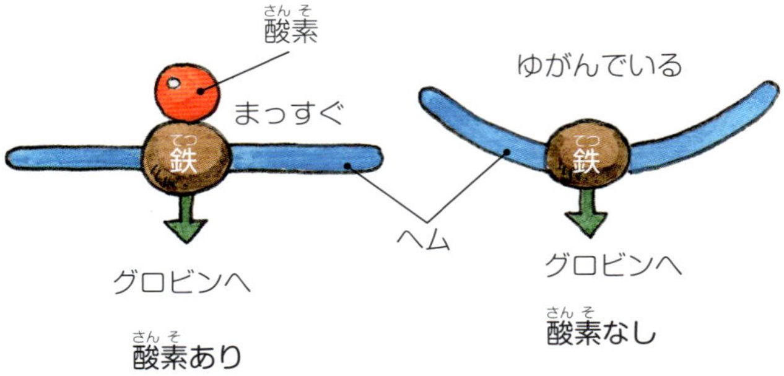
酸素《さんそ》
まっすぐ
鉄《てつ》
ゆがんでいる
鉄《てつ》
ヘム
グロビンへ
グロビンへ
酸素《さんそ》あり
酸素《さんそ》なし

ヘム部分《ぶぶん》を横《よこ》から見《み》た図《ず》

赤《あか》くない血《ち》

人間《にんげん》や魚《さかな》、カエル、鳥《とり》、は虫類《ちゅうるい》、ほ乳類《にゅうるい》などの背骨《せぼね》がある動物《どうぶつ》は、ほとんどみんな、血液《けつえき》にヘモグロビンをもっていて、血《ち》の色《いろ》は赤《あか》い。でも、ほかの色《いろ》の血液《けつえき》をもつ生《い》きものもいる。エビ、カニ、イカ、タコ、貝《かい》などの血液《けつえき》には、ヘモグロビンの代《か》わりにヘモシアニンという色素《しきそ》がふくまれている。ヘモシアニンのなかの銅《どう》が酸素《さんそ》と結《むす》びついて青色《あおいろ》になるので、血液《けつえき》は青色《あおいろ》をしている。無色透明《むしょくとうめい》の血液《けつえき》をもつ動物《どうぶつ》もいるそうだ。

脊椎動物《せきついどうぶつ》：血液《けつえき》が赤《あか》い
軟体動物《なんたいどうぶつ》や節足動物《せっそくどうぶつ》など：血液《けつえき》が青《あお》い
ボクの血《ち》も、
みんなと同《おな》じように
赤《あか》いんだ

虹色《にじいろ》にかがやくシャボン玉《だま》

ストローの先《さき》にセッケン水《すい》をつけて吹《ふ》くと、シャボン玉《だま》ができるよね。日《ひ》の光《ひかり》を受《う》けたシャボン玉《だま》は、虹《にじ》色《いろ》にキラキラかがやく。セッケン水《すい》は無色《むしょく》なのに、シャボン玉《だま》はなぜ虹色《にじいろ》になるんだろう？

うすい膜《まく》によって色《いろ》が現《あらわ》れる

シャボン玉《だま》はうすい膜《まく》でできている。いくらうすいといっても、厚《あつ》みは当然《とうぜん》あるわけで、そこに光《ひかり》があたると、一部《いちぶ》の光《ひかり》は膜《まく》の外側《そとがわ》ではね返《かえ》り、のこりは膜《まく》の内側《うちがわ》ではね返《かえ》る。

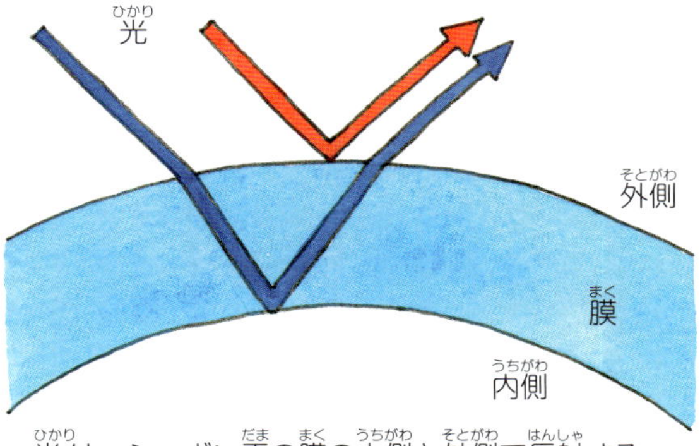

光《ひかり》は、シャボン玉《だま》の膜《まく》の内側《うちがわ》と外側《そとがわ》で反射《はんしゃ》する

光《ひかり》は波《なみ》と同《おな》じ性質《せいしつ》をもっているので、このような２つの光《ひかり》の山《やま》と山《やま》が重《かさ》なれば、その光《ひかり》は強《つよ》められて明《あか》るくなる。また、山《やま》と谷《たに》が重《かさ》なれば、弱《よわ》めあって暗《くら》くなる。

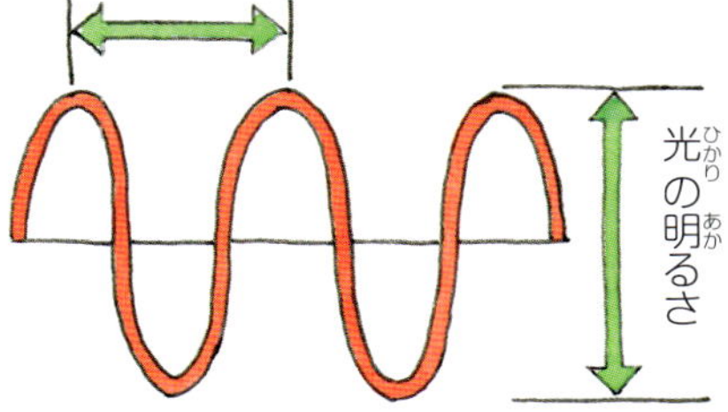

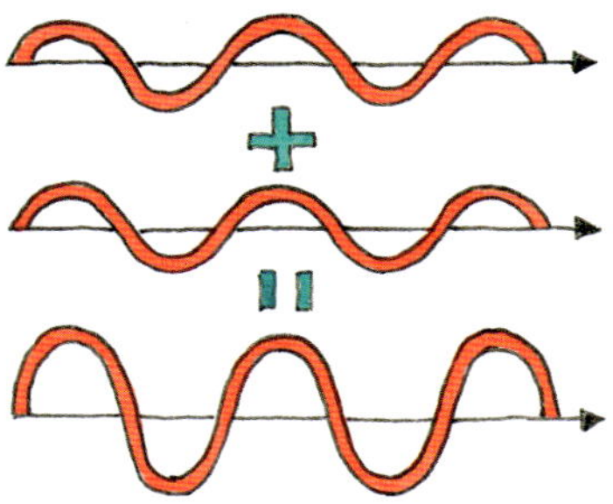
山《やま》と山《やま》が重《かさ》なると、強《つよ》めあって明《あか》るくなる

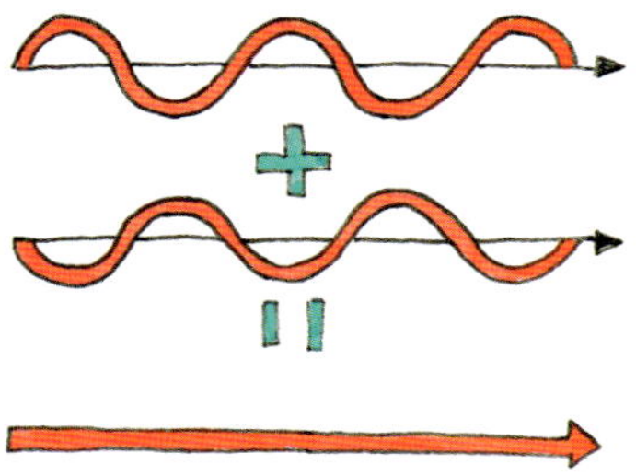
山《やま》と谷《たに》が重《かさ》なると、弱《よわ》めあって暗《くら》くなる

光《ひかり》は、波長《はちょう》（波《なみ》の山《やま》と山《やま》の間隔《かんかく》）によってちがった色《いろ》に見《み》える。膜《まく》の厚《あつ》みがちがうと強《つよ》めあう波長《はちょう》がちがってくるから、厚《あつ》みによって見《み》える色《いろ》がちがってくることになる（色《いろ》と光《ひかり》の関係《かんけい》は、P.51のコラム「色《いろ》ってなに？」を見《み》よう）。

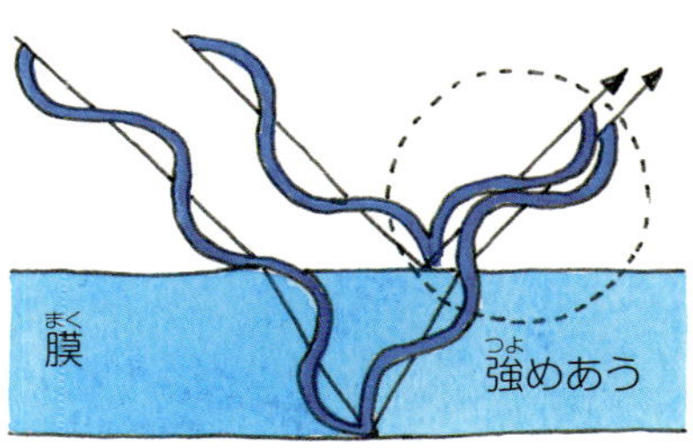

この厚《あつ》さでは、青色《あおいろ》が強《つよ》めあう

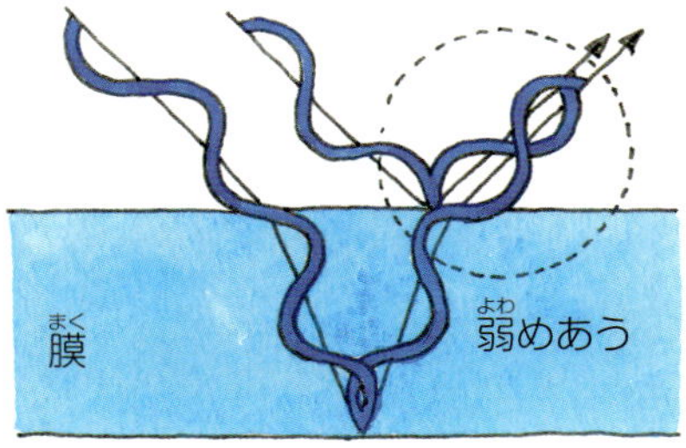

厚《あつ》さが変《か》わると、青色《あおいろ》はうまく重《かさ》ならないので弱《よわ》めあう

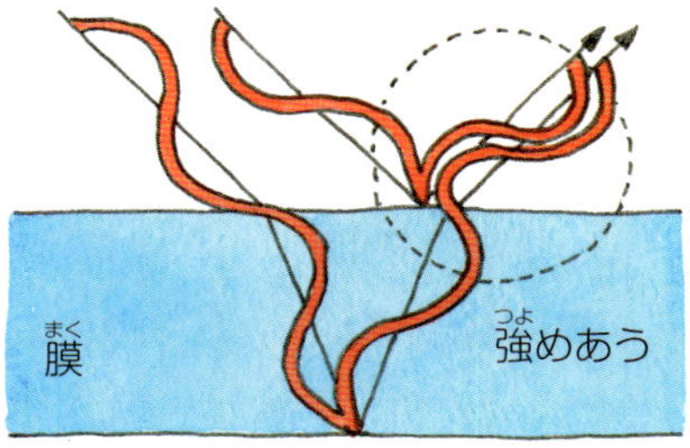

この厚《あつ》さでは、赤色《あかいろ》が強《つよ》めあう

シャボン玉《だま》の色《いろ》が変《か》わるわけ

シャボン玉《だま》の膜《まく》は、自分《じぶん》の重《おも》みで下《した》にひっぱられるので、玉《たま》の上《うえ》のほうがうすく、下《した》のほうが厚《あつ》くなっている。また、風《かぜ》などによって時間《じかん》とともに厚《あつ》みは変《か》わっていく。だから、さまざまな色《いろ》をふくんだ虹色《にじいろ》の模様《もよう》が、ころころと変化《へんか》して見《み》えるんだ。

無色《むしょく》のセッケン水《すい》が虹色《にじいろ》のシャボン玉《だま》に変身《へんしん》する変化《へんか》には、うすい膜《まく》がかかわっていたんだね。

虹色《にじいろ》がどんどん変化《へんか》
していくよ

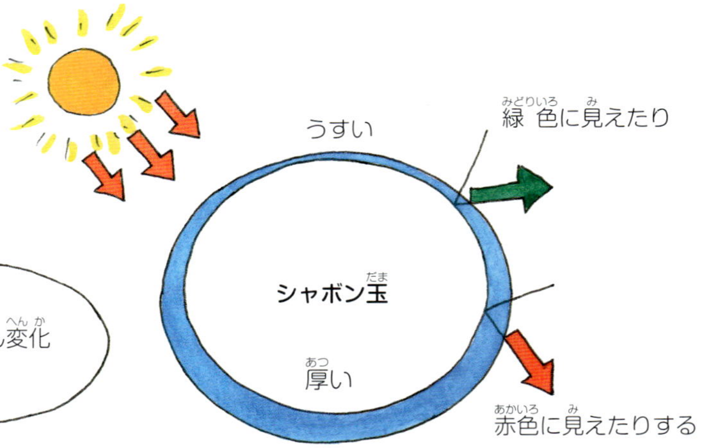
うすい
緑色《みどりいろ》に見《み》えたり
シャボン玉《だま》
厚《あつ》い
赤色《あかいろ》に見《み》えたりする

膜《まく》の厚《あつ》さによって、見《み》える光《ひかり》の色《いろ》が変《か》わる

シャボン玉《だま》の膜《まく》の正体《しょうたい》

セッケンの分子《ぶんし》は、水《みず》と仲《なか》よしの部分《ぶぶん》（親水基《しんすいき》）と、油《あぶら》と仲《なか》よしの部分《ぶぶん》（親油基《しんゆき》）の両方《りょうほう》をもっている。こうした水《みず》とも油《あぶら》とも仲《なか》よしのものを**界面活性剤《かいめんかっせいざい》**という（P.64「セッケンでみんな仲《なか》よし！」も見《み》てみよう）。

シャボン玉《だま》のうすい膜《まく》は、図《ず》のように、セッケンの分子《ぶんし》が水《みず》をサンドイッチしたかたちになっている。親水基《しんすいき》が水《みず》のほうを向《む》き、反対側《はんたいがわ》の親油基《しんゆき》が空気《くうき》のほうを向《む》いた状態《じょうたい》で、きっちりならんでいるね。セッケン分子《ぶんし》のおかげで、水《みず》はうすい膜《まく》のまま空気中《くうきちゅう》に浮《う》かぶことができる。

シャボン玉《だま》が割《わ》れるのは、つぎのどれかの理由《りゆう》でセッケン分子《ぶんし》のつながりが切《き》れ、膜《まく》に穴《あな》があくからだ。

①大《おお》きくふくらませすぎて、膜《まく》をつくるセッケン分子《ぶんし》がたりなくなる
②自分《じぶん》の重《おも》みで玉《たま》の上《うえ》のほうがうすくなる
③空気中《くうきちゅう》のホコリやチリにぶつかる
④なかの水分《すいぶん》が蒸発《じょうはつ》する

セッケンの分子《ぶんし》

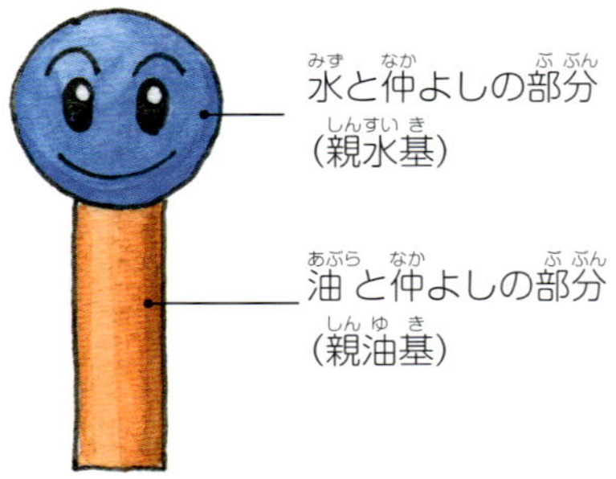
水《みず》と仲《なか》よしの部分《ぶぶん》
(親水基《しんすいき》)
油《あぶら》と仲《なか》よしの部分《ぶぶん》
(親油基《しんゆき》)

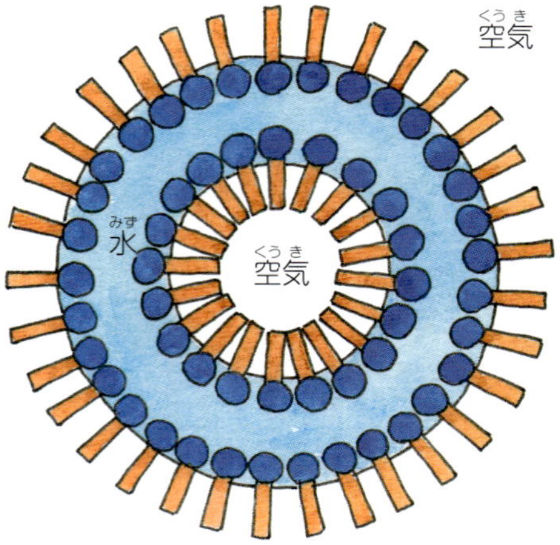
空気《くうき》
水《みず》
空気《くうき》

シャボン玉《だま》の膜《まく》

色《いろ》ってなに？

青《あお》い空《そら》、緑《みどり》の木々《きぎ》、赤《あか》い花《はな》……。わたしたちの身《み》のまわりには、色《いろ》があふれている。ところで、色《いろ》っていったいなんだろう？

色《いろ》を感《かん》じるには光《ひかり》が欠《か》かせない

光《ひかり》がないと、ものの色《いろ》もかたちも感《かん》じることはできない。その証拠《しょうこ》に、まっ暗《くら》やみではなにも見《み》えないだろう？　自分《じぶん》で光《ひかり》を出《だ》す太陽《たいよう》や電灯《でんとう》の場合《ばあい》は、光《ひかり》が直接《ちょくせつ》わたしたちの目《め》にとどき、その光《ひかり》の色《いろ》を感《かん》じることができる。自分《じぶん》で光《ひかり》を出《だ》さないものの場合《ばあい》は、太陽《たいよう》や電球《でんきゅう》の光《ひかり》がものにあたり、はね返《かえ》った光《ひかり》がわたしたちの目《め》にとどくことで、ものの色《いろ》を感《かん》じることができるんだ。

テレビ画面《がめん》から出《で》た光《ひかり》が直接《ちょくせつ》目《め》にとどく

電灯《でんとう》の光《ひかり》がリンゴにはね返《かえ》って目《め》にとどく

色《いろ》と光《ひかり》の関係《かんけい》

雨上《あめあ》がりの空《そら》にかかる虹《にじ》は、太陽《たいよう》の光《ひかり》が雨粒《あまつぶ》を通《とお》るときに７色《いろ》にわかれたものだ。７色《いろ》といっても色《いろ》に境目《さかいめ》はなく、紫《むらさき》から赤《あか》までの色《いろ》が連続《れんぞく》して変化《へんか》している。無色《むしょく》に見《み》える太陽《たいよう》の光《ひかり》には、虹《にじ》の色《いろ》の光《ひかり》がすべてふくまれているんだ。人間《にんげん》の目《め》に見《み》える色《いろ》は、この虹《にじ》の帯《おび》にふくまれる範囲《はんい》の色《いろ》だけ。波長《はちょう》でいうとおよそ400～800ナノメートルの範囲《はんい》だ（この範囲《はんい》の光《ひかり》を**可視光線《かしこうせん》**という）。その外側《そとがわ》にある紫外線《しがいせん》や赤外線《せきがいせん》は見《み》えない。

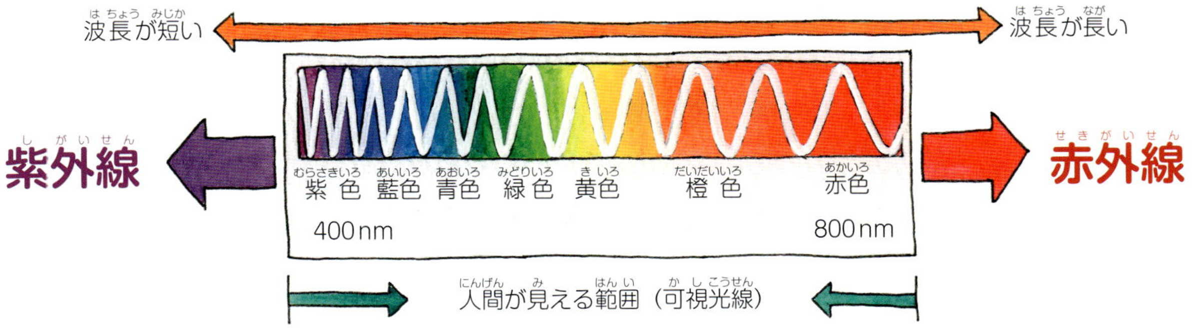

波長《はちょう》が短《みじか》い
波長《はちょう》が長《なが》い
紫外線《しがいせん》
赤外線《せきがいせん》
紫色《むらさきいろ》
藍色《あいいろ》
青色《あおいろ》
緑色《みどりいろ》
黄色《きいろ》
橙色《だいだいいろ》
赤色《あかいろ》
400nm
800nm
人間《にんげん》が見《み》える範囲《はんい》（可視光線《かしこうせん》）

注《ちゅう》：１ナノメートル（nm）＝0.000001ミリメートル（mm）

光《ひかり》には、波《なみ》のように伝《つた》わる性質《せいしつ》がある。光《ひかり》の波《なみ》には、海《うみ》の波《なみ》と同《おな》じように、ゆったりした波《なみ》もあれば小刻《こきざ》みにゆれる波《なみ》もある。こうした波《なみ》のリズムのことを「波長《はちょう》」とよんでいる。正確《せいかく》にいうと、波長《はちょう》とは1つの波《なみ》の山《やま》からつぎの波《なみ》の山《やま》までの長《なが》さのことだ。

わたしたちの目《め》は、波長《はちょう》のちがう光《ひかり》を見《み》ると、ちがう色《いろ》として感《かん》じるようにできている。

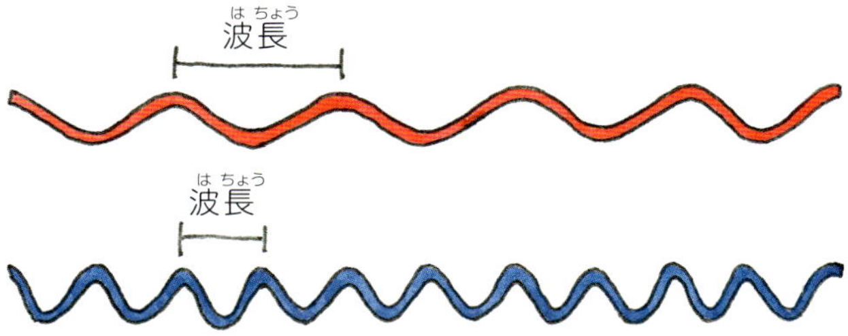

波長《はちょう》
波長《はちょう》

光《ひかり》は、波長《はちょう》によってちがった色《いろ》に見《み》える。赤《あか》い光《ひかり》は波長《はちょう》が長《なが》く、青《あお》い光《ひかり》は波長《はちょう》が短《みじか》い

ものの色《いろ》が見《み》えるしくみ

リンゴが赤《あか》く見《み》え、モルフォチョウが青《あお》く見《み》えるのはなぜだろう？　ものの色《いろ》が現《あらわ》れるしくみには、色素《しきそ》やちいさな構造《こうぞう》が関係《かんけい》している。それぞれ、しくみを見《み》てみよう。

●色素《しきそ》による色《いろ》

わたしたちの身《み》のまわりにある色《いろ》は、ほとんどが色素《しきそ》による色《いろ》だ。色素《しきそ》というのは、光《ひかり》の一部《いちぶ》だけを吸収《きゅうしゅう》し、それ以外《いがい》を反射《はんしゃ》することによって、色《いろ》を出《だ》す物質《ぶっしつ》のこと。色素《しきそ》にはいくつもの種類《しゅるい》があって、それぞれ吸収《きゅうしゅう》・反射《はんしゃ》する光《ひかり》がちがうので、見《み》える色《いろ》もちがってくる。
赤《あか》いリンゴを例《れい》に説明《せつめい》しよう。リンゴは自分《じぶん》で赤《あか》い光《ひかり》を出《だ》しているわけじゃない。リンゴに太陽《たいよう》や電灯《でんとう》の光《ひかり》があたると、リンゴの表面《ひょうめん》にある赤《あか》い色素《しきそ》が赤以外《あかいがい》の光《ひかり》を吸収《きゅうしゅう》し、のこりの赤《あか》い光《ひかり》だけを反射《はんしゃ》する。この赤《あか》い光《ひかり》がわたしたちの目《め》にとどくから、リンゴは赤《あか》く見《み》える。

赤《あか》
光源《こうげん》
赤以外《あかいがい》を吸収《きゅうしゅう》

はね返《かえ》った赤《あか》い光《ひかり》だけが見《み》えるよ

●ちいさな構造《こうぞう》による色《いろ》

色素《しきそ》がなくても色《いろ》が現《あらわ》れる場合《ばあい》もある。うすい膜《まく》や、細《こま》かいでこぼこや、ちいさな粒《つぶ》など、とってもちいさな構《こう》造《ぞう》によって光《ひかり》のすすむ方向《ほうこう》が変《か》わり、そこに色《いろ》が現《あらわ》れるんだ。シャボン玉《だま》も、色素《しきそ》をもっているわけではなく、うすい膜《まく》によって色《いろ》が現《あらわ》れる例《れい》だよ（P.49からの「虹色《にじいろ》にかがやくシャボン玉《だま》」を見《み》てみよう）。
色素《しきそ》は年月《ねんげつ》がたつとこわれるので色《いろ》あせるけれど、構造《こうぞう》によるこうした色《いろ》はあせることがない。

モルフォチョウ
規則正《きそくただ》しい棚《たな》のような構造《こうぞう》による色《いろ》

CDやDVD
細《こま》かいでこぼこによる色《いろ》

オパール
ちいさな粒《つぶ》による色《いろ》

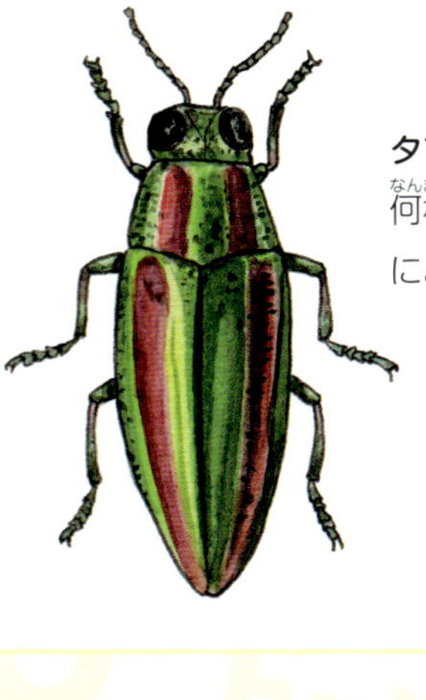

タマムシ
何枚《なんまい》も重《かさ》なったうすい膜《まく》による色《いろ》

第3章

溶《と》ける

砂糖《さとう》や塩《しお》を水《みず》に入《い》れると……あれ、消《き》えちゃった!?
なくなったの？　いえいえ、水《みず》に溶《と》けただけだよ。
そこにあるのに、見《み》えない。溶《と》けるって、いったいどういうことなのだろう？
この章《しょう》では、溶《と》けるものや溶《と》けないものについて、
どこがちがうのか、また溶《と》けないものを溶《と》かすにはどうしたらいいかを、見《み》ていこう。
かたい歯《は》や岩《いわ》だって、溶《と》けるんだよ。

どこにいった？

砂糖《さとう》や塩《しお》を水《みず》に溶《と》かしてみよう。かき混《ま》ぜると、見《み》えなくなってしまったね。でも、なくなったわけではない。水《みず》をなめてみて。砂糖《さとう》を溶《と》かした水《みず》はあまく、塩《しお》を溶《と》かした水《みず》はしょっぱい。

「溶《と》ける」ということ

見《み》えなくなってしまった砂糖《さとう》や塩《しお》は、水《みず》に溶《と》けてしまったんだね。では、「溶《と》ける」って、どういうことなんだろう？　これは、むずかしいことばでいうと、「粒子《りゅうし》どうしが均一《きんいつ》に混《ま》じりあう」ことだ。たとえば、砂糖《さとう》が水《みず》に溶《と》けているところを拡大《かくだい》してみると、右《みぎ》の図《ず》のようになっている。が水《みず》の分子《ぶんし》、が砂糖《さとう》の分子《ぶんし》だ。

このとき、溶《と》かすほう（水《みず》＝）を**溶媒**《ようばい》といい、溶《と》けこむほう（砂糖《さとう》＝）を**溶質**《ようしつ》という。そして、なにかが溶《と》けこんでいる液《えき》の全体《ぜんたい》をさして、**溶液**《ようえき》とよぶ。

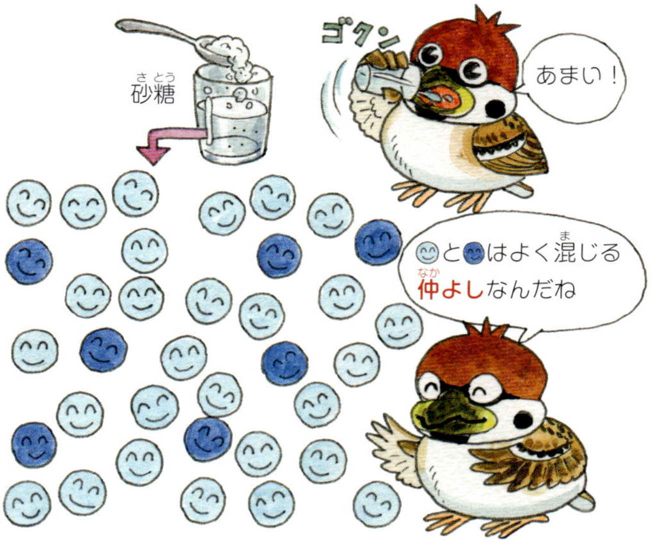

水《みず》はものを溶《と》かす天才《てんさい》

「水《みず》の惑星《わくせい》」ともよばれる地球上《ちきゅうじょう》には、たくさんの水《みず》がある。そして、地球《ちきゅう》に暮《く》らす生《い》きものたちは、水《みず》を利用《りよう》している。これは、水《みず》がいろいろなものを溶《と》かすことと、大《おお》いに関係《かんけい》している。酸素《さんそ》や栄養《えいよう》は、水《みず》に溶《と》けて動物《どうぶつ》の全身《ぜんしん》に運《はこ》ばれる。植物《しょくぶつ》も、葉《は》でつくった栄養《えいよう》を根《ね》に運《はこ》んだり、根《ね》からとりこんだものを葉《は》にとどけるのに、水《みず》が必要《ひつよう》だ。水《みず》にものを溶《と》かす力《ちから》がなかったら体中《からだじゅう》に栄養《えいよう》がいきとどかず、動物《どうぶつ》も植物《しょくぶつ》も生《い》きていけない。

動物《どうぶつ》のなかの水《みず》

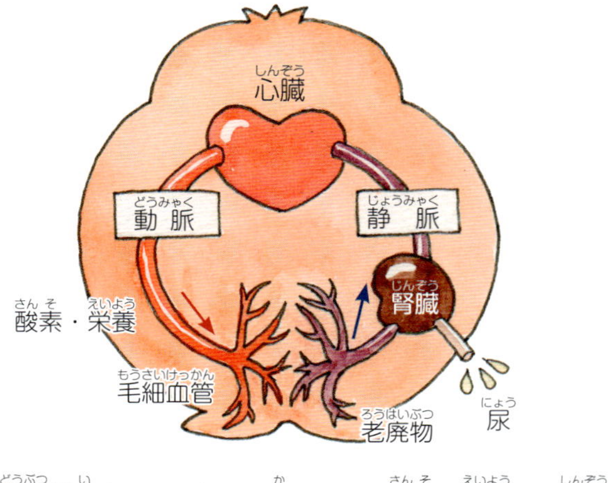

動物《どうぶつ》が生《い》きていくために欠《か》かせない酸素《さんそ》や栄養《えいよう》は、心臓《しんぞう》から送《おく》りだされる血液《けつえき》に溶《と》け、動脈《どうみゃく》を通《とお》って全身《ぜんしん》に送《おく》られる。血液《けつえき》はその後《ご》、体《からだ》のなかの老廃物《ろうはいぶつ》を腎臓《じんぞう》に運《はこ》び、尿《にょう》として体《からだ》の外《そと》に出《だ》す

植物《しょくぶつ》のなかの水《みず》

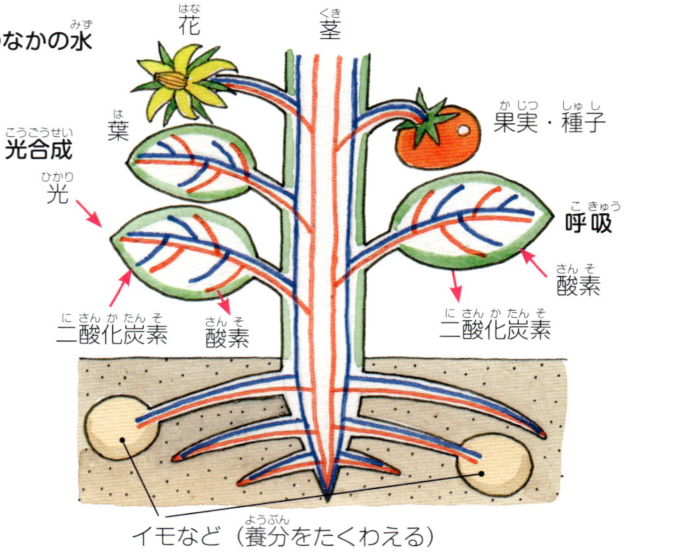

師管《しかん》　葉《は》でできた養分《ようぶん》を運《はこ》ぶ
道管《どうかん》　根《ね》からとりこんだ水《みず》を葉《は》に送《おく》る

水《みず》の温度《おんど》によって、溶《と》ける量《りょう》が変《か》わる？

まずは、かんたんな実験《じっけん》をしてみよう。ちいさな鍋《なべ》に水《みず》を入《い》れて、そこに塩《しお》を溶《と》かしていく。もう、これ以《い》上《じょう》は溶《と》けないというところまできたら、この水溶液《すいようえき》の温度《おんど》をあげたりさげたりしてみよう。水《みず》の温度《おんど》によって、溶《と》ける量《りょう》はどう変《か》わるかな？

〈用意《ようい》するもの〉 ちいさい鍋《なべ》　計量《けいりょう》カップ　温度計《おんどけい》　はかり　ガスコンロ　塩《しお》

鍋《なべ》に100g（100mℓ）の水《みず》を入《い》れて、そのなかに塩《しお》をゆっくり溶《と》かしていく。溶《と》けた溶質《ようしつ》（ここでは塩《しお》）の量《りょう》は、溶解度《ようかいど》で表《あらわ》す→溶媒《ようばい》（ここでは水《みず》）100gにたいして、もうこれ以上《いじょう》溶《と》けないという限界《げんかい》まで溶《と》かした溶質《ようしつ》（ここでは塩《しお》）の量《りょう》を**溶解度《ようかいど》**といい、このときの溶液《ようえき》を**飽和《ほうわ》溶液《ようえき》**とよぶ。塩《しお》の場合《ばあい》、100mℓの水《みず》に26gくらい溶《と》ける（水《みず》の温度《おんど》が20℃くらいのとき）。

塩《しお》はすこしずつ加《くわ》えて

鍋《なべ》をコンロにかけて水《みず》をあたためながら、そこに塩《しお》をすこしずつ加《くわ》えていく。もうこれ以《い》上《じょう》は溶《と》けなかったはずなのに、水《みず》の温度《おんど》があがると、もっと溶《と》かすことができるようになる。でも、火《ひ》をとめてしばらくすると……溶《と》けていたはずの塩《しお》が鍋底《なべぞこ》に現《あらわ》れた。

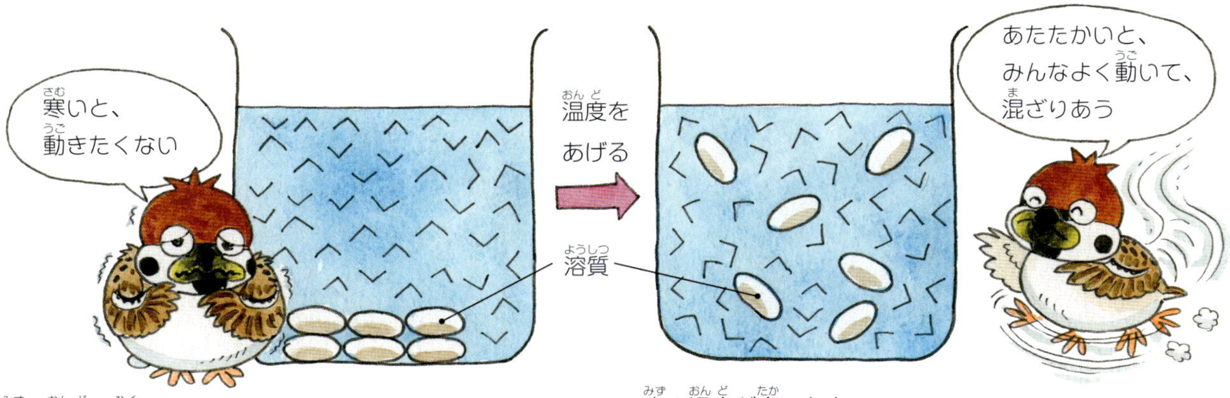
寒《さむ》いと、動《うご》きたくない
温度《おんど》をあげる
溶質《ようしつ》
あたたかいと、みんなよく動《うご》いて、混《ま》ざりあう

水《みず》の温度《おんど》が低《ひく》いとき
水《みず》の分子《ぶんし》があまり動《うご》かないので、溶質《ようしつ》は下《した》にたまり、なかなか溶《と》けない

水《みず》の温度《おんど》が高《たか》いとき
水《みず》の分子《ぶんし》が活発《かっぱつ》に動《うご》くようになり、溶質《ようしつ》も混《ま》ざりやすくなる

●結晶《けっしょう》

一度《いちど》あたためた水《みず》をさますと、溶《と》けていたものが溶《と》けきれなくなって出《で》てくる（これを「析出《せきしゅつ》する」という）。温度《おんど》がゆっくりさがると、分子《ぶんし》の1個《こ》1個《こ》がきちんとならんで大《おお》きな結晶《けっしょう》になるよ。

ものが溶《と》けこんだ水《みず》は……

わたしたちがふつうに生活《せいかつ》している状態《じょうたい》のところでは、水《みず》が凍《こお》る温度《おんど》（凝固点《ぎょうこてん》）は0℃、沸騰《ふっとう》する温度《おんど》（沸《ふっ》点《てん》）は100℃だ。ところが、その水《みず》に塩《しお》や砂糖《さとう》などが溶《と》けていると、沸点《ふってん》はあがり、逆《ぎゃく》に凝固点《ぎょうこてん》はさがる。

クイズ

クイズを2つ出《だ》すよ。こたえがわかるかな？

Q1 砂糖水《さとうみず》とふつうの水《みず》を、それぞれ平《ひら》たいお皿《さら》に入《い》れてほうっておく。お皿《さら》のなかの水《みず》は、どちらが先《さき》になくなるかな？

Q2 海水《かいすい》でぬれた水着《みずぎ》と、真水《まみず》でぬらした水着《みずぎ》は、どちらがかわきやすいかな？

※こたえは、下《した》の欄外《らんがい》

●沸点《ふってん》があがる

水《みず》と空気《くうき》は、表面《ひょうめん》で接《せっ》している。水《みず》のなかで、水分子《みずぶんし》はたがいに走《はし》りまわっているが、表面近《ひょうめんちか》くの分子《ぶんし》のなかには空気中《くうきちゅう》にとびだしてしまうものもいる。これが**蒸発《じょうはつ》**だ。

水《みず》は大気圧《たいきあつ》で押《お》されているので、それをはねのけて気体《きたい》になれる分子《ぶんし》の割合《わりあい》は、分子《ぶんし》が動《うご》きまわる力《ちから》によって決《き》まる。水《みず》の温度《おんど》があがると分子《ぶんし》の動《うご》きまわる力《ちから》が大《おお》きくなる。その力《ちから》が大気圧《たいきあつ》と同《おな》じになったとき、表面《ひょうめん》からだけでなく、内側《うちがわ》からも泡《あわ》となって水蒸気《すいじょうき》が出《で》てくる。これが**沸騰《ふっとう》**だ。

水《みず》にものが溶《と》けこんでいると、空気《くうき》と接《せっ》する水分子《みずぶんし》はすくなくなる。つまり、表面《ひょうめん》の一部《いちぶ》がものでふたをされたような状態《じょうたい》になるので、水分子《みずぶんし》が水蒸気《すいじょうき》になりにくくなる。だから、同《おな》じ温度《おんど》では、ものを溶《と》かした水《みず》のほうが水蒸気《すいじょうき》になれる割合《わりあい》はちいさい（だから、海水《かいすい》でぬれた水着《みずぎ》のほうが真水《まみず》のときよりもかわきにくいというわけ）。

沸騰《ふっとう》する場合《ばあい》も、大気圧《たいきあつ》だけでなく、ふたをしているものを押《お》しのける力《ちから》が必要《ひつよう》なので、100℃以上《いじょう》の温度《おんど》にしなければならない。このように、液体《えきたい》になにかを溶《と》かすと沸点《ふってん》があがることを、“**沸点上昇《ふってんじょうしょう》**”という。

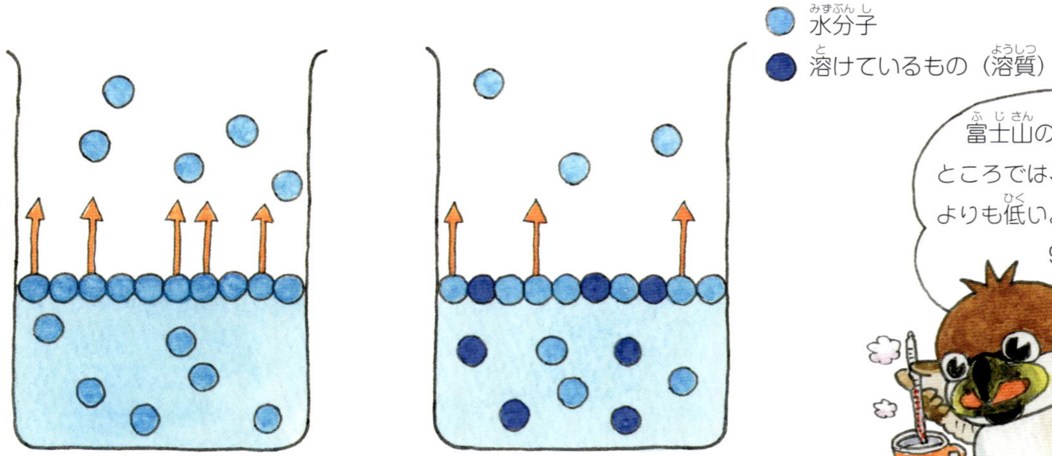

水分子《みずぶんし》
溶《と》けているもの（溶質《ようしつ》）

ふつうの水《みず》だけのとき。空気《くうき》と接《せっ》している部分《ぶぶん》はすべて水《みず》の分子《ぶんし》だ

水《みず》のなかになにかが溶《と》けこんでいると、水分子《みずぶんし》と空気《くうき》とが接触《せっしょく》する部分《ぶぶん》がすくなくなり、水《みず》は蒸発《じょうはつ》しにくくなる

富士山《ふじさん》の山頂《さんちょう》のように高《たか》いところでは、大気《たいき》の圧力《あつりょく》がふつうよりも低《ひく》い。そんなところでは、90℃くらいで沸騰《ふっとう》がはじまるよ

クイズのこたえ：**A1**　ふつうの水《みず》のほう　**A2**　真水《まみず》でぬれた水着《みずぎ》

クイズ

つぎの問題《もんだい》。こんどはどうかな？

Q3　水《みず》に食塩《しょくえん》を、「もう、これ以上《いじょう》は溶《と》けない」というところまで溶《と》かして冷凍庫《れいとうこ》に入《い》れる。もうひとつ、同《おな》じような容器《ようき》に真水《まみず》を入《い》れ、これも冷凍庫《れいとうこ》に入《い》れる。1日《にち》おいてから2つをくらべると、どうなっているかな？

※こたえは、下《した》の欄外《らんがい》

●凝固点《ぎょうこてん》がさがる

水《みず》の温度《おんど》をさげていくと、水分子《みずぶんし》はだんだん動《うご》きがにぶくなる。このとき、水分子《みずぶんし》と水分子《みずぶんし》はたがいにくっつきあってきれいにならび、大《おお》きなかたまりになっていく。これが、凍《こお》る（凝固《ぎょうこ》する）ということだ。0℃の水《みず》では、氷《こおり》になる分子《ぶんし》と氷《こおり》から液体《えきたい》の水《みず》になる分子《ぶんし》の数《かず》は同《おな》じでバランスがとれていて、この温度《おんど》を**水《みず》の凝固点《ぎょうこてん》**とよぶ。ところが、ここに塩《しお》を入《い》れると、水分子《みずぶんし》のまわりにナトリウムイオンや塩化物《えんかぶつ》イオンがあるので、水分子《みずぶんし》と水分子《みずぶんし》がならびにくくなる。一方《いっぽう》、氷《こおり》が水《みず》にもどるほうは、塩《しお》があってもなくても同《おな》じなので、この状態《じょうたい》では氷《こおり》から水《みず》になる分子《ぶんし》のほうが多《おお》くなり、氷《こおり》は溶《と》けてしまう。溶《と》けだす分子《ぶんし》をへらすためにはもっとひやして水《みず》分子《ぶんし》の運動《うんどう》をにぶくしてやらなくてはならない。その結果《けっか》、塩水《しおみず》のほうが純粋《じゅんすい》の水《みず》（真水《まみず》）よりも凝固点《ぎょうこてん》が低《ひく》くなる。このように、液体《えきたい》になにかを溶《と》かすと凝固点《ぎょうこてん》がさがることを“**凝固点降下《ぎょうこてんこうか》**”という。

水《みず》の分子《ぶんし》だけのとき

分子《ぶんし》がきれいにならんで、氷《こおり》ができている

水《みず》に塩《しお》がまざったとき

ちがう粒《つぶ》にじゃまされて、凍《こお》りにくい

有害物質《ゆうがいぶっしつ》も、水《みず》に溶《と》けて広《ひろ》がる

水《みず》はなんでもよく溶《と》かすので、こまったことも起《お》きる。たとえば、工場《こうじょう》で排出《はいしゅつ》された有害物質《ゆうがいぶっしつ》をそのまま川《かわ》に流《なが》すと、その物質《ぶっしつ》が川《かわ》の水《みず》に溶《と》けこんでしまう。水《みず》に溶《と》けこんだ物質《ぶっしつ》は、泳《およ》いでいる魚《さかな》の体《たい》内《ない》に入《はい》る。また、川《かわ》のまわりの土《つち》にしみこんで、そこに生《は》えていた植物《しょくぶつ》の根《ね》から吸《す》いあげられる場合《ばあい》もある。その汚染《おせん》された魚《さかな》や植物《しょくぶつ》を食《た》べた動物《どうぶつ》や人間《にんげん》は、大《おお》きな被害《ひがい》を受《う》ける。

熊本県《くまもとけん》を中心《ちゅうしん》に発生《はっせい》した水俣病《みなまたびょう》は廃液《はいえき》にふくまれた有機水銀《ゆうきすいぎん》によって、富山県《とやまけん》を中心《ちゅうしん》に発生《はっせい》したイタイイタイ病《びょう》はカドミウムによって、それぞれひきおこされた。廃液《はいえき》を流《なが》すまえには、有害物質《ゆうがいぶっしつ》がきちんととりのぞかれているかどうか、チェックすることが必要《ひつよう》だ。

クイズのこたえ：**A3**　真水《まみず》のほうは氷《こおり》になっているけれど、食塩水《しょくえんすい》は凍《こお》っていない

液体《えきたい》や気体《きたい》も水《みず》に溶《と》ける？

砂糖《さとう》や塩《しお》は水《みず》に溶《と》けることがわかったが、液体《えきたい》や気体《きたい》の場合《ばあい》はどうだろう。やはり水《みず》に溶《と》けるのだろうか？

●水《みず》に溶《と》ける液体《えきたい》

夜《よる》、仕事《しごと》から帰《かえ》ってきたお父《とう》さんが飲《の》んでいるビールやお酒《さけ》には、麦《むぎ》や米《こめ》などを発酵《はっこう》させてできたエタノールというアルコール（常温《じょうおん》では液体《えきたい》だ）が溶《と》けこんでいる。エタノールは水《みず》によく溶《と》けるので、溶《と》けているかどうかは味《あじ》をみないとわからない。でも、飲《の》むと酔《よ》っぱらってしまうので、子《こ》どもはためしてはいけないよ。

●水《みず》に溶《と》ける気体《きたい》

すぽっ！　ジュワジュワ……みんなが大好《だいす》きなソーダ水《すい》。ふたをあけると、勢《いきお》いよく泡《あわ》が立《た》ちあがる。この泡《あわ》、じつは水《みず》のなかに溶《と》けていた二酸化炭素《にさんかたんそ》（常温《じょうおん》では気体《きたい》）が外《そと》に出《で》てきたものなんだ。お父《とう》さんが飲《の》んでいるビールの泡《あわ》も、やっぱり溶《と》けていた二酸化炭素《にさんかたんそ》だ。
海《うみ》の水《みず》に溶《と》けた二酸化炭素《にさんかたんそ》はカルシウムと結《むす》びついて、多《おお》くの生《い》きものに使《つか》われている。貝《かい》はやわらかい体《からだ》を保護《ほご》する貝殻《かいがら》をつくっているし、サンゴはその骨格《こっかく》をつくっている。これらは長《なが》い年月《ねんげつ》に積《つ》み重《かさ》なって石灰岩《せっかいがん》となり、地殻変動《ちかくへんどう》などで地表《ちひょう》に現《あらわ》れることもある。P.70の「石《いし》も岩《いわ》も溶《と》ける!?」のところでくわしく説明《せつめい》するね。

魚《さかな》はどうやって呼吸《こきゅう》するの？

水《みず》のなかには酸素《さんそ》も溶《と》けこんでいる。魚《さかな》は、えらを使《つか》って水中《すいちゅう》に溶《と》けた酸素《さんそ》を体《からだ》にとりこんで呼吸《こきゅう》している。水《みず》の温度《おんど》が15℃のとき、1ℓ中《ちゅう》にふくまれる酸素《さんそ》は7㎖。この量《りょう》は、空気中《くうきちゅう》の酸素《さんそ》（1ℓ中《ちゅう》に209㎖）にくらべると、ずっとすくない。このため、魚《さかな》はたくさんの水《みず》をとりこまなくてはならない。

水槽《すいそう》などで魚《さかな》を飼《か》うときは、ポンプで水《みず》のなかに空気《くうき》を入《い》れて、酸素《さんそ》をふやしてあげることもあるよ。

魚《さかな》はえらで呼吸《こきゅう》する

圧力《あつりょく》と溶《と》けかたの関係《かんけい》

気体《きたい》が水《みず》に溶《と》けるとき、そこにかかる圧力《あつりょく》も、溶《と》けかたに大《おお》きく関係《かんけい》する。下《した》の絵《え》のように、上《うえ》のふたを押《お》しつけて圧力《あつりょく》をあげ、気体《きたい》の体積《たいせき》をちいさくする。体積《たいせき》はちいさくなっても気体《きたい》の分子《ぶんし》の数《かず》は変《か》わらないので、ぎゅうづめ状態《じょうたい》になる。このため、逃《に》げ場《ば》をもとめて液体中《えきたいちゅう》にとびこんでいく分子《ぶんし》の数《かず》がふえる。つまり、よく溶《と》けるというわけだ。

圧力《あつりょく》2倍《ばい》
液体《えきたい》のほうに逃《に》げこんじゃうんだ

●気体《きたい》の分子《ぶんし》　●水分子《みずぶんし》

圧力《あつりょく》を2倍《ばい》にすると、気体《きたい》の体積《たいせき》が半分《はんぶん》になる

ソーダ水《すい》では、大気圧《たいきあつ》の5倍《ばい》くらいの強《つよ》い圧力《あつりょく》をかけて、二酸化炭素《にさんかたんそ》を水《みず》にいっぱい溶《と》かしこんでいる。ふたをあけると圧力《あつりょく》がさがるので、溶《と》けきれなくなった二酸化炭素《にさんかたんそ》が泡《あわ》になって出《で》てくる。

ソーダ水《すい》は冷《つめ》たいところが好《す》き

二酸化炭素《にさんかたんそ》は、冷《つめ》たいときのほうが水《みず》にいっぱい溶《と》ける。だから、ソーダ水《すい》はひやして飲《の》んだほうがシュワシュワしておいしいのだ。あたためてしまうと全部泡《ぜんぶあわ》になって出《で》ていってしまい、ただの砂糖水《さとうみず》になってしまう。

気体《きたい》の場合《ばあい》、温度《おんど》をあげると分子《ぶんし》の運動《うんどう》がはげしくなり、液体《えきたい》からとびだしてしまう（気体《きたい》になって出《で》ていってしまう）。だから、気体《きたい》の場合《ばあい》は温度《おんど》が低《ひく》いときのほうがいっぱい溶《と》けている。

塩《しお》が水《みず》に溶《と》けるときとは反対《はんたい》のことが起《お》こるんだね

かたちがちがうよ！

左《ひだり》が炭酸飲料用《たんさんいんりょうよう》、右《みぎ》がお茶《ちゃ》やミネラルウォーター用《よう》のペットボトル。炭酸飲料《たんさんいんりょう》用《よう》のものは、強《つよ》い圧力《あつりょく》がかかっても大丈夫《だいじょうぶ》なように円筒型《えんとうがた》で厚《あつ》くしっかりしている。

環境《かんきょう》にも影響《えいきょう》！

地球《ちきゅう》の表面《ひょうめん》の約《やく》4分《ぶん》の3は海《うみ》だ。地球上《ちきゅうじょう》の二酸化炭素《にさんかたんそ》の多《おお》くは海《うみ》の水《みず》に溶《と》けこんでいて、それによって大気中《たいきちゅう》の二酸化炭素濃度《にさんかたんそのうど》はさがっている。でも、地球《ちきゅう》の温暖化《おんだんか》で海水《かいすい》の温度《おんど》があがると、溶《と》けていた二酸化炭素《にさんかたんそ》の一部《いちぶ》が大気中《たいきちゅう》に放出《ほうしゅつ》されることになり、大気中《たいきちゅう》の二酸化炭素濃度《にさんかたんそのうど》があがる。酸素《さんそ》も海水《かいすい》に溶《と》けている。海水《かいすい》の温度《おんど》があがると酸素《さんそ》も空気中《くうきちゅう》にとびだしてしまう。すると海《うみ》のなかは酸素不足《さんそぶそく》になり、海《うみ》の生《い》きものたちは生《い》きていけなくなってしまうだろう。

水《みず》と油《あぶら》は仲《なか》がよくない

こんどは、水《みず》のなかに油《あぶら》を入《い》れてみよう。かきまわすと、すこしのあいだは溶《と》けたように見《み》えるけれど、しばらくそのままにしておくと、下《した》の絵《え》のようにはっきり２つの層《そう》にわかれてしまう。

水《みず》
油《あぶら》の層《そう》
水《みず》の層《そう》
この部分《ぶぶん》を拡大《かくだい》してみると……
油《あぶら》
水《みず》
と は仲《なか》がよくない。
だから、おたがいに自分《じぶん》たちだけであつまってグループをつくるんだ。水《みず》くんと油《あぶら》くん、どうやったら仲《なか》よくなるんだろうね？

ここにもあるよ、油《あぶら》の仲間《なかま》

油《あぶら》というと、石油《せきゆ》、ガソリン、天《てん》ぷら油《あぶら》……いくつくらい思《おも》い浮《う》かぶかな？　じつは、身近《みぢか》なところにも意外《いがい》に多《おお》くの油《あぶら》の仲間《なかま》がいるんだ。これらはみんな、水《みず》とはあまり仲《なか》がよくない。

チョコレート

服《ふく》にチョコレートがついたとき、水《みず》でとろうとしてもとれない。チョコレートは水《みず》に溶《と》けないからだ。バレンタインデーにチョコレートトリュフなどをつくるときは、チョコレートを生《なま》クリームで溶《と》かす。生《なま》クリームには脂肪《しぼう》がたっぷりふくまれているので、チョコレートが溶《と》けやすい。

チョコレート
わ、おいしそう！

香水《こうすい》

名前《なまえ》は“香《かお》りの水《みず》”だけど、じつは水《みず》はあまり入《はい》っていない。花《はな》や木《き》からとった香《かお》りのあるオイル（精油《せいゆ》）をアルコールでうすめてつくる。ハーブティーなどに使《つか》うミントや、お菓子《かし》に入《い》れるバニラエッセンスなども、香水《こうすい》と同《おな》じ精油《せいゆ》の一種《いっしゅ》だ。

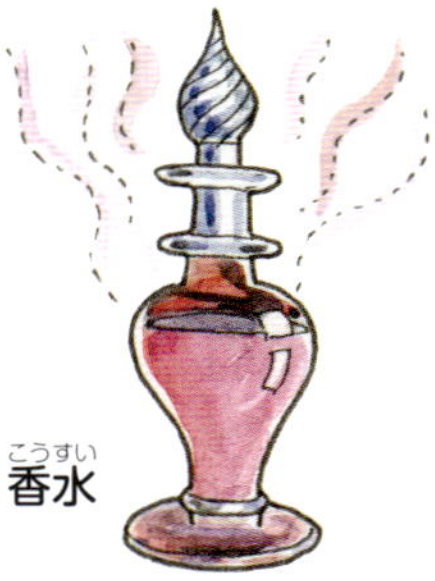
香水《こうすい》

おしろい、口紅《くちべに》、マニキュア

もし、おしろいなどがかんたんに水《みず》に溶《と》けたら、汗《あせ》ですぐに流《なが》れてしまう。マニキュアも、炊事《すいじ》している途中《とちゅう》で落《お》ちたらこまってしまう。だから、これらは油《あぶら》と仲《なか》よしの材料《ざいりょう》でつくる。落《お》とすときは洗顔《せんがん》クリームやマニキュア落《お》としで溶《と》かして落《お》とす。

化粧品《けしょうひん》

「仲《なか》よし」ということ

ものとものの仲《なか》がよかったり、よくなかったりというのは、どのようにして決《き》まるのだろう？　じつは、それには分子《ぶんし》のかたちが関係《かんけい》しているんだ。分子《ぶんし》のかたちが似《に》たものどうしは仲《なか》がよく、似《に》てないものどうしは仲《なか》がよくないというわけ。

水《みず》と仲《なか》よし

　まず、水《みず》（水分子《みずぶんし》）のかたちを見《み》てみよう。水分子《みずぶんし》は、1個《こ》の酸素原子《さんそげんし》に水素原子《すいそげんし》が2個《こ》くっついている。このとき、酸素原子《さんそげんし》と水素原子《すいそげんし》はまっすぐにならんでいないで、酸素《さんそ》のところで曲《ま》がっている（右《みぎ》の絵《え》のように、片側《かたがわ》に酸素《さんそ》があって、もう片側《かたがわ》が水素《すいそ》になっている）。P.16の「水素結合《すいそけつごう》」のところで見《み》たように、分子《ぶんし》のなかの電子《でんし》は酸素《さんそ》のほうにかたよっているので、酸素《さんそ》のあるほうがマイナスの、2個《こ》の水素《すいそ》があるほうがプラスの、それぞれ電気《でんき》を帯《お》びている（このように、分子全体《ぶんしぜんたい》としてはプラスでもマイナスでもないのに、分子《ぶんし》のなかでプラスとマイナスにかたよったところがあることを**極性《きょくせい》がある**といい、そのような分子《ぶんし》を**極性分子《きょくせいぶんし》**という）。

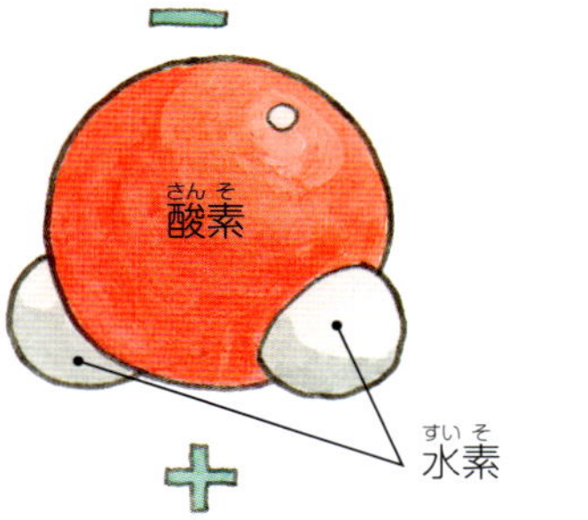

水分子《みずぶんし》の図《ず》。水素《すいそ》—酸素《さんそ》—水素《すいそ》と一直線《いっちょくせん》にならぶのではなく、折《お》れまがったようなかたちをしている

　ほかの分子《ぶんし》でも、水素《すいそ》と酸素《さんそ》がくっついたかたちをもっているものは、そこにプラスとマイナスのかたよりができる。このような極性《きょくせい》をもった分子《ぶんし》は、水素《すいそ》と酸素《さんそ》がくっついた部分《ぶぶん》が水《みず》とひきつけあうため、水《みず》と均一《きんいつ》に混《ま》ざりあう（溶《と》ける）ことができる。つまり「水《みず》と仲《なか》よし」というわけだ。

砂糖《さとう》と水《みず》

砂糖《さとう》は、分子《ぶんし》のなかに酸素《さんそ》と水素《すいそ》がついた部分《ぶぶん》を8個《こ》ももっている。同《おな》じ極性分子《きょくせいぶんし》どうしの水《みず》とは、とても仲《なか》がいい

エタノールと水《みず》

P.58に出《で》てきたエタノールも、酸素《さんそ》と水素《すいそ》がついたかたちをもっているから、水《みず》と仲《なか》よしだ。しかも、エタノールの場合《ばあい》、それ以外《いがい》の部分《ぶぶん》は油《あぶら》と似《に》ているので、油《あぶら》とも仲《なか》がいい。いろんなものと仲《なか》よくできるんだね。

エタノール分子《ぶんし》のかたち

塩《しお》と水《みず》

塩《しお》は、酸素《さんそ》と水素《すいそ》が結《むす》びついたところをもっていないが、水《みず》のなかではナトリウムイオン（プラス）と塩化物《えんかぶつ》イオン（マイナス）とにわかれる。水《みず》のプラス部分《ぶぶん》と塩化物《えんかぶつ》イオンが、水《みず》のマイナス部分《ぶぶん》とナトリウムイオンが、それぞれひきつけあうから、おたがいに仲《なか》よく混《ま》ざりあう（P.31も見《み》てね）。

油《あぶら》と仲《なか》よし

水《みず》と仲《なか》よしのものは、①分子《ぶんし》のなかに酸素《さんそ》と水素《すいそ》がくっついたかたちをもつ、または②イオンになってプラスとマイナスにわかれる——ことがポイントだった。そうでないものは、水《みず》とは仲《なか》がよくない。

たとえば、都市《とし》ガスにふくまれているメタンの分子《ぶんし》は、1個《こ》の炭素《たんそ》が4個《こ》の水素《すいそ》と手《て》をつないだかたちをしている。分子《ぶんし》のなかに酸素《さんそ》をもっていないので、プラスやマイナスのかたよりができない（このような分子《ぶんし》を、**無極性分子《むきょくせいぶんし》**とよぶ）。無極性分子《むきょくせいぶんし》は、水《みず》とは仲《なか》がよくないが、無極性分子《むきょくせいぶんし》どうしでは仲《なか》よくあつまる。油《あぶら》もまた無極性分子《むきょくせいぶんし》だから、こうしたほかの無極性分子《むきょくせいぶんし》とは仲《なか》がいい。

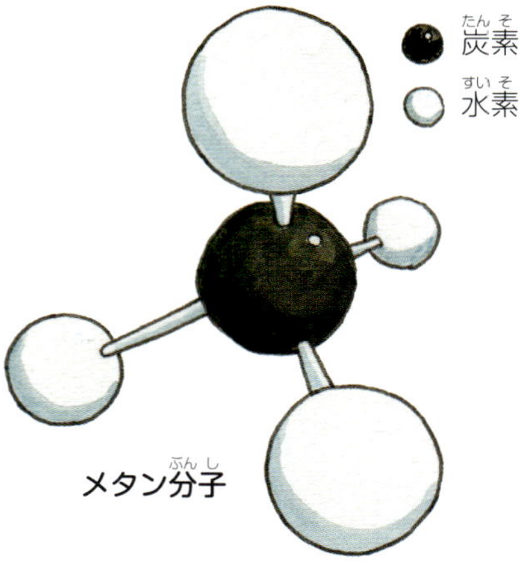

メタン分子《ぶんし》

ロウの分子《ぶんし》

ろうそくのロウも無極性分子《むきょくせいぶんし》だ。ロウの分子《ぶんし》は炭素《たんそ》が長《なが》くつながっていて、そのまわりを水素《すいそ》がとり囲《かこ》んでいる。水素《すいそ》と酸素《さんそ》が結《むす》びついたかたちは、もっていない。

水《みず》・油《あぶら》とビタミン

人《ひと》が健康《けんこう》でいるために欠《か》かせないビタミン。肉《にく》や野菜《やさい》、くだものなどには、いろんな種類《しゅるい》のビタミンがふくまれている。このビタミンにも、水《みず》と仲《なか》よしのものと油《あぶら》と仲《なか》よしのものとがある。

水《みず》と仲《なか》よしのビタミン：ビタミンB・C

ビタミンBやCは、水《みず》によく溶《と》ける。このうちビタミンCのかたちを見《み》ると、下《した》の絵《え》のようになっている。水《みず》に溶《と》けやすいかたち（酸素《さんそ》と水素《すいそ》がくっついたところ）が4か所《しょ》もあるので、水《みず》と仲《なか》がいいんだ。

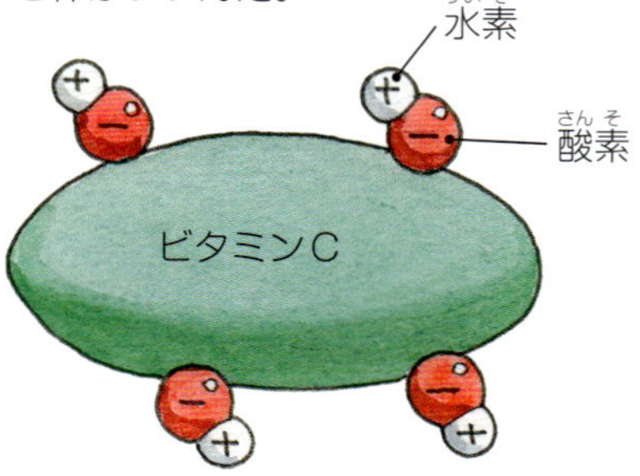

水《みず》に溶《と》けるビタミンCなどは、いっぱいとってもあまったぶんは尿《にょう》として排出《はいしゅつ》される。どんどん食《た》べるようにしよう。

油《あぶら》と仲《なか》よしのビタミン：ビタミンA・D

一方《いっぽう》、ビタミンAやDは水《みず》には溶《と》けず、油《あぶら》に溶《と》ける。たとえばビタミンAのもとになるカロテン（ニンジンやホウレンソウにふくまれている）は酸素《さんそ》と水素《すいそ》がくっついたところがないので、水《みず》とは仲《なか》がよくない。油《あぶら》に溶《と》けるので、油炒《あぶらいた》めなどの料理《りょうり》にすると体《からだ》に吸収《きゅうしゅう》されやすい。

ビタミンAが不足《ふそく》すると、視力《しりょく》が落《お》ちたりする。しかし、水《みず》に溶《と》けないから、とりすぎると体《からだ》にたまってしまう。ビタミン剤《ざい》などでとりすぎるのはよくない。

すごいぞ、ミカンパワー！

水《みず》と仲《なか》よしのものは、よく水《みず》に溶《と》ける。ところが、「水《みず》と油《あぶら》」ということばがあるように、油《あぶら》は水《みず》とは仲《なか》がわるいので、混《ま》じりあわない。では、水《みず》が苦手《にがて》なものは、油《あぶら》とは仲《なか》よしなのだろうか？　そう！　水《みず》に溶《と》けないものは逆《ぎゃく》に、油《あぶら》に溶《と》けることが多《おお》い。

こんな実験《じっけん》をしてみよう。ろうそくに火《ひ》をつけて、そこにミカンの皮《かわ》を折《お》り曲《ま》げてパッと汁《しる》をとばすと……火《ひ》がパチパチっと燃《も》えあがる。これは、ミカンの皮《かわ》にふくまれていた油《あぶら》が燃《も》えたからだ。えっ！　ミカンに油《あぶら》？　そう、ミカンの皮《かわ》のつぶつぶのなかには、リモネンという油《あぶら》がふくまれている。この油《あぶら》、かなりパワフルだ。

リモネン

リモネンの不思議《ふしぎ》な力《ちから》

ミカンの皮《かわ》にふくまれているリモネンで、いろいろな実験《じっけん》をすることができる。みんなもためしてみて。

油性《ゆせい》ペンでかいた字《じ》や絵《え》を消《け》す

プラスチック板《ばん》に油性《ゆせい》ペンで字《じ》や絵《え》をかく。ミカンの皮《かわ》のリモネンを布《ぬの》につけてこの板《いた》をこすると……字《じ》や絵《え》が消《き》える！
油性《ゆさい》ペンのシミは、水洗《みずあら》いではとれない。水《みず》とは仲《なか》がよくないからだ。でも、リモネンとは油《あぶら》どうしで仲《なか》よしなので、溶《と》けてしまう。

発泡《はっぽう》スチロールを溶《と》かす

発泡《はっぽう》スチロールにミカンの皮《かわ》の汁《しる》をこすりつけると、発泡《はっぽう》スチロールが溶《と》ける。かんたんにスタンプをつくることもできるよ。

あ、
消《き》えた！
ペタン
リモネンは、プラモデルの接着剤《せっちゃくざい》としても使《つか》われている

風船《ふうせん》に穴《あな》をあける

ふくらませた風船《ふうせん》にリモネン液《えき》をつけてみよう。どうなるかな？

リモネンは油《あぶら》なので、無極性《むきょくせい》のものと仲《なか》よしだ。だから、水《みず》には溶《と》けない油性《ゆせい》ペンやゴムなども溶《と》かしてしまうんだね。台所《だいどころ》の油《あぶら》よごれも、リモネンでふきとるとスッキリ、きれいになるよ。

セッケンでみんな仲《なか》よし！

水《みず》と油《あぶら》は、どうしたら仲《なか》よくなれるだろう？　じつは、そんなにむずかしいことじゃない。両方《りょうほう》と仲《なか》のいい「だれか」に仲介《ちゅうかい》をたのめばいいんだ。

仲《なか》をとりもつもの

水《みず》と油《あぶら》の層《そう》にわかれたビーカーのなかにセッケンを入《い》れて、よくかき混《ま》ぜてみよう。すると、水《みず》と油《あぶら》はきれいに混《ま》ざった。セッケンは水《みず》とも油《あぶら》とも仲《なか》よしだから、間《あいだ》に入《はい》ることで、仲《なか》のよくなかった水《みず》と油《あぶら》も仲《なか》よくなれる。

●セッケンの構造《こうぞう》

セッケン分子《ぶんし》はマッチ棒《ぼう》のようなかたちをしている。そして、頭《あたま》の部分《ぶぶん》が水《みず》と仲《なか》よし（親水基《しんすいき》）で、棒《ぼう》の部《ぶ》分《ぶん》が油《あぶら》と仲《なか》よし（親油基《しんゆき》）なんだ。

セッケンの分子《ぶんし》

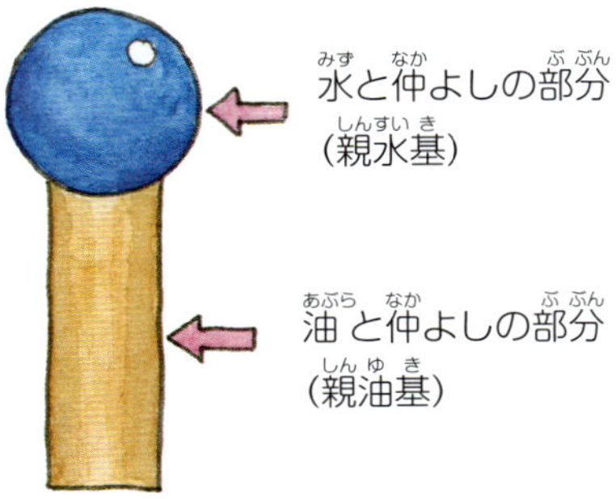

セッケンのように、水《みず》と仲《なか》よしの部分《ぶぶん》（親水《しんすい》基《き》）と、油《あぶら》と仲《なか》よしの部分《ぶぶん》（親油基《しんゆき》）の両《りょう》方《ほう》をもっているものを、**界面活性剤《かいめんかっせいざい》**という。

●油《あぶら》をとり囲《かこ》む

かき混《ま》ぜていくと、セッケン分子《ぶんし》は、水《みず》と仲《なか》よしの頭《あたま》の部分《ぶぶん》（親水基《しんすいき》）を外側《そとがわ》に、油《あぶら》と仲《なか》よしの棒《ぼう》の部《ぶ》分《ぶん》（親油基《しんゆき》）を内側《うちがわ》にして、油《あぶら》を丸《まる》くとり囲《かこ》むようになる。囲《かこ》まれた油《あぶら》は水《みず》のなかに散《ち》らばることができるので、油《あぶら》と水《みず》は混《ま》ざりあうようになる。

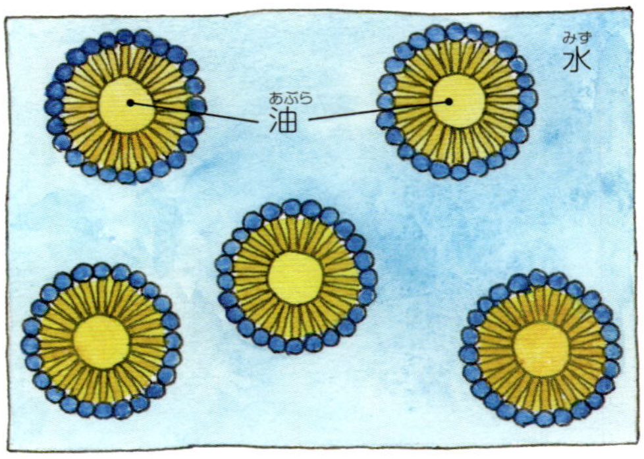

セッケンが油《あぶら》をとり囲《かこ》んで大《おお》きな粒《つぶ》になり、水中《すいちゅう》に散《ち》らばる

セッケンで油《あぶら》よごれを落《お》とす

わたしたちは、お風呂《ふろ》に入《はい》ったときにセッケンで体《からだ》を洗《あら》う。洗濯《せんたく》ものや食器《しょっき》のよごれも、セッケン水《すい》で洗《あら》うときれいに落《お》ちる。どのようなしくみで、きれいになるんだろう？

よごれのおもな正体《しょうたい》は、体《からだ》の脂《あぶら》や料理《りょうり》から出《で》る油《あぶら》などだ。セッケンは、体《からだ》や服《ふく》、お皿《さら》などについた油《あぶら》のまわりをとり囲《かこ》んで、これをひきはがしてくれる。だから、きれいになるんだ。油《あぶら》とも水《みず》とも仲《なか》よしだというセッケンの性質《せいしつ》が生《い》かされている。

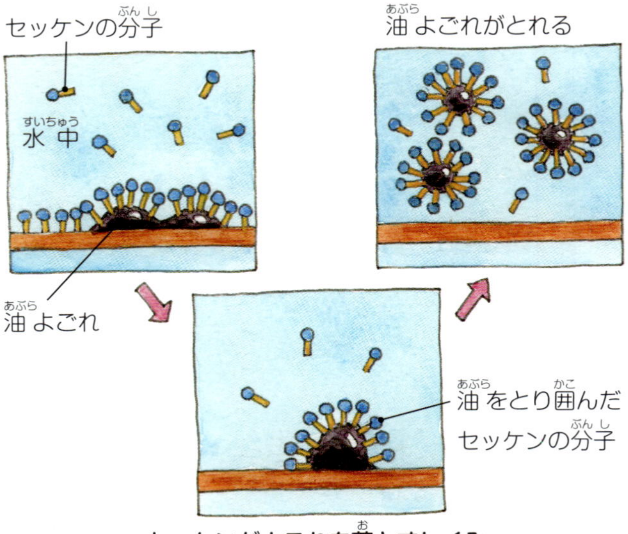

セッケンがよごれを落《お》とすしくみ

こうやって溶《と》かす

水《みず》は、いろいろなものを溶《と》かす名人《めいじん》だ。でも、その水《みず》でも溶《と》かすことができないものもあることがわかった。そんなときにはどうしよう？　ここでは、いろいろなものの溶《と》かしかたを見《み》ていこう。

着物《きもの》の汗染《あせじ》み

着物《きもの》のように水洗《みずあら》いできないものは、えりや袖口《そでぐち》をベンジンという油《あぶら》でふいて、よごれをとる。よごれの正体《しょうたい》は、汗《あせ》にふくまれる油《あぶら》（脂《あぶら》）。これをベンジンで溶《と》かして、とりのぞいてやるのだ。

水性塗料《すいせいとりょう》、油性塗料《ゆせいとりょう》

水性塗料《すいせいとりょう》は水《みず》でうすめる。
油性塗料《ゆせいとりょう》は、ペイントうすめ液《えき》（シンナー）など無極性《むきょくせい》の液体《えきたい》でうすめる。使《つか》い終《お》わった刷毛《はけ》も、水《みず》では塗料《とりょう》が落《お》ちないので、同《おな》じようにペイントうすめ液《えき》を使《つか》ってきれいに洗《あら》う。

油絵《あぶらえ》の具《ぐ》

水彩絵《すいさいえ》の具《ぐ》は水《みず》でうすめるが、油絵《あぶらえ》の具《ぐ》ではテレピン油《ゆ》などの油《あぶら》を使《つか》う。

台所《だいどころ》の油《あぶら》よごれ

揚《あ》げものや炒《いた》めものをすると、とび散《ち》った油《あぶら》で台所《だいどころ》がよごれてしまう。こんなときは、エタノールを布巾《ふきん》にしみこませてふきとると、さっぱりときれいになる。エタノールは、水《みず》にも溶《と》けるが、油《あぶら》とも仲《なか》よし。なによりお酒《さけ》と同《おな》じ成分《せいぶん》なので、食品《しょくひん》や食器《しょっき》についても安全《あんぜん》だ。

ドライクリーニング

絹《きぬ》やウールなどをクリーニング屋《や》さんにもっていったことはあるかな？　ドライクリーニングでは、口紅《くちべに》や油《あぶら》よごれなど、水《みず》では落《お》ちないよごれを落《お》としてくれる。このときには、水《みず》のかわりに工業用《こうぎょうよう》ガソリンなどを使《つか》う。泪《あぶら》と仲《なか》よしのものは、油《あぶら》に溶《と》かしてとりのぞいてしまおうというわけだ。危険《きけん》なので、専用《せんよう》の機械《きかい》を使《つか》ってクリーニング屋《や》さんがおこなう。

マヨネーズとセッケンの共通点《きょうつうてん》

自分《じぶん》でマヨネーズをつくったことは、あるかな？　マヨネーズは、卵《たまご》と酢《す》と食用油《しょくようあぶら》を混《ま》ぜてつくる。油《あぶら》と水《みず》（酢《す》）は、ふつうは混《ま》ざりあわないはずなのに、ここでは２層《そう》にわかれないで混《ま》ざりあっている。つまり、セッケンと同《おな》じはたらきをするものが、マヨネーズには加《くわ》えられているということだ。

マヨネーズのひみつ

最初《さいしょ》に、マヨネーズの材料《ざいりょう》を見《み》ていこう。おもな材料《ざいりょう》は、酢《す》と卵《たまご》と食用油《しょくようあぶら》だ。酢《す》は、水《みず》と同《おな》じだと考《かんが》えていい。すると、こまったことが起《お》きる。そう、水《みず》と油《あぶら》は仲《なか》がよくないので、それだけではうまく混《ま》ざらないということだ。

でも、そこにたよりになる材料《ざいりょう》が加《くわ》えられる。それは卵黄《らんおう》だ。卵黄《らんおう》にはレシチンという成分《せいぶん》がふくまれている。このレシチンは、水《みず》と仲《なか》よしの部分《ぶぶん》（親《しん》水基《すいき》）と、油《あぶら》と仲《なか》よしの部分《ぶぶん》（親油基《しんゆき》）の両方《りょうほう》をもつ界面活性剤《かいめんかっせいざい》だ。レシチンが油《あぶら》を丸《まる》くとり囲《かこ》んで水《みず》（酢《す》）のなかに散《ち》らばるので、水《みず》（酢《す》）と油《あぶら》は混《ま》ざりあうようになる。セッケンが油《あぶら》よごれを落《お》とすしくみと、まったく同《おな》じだね（界面活性剤《かいめんかっせいざい》やセッケンについては、この章《しょう》の「セッケンでみんな仲《なか》よし!」を見《み》よう）。

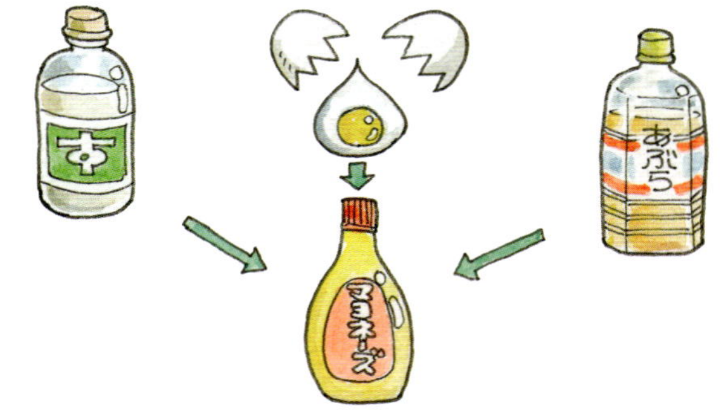

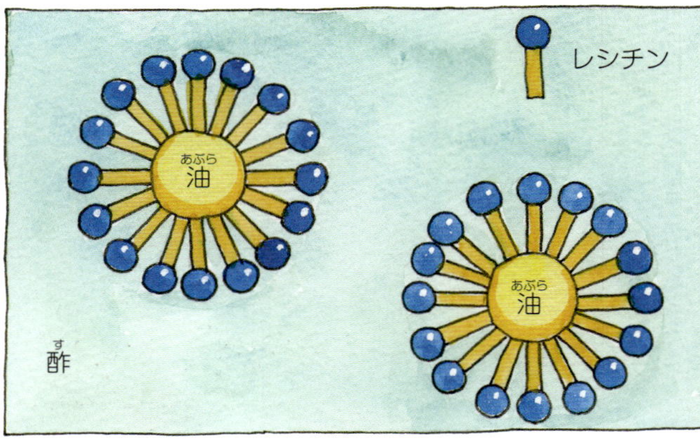

卵黄《らんおう》のレシチンが油《あぶら》をとり囲《かこ》んで、大《おお》きな粒《つぶ》になっている

界面活性剤《かいめんかっせいざい》のはたらき

● **混《ま》ざりあわないものを混《ま》ぜる**　ふつうでは混《ま》ざりあわないものどうしを混《ま》ぜあわせることができる。
例《れい》：化粧用乳液《けしょうようにゅうえき》の油《あぶら》と水《みず》を混《ま》ぜる、薬《くすり》の成分《せいぶん》を水《みず》に溶《と》かす、塗料《とりょう》の顔料《がんりょう》を水《みず》に混《ま》ぜる、など

● **しみこみやすくする**　布《ぬの》や葉《は》の上《うえ》に水《みず》をたらしても、丸《まる》い水滴《すいてき》になってしまって、なかなか奥《おく》までしみこんでいかない。でも、界面活性剤《かいめんかっせいざい》を入《い》れると、水《みず》のつながりが弱《よわ》まって、しみこみやすくなる。
例《れい》：染料《せんりょう》を繊維《せんい》にしみこませる、農薬《のうやく》をうすく均一《きんいつ》に葉《は》につける、など

● **泡《あわ》を立《た》てる**　界面活性剤《かいめんかっせいざい》を水《みず》に溶《と》かすと、水《みず》のなかに空気《くうき》をとりこんで、泡《あわ》が立《た》ちやすくなる（P.50の「シャボン玉《だま》の膜《まく》の正体《しょうたい》」を見《み》よう）。
例《れい》：スポンジケーキをふんわりさせる、シャンプーを泡立《あわだ》てる、など

● **その他《た》**　表面《ひょうめん》のすべりをよくする、静電気《せいでんき》をふせぐ、錆《さ》びをとめる、色落《いろお》ちをふせぐ、菌《きん》をころすなど、ほかにもまだまだ数多《かずおお》くのはたらきがある。

「真《しん》の溶液《ようえき》」と「コロイド溶液《ようえき》」

P.54で見《み》た砂糖水《さとうみず》や塩水《しおみず》は、砂糖《さとう》や塩《しお》の粒《つぶ》が水《みず》の分子《ぶんし》と同《おな》じぐらいの大《おお》きさで、水《みず》と混《ま》ざりあっている。このように、溶《と》かす液《えき》（溶媒《ようばい》：水《みず》など）の分子《ぶんし》の大《おお》きさと、溶《と》けているもの（溶質《ようしつ》：塩《しお》や砂糖《さとう》など）の粒《つぶ》の大《おお》きさが同《おな》じぐらいの液《えき》を、**真《しん》の溶液《ようえき》**という。

一方《いっぽう》、マヨネーズでは、レシチンが油《あぶら》を丸《まる》くとり囲《かこ》んだ大《おお》きな粒《つぶ》が、水《みず》のなかにまんべんなく散《ち》らばっている。このように、溶《と》かす液《えき》（溶媒《ようばい》）の分子《ぶんし》よりもかなり大《おお》きな粒《つぶ》（コロイド粒子《りゅうし》）が散《ち》らばっている液《えき》を、**コロイド溶液《ようえき》**という。

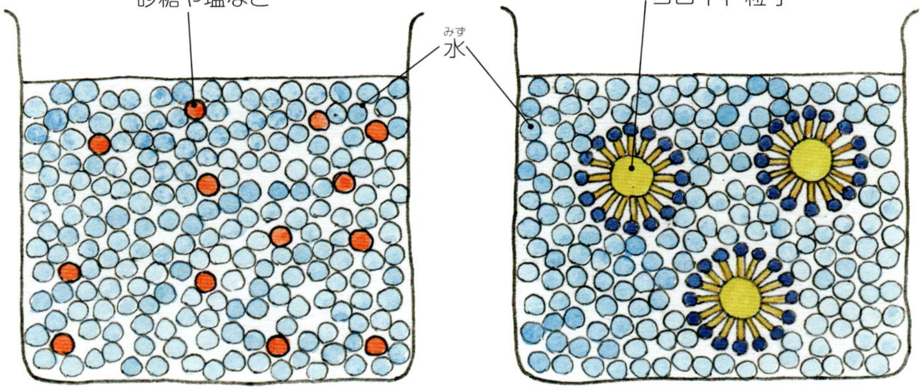

真《しん》の溶液《ようえき》
溶媒《ようばい》と溶質《ようしつ》の大《おお》きさが同《おな》じくらい

コロイド溶液《ようえき》
溶媒《ようばい》よりも溶質《ようしつ》のほうがかなり大《おお》きい

マヨネーズ以外《いがい》にも、コロイド溶液《ようえき》は身《み》のまわりにたくさんある。たとえば牛乳《ぎゅうにゅう》は、タンパク質《しつ》や脂肪《しぼう》の大《おお》きな粒《つぶ》が水《みず》のなかに散《ち》らばったコロイド溶液《ようえき》だ。セッケン水《すい》もコロイド溶液《ようえき》で、セッケン分子《ぶんし》が丸《まる》くあつまって大《おお》きな粒《つぶ》になり、水《みず》のなかに散《ち》らばっている。

「真《しん》の溶液《ようえき》」と「コロイド溶液《ようえき》」のかんたんな見《み》わけかた

真《しん》の溶液《ようえき》とコロイド溶液《ようえき》は、「透明《とうめい》かどうか」で大《おお》まかに見《み》わけることができる。真《しん》の溶液《ようえき》は、溶《と》けている粒《つぶ》がちいさくて光《ひかり》の通《とお》り道《みち》をじゃましないので、透《とう》明《めい》に見《み》える。塩水《しおみず》も砂糖水《さとうみず》も透《す》きとおって見《み》えるよね。でも、コロイド溶液《ようえき》は大《おお》きな粒《つぶ》が光《ひかり》の通《とお》り道《みち》をじゃまするので、にごって見《み》える。牛乳《ぎゅうにゅう》やセッケン水《すい》は、たしかににごっているよね。

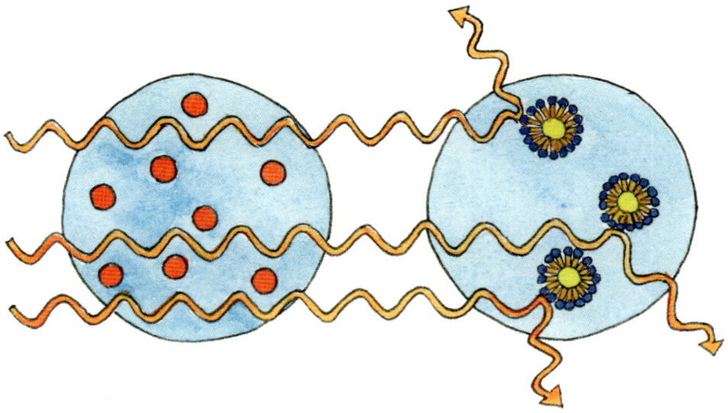

真《しん》の溶液《ようえき》
ちいさな溶質《ようしつ》のあいだを光《ひかり》が通《とお》りぬけるので、透明《とうめい》に見《み》える

コロイド溶液《ようえき》
大《おお》きな溶質《ようしつ》で光《ひかり》が散《ち》らばるので、にごって見《み》える

虫歯《むしば》って、歯《は》が溶《と》けること

虫歯《むしば》は痛《いた》くてつらい。虫歯《むしば》というのは、細菌《さいきん》がつくりだす酸《さん》で歯《は》が溶《と》けることなんだ。歯《は》が溶《と》けるっていうけど、いったいどうやって溶《と》けるんだろう？　ほかの「とける」とはちがうのかな？

虫歯《むしば》になるしくみ

虫歯菌《むしばきん》
糖質《とうしつ》
酸《さん》

虫歯《むしば》の犯人《はんにん》は、口《くち》のなかにすんでいる細菌《さいきん》。なかでもミュータンス菌《きん》がいちばんの悪者《わるもの》だ。細菌《さいきん》は、砂糖《さとう》などの糖質《とうしつ》を食《た》べて、乳酸《にゅうさん》などの酸《さん》を出《だ》す。

歯《は》をつくっているおもな成分《せいぶん》のリン酸《さん》カルシウムは、ふだんはかたくて溶《と》けださないけれど、細菌《さいきん》の出《だ》す酸《さん》（水素《すいそ》イオン）にふれると、カルシウムイオンとリン酸水素《さんすいそ》イオンにわかれて、水《みず》に溶《と》けだしてしまう。

虫歯菌《むしばきん》は糖質《とうしつ》を食《た》べて酸《さん》を出《だ》すよ。ボクは歯《は》がないから虫歯《むしば》の心配《しんぱい》はないけどね！

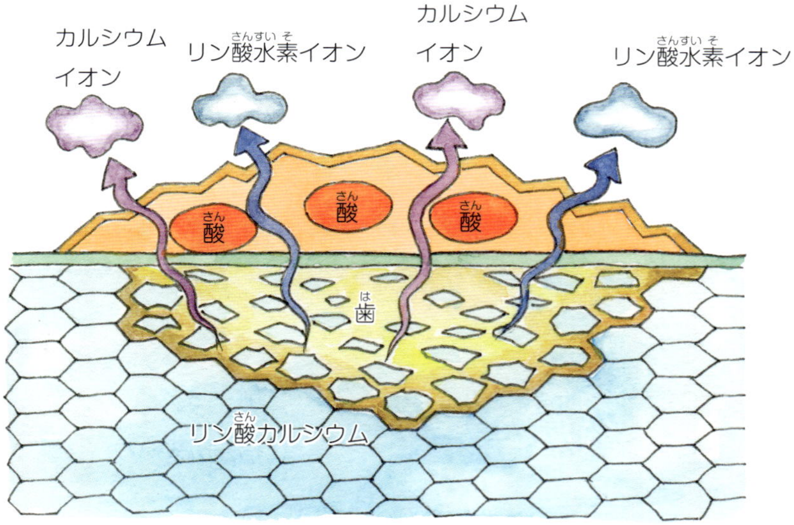

カルシウムイオン
リン酸水素《さんすいそ》イオン
カルシウムイオン
リン酸水素《さんすいそ》イオン
酸《さん》
酸《さん》
酸《さん》
歯《は》
リン酸《さん》カルシウム

歯《は》をつくっているリン酸《さん》カルシウムは、酸《さん》と反応《はんのう》してイオン（カルシウムイオンとリン酸水素《さんすいそ》イオン）になって溶《と》けだしていく

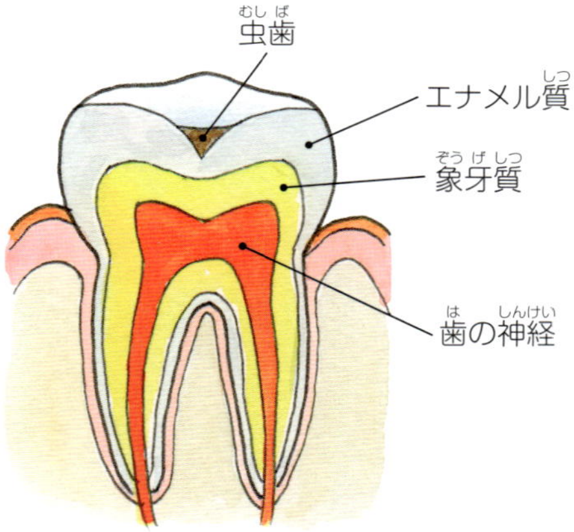

虫歯《むしば》
エナメル質《しつ》
象牙質《ぞうげしつ》
歯《は》の神経《しんけい》

歯《は》をたてに切《き》ったところ。最初《さいしょ》にかたいエナメル質《しつ》が溶《と》け、すこしやわらかい象牙質《ぞうげしつ》の部分《ぶぶん》に近《ちか》づいていく。さらにすすんで神経《しんけい》の部分《ぶぶん》にとどいたら、がまんできないくらい痛《いた》くなる

ちゃんと歯《は》みがきをしないと、細菌《さいきん》のエサになる糖質《とうしつ》がいつも口《くち》にのこっている状態《じょうたい》になる。すると、歯《は》がどんどん溶《と》けだして穴《あな》があく。穴《あな》が深《ふか》くなって歯《は》の神経《しんけい》のところまできたら痛《いた》みだす。自然《しぜん》に治《なお》ることはないから、お医者《いしゃ》さんに通《かよ》うことになる。日《ひ》ごろの手入《てい》れがたいせつだということだ。

いろいろな「とける」

塩《しお》や砂糖《さとう》が水《みず》に「溶《と》ける」というのは、塩《しお》や砂糖《さとう》がバラバラにちいさくなって水《みず》のなかに溶《と》けこんでしまうことだった。一方《いっぽう》、歯《は》が「溶《と》ける」というのは、酸《さん》と歯《は》が化学的《かがくてき》な反応《はんのう》を起《お》こして、歯《は》の成分《せいぶん》が溶《と》けだすことだ。同《おな》じ「溶《と》ける」でも意味《いみ》がぜんぜんちがうんだね。

じつは、「とける」ということばには、いくつもの意味《いみ》がある。ここで整理《せいり》をしておこう。科学《かがく》の世界《せかい》では、おもにつぎの3つの意味《いみ》で「とける」ということばが使《つか》われている。

●液体《えきたい》のなかに、ちいさくなった物質《ぶっしつ》がまんべんなく混《ま》じりあうこと

これまで見《み》てきた塩《しお》や砂糖《さとう》が水《みず》に溶《と》けるということがこれにあたる。ほかには、図工《ずこう》の時間《じかん》に使《つか》う絵《え》の具《ぐ》（水彩絵《すいさいえ》の具《ぐ》）を水《みず》に溶《と》かすのもこれだね。

●固体《こたい》が熱《ねつ》によって液体《えきたい》になること

雪《ゆき》や氷《こおり》がとける、暑《あつ》さでアスファルトがとける、鉄《てつ》がとける——などがある。

●化学反応《かがくはんのう》によって別《べつ》の物質《ぶっしつ》になってとけだすこと

ここで見《み》てきた歯《は》が溶《と》けて虫歯《むしば》になるというのがそれ。また、岩《いわ》が溶《と》けて鍾乳洞《しょうにゅうどう》ができたりもする。

鍾乳洞《しょうにゅうどう》とは、石灰岩《せっかいがん》が地下水《ちかすい》で溶《と》けてできた洞穴《ほらあな》のこと。いったん溶《と》けた石灰分《せっかいぶん》がもういちど固《かた》まるときに、天井《てんじょう》にはつらら形《がた》のつらら石《いし》が、床《ゆか》にはたけのこ形《がた》の石筍《せきじゅん》ができる（つぎのページの「石《いし》も岩《いわ》も溶《と》ける!?」も見《み》よう）。

石《いし》も岩《いわ》も溶《と》ける!?

石《いし》や岩《いわ》って、かたくて、とても「溶《と》ける」とは思《おも》えない。でも、石《いし》も岩《いわ》もじつは溶《と》けるんだ。世界各地《せかいかくち》には、石《いし》や岩《いわ》が溶《と》けておもしろい地形《ちけい》になっているところがある。

カルスト地形《ちけい》

カルスト地形《ちけい》というのは、石灰岩《せっかいがん》という岩《いわ》が溶《と》けてできた地形《ちけい》のこと。地上《ちじょう》には墓石《はかいし》のような岩《いわ》の柱《はしら》やすり鉢状《ばちじょう》のくぼ地《ち》が見《み》られ、地下《ちか》には鍾乳洞《しょうにゅうどう》が見《み》られる。日本《にほん》では、山口県《やまぐちけん》の秋吉台《あきよしだい》や福岡県《ふくおかけん》の平尾台《ひらおだい》が有名《ゆうめい》だ。

●カルスト地形《ちけい》のいろいろ

岩《いわ》の柱《はしら》

くぼ地《ち》

鍾乳洞《しょうにゅうどう》

●カルスト地形《ちけい》のできかた

1 海底《かいてい》にすむサンゴや貝《かい》は、海水《かいすい》のなかにあるカルシウムと二酸化炭素《にさんかたんそ》を結《むす》びつけて炭酸《たんさん》カルシウムをつくり、それを骨格《こっかく》や貝殻《かいがら》にしている。

カルシウム
二酸化炭素《にさんかたんそ》

カルシウムと
二酸化炭素《にさんかたんそ》から、
炭酸《たんさん》カルシウムが
できるよ

2 死《し》んだサンゴや貝《かい》が海底《かいてい》に積《つ》もると、炭酸《たんさん》カルシウムをおもな成分《せいぶん》とした石灰岩《せっかいがん》の層《そう》ができる。この石灰岩《せっかいがん》の層《そう》が、地球《ちきゅう》の内部《ないぶ》から押《お》しあげる力《ちから》によって地上《ちじょう》に顔《かお》を出《だ》すことがある。

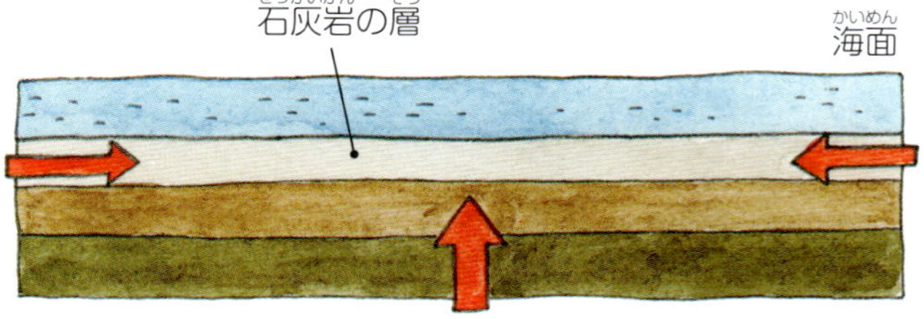
石灰岩《せっかいがん》の層《そう》
海面《かいめん》
海底《かいてい》にできた石灰岩《せっかいがん》の層《そう》に、まわりから強《つよ》い力《ちから》が加《くわ》わると……

海面《かいめん》
押《お》しあげられて、地上《ちじょう》に顔《かお》を出《だ》すことがある

③石灰岩《せっかいがん》（炭酸《たんさん》カルシウム）の層《そう》が地上《ちじょう》に押《お》しあげられると、地表《ちひょう》に出《で》た部分《ぶぶん》には雨水《あまみず》がふりそそぎ、地下部《ちかぶ》分《ぶん》には地下水《ちかすい》が流《なが》れるようになる。雨水《あまみず》や地下水《ちかすい》には、空気《くうき》や土《つち》のなかの二酸化炭素《にさんかたんそ》がたくさん溶《と》けこんでいて、弱《よわ》い酸性《さんせい》になっている。炭酸《たんさん》カルシウムは酸性《さんせい》の水《みず》に溶《と》けやすいので、酸性《さんせい》の雨水《あまみず》や地下水《ちかすい》にふれると、炭酸水素《たんさんすいそ》イオンとカルシウムイオンになって溶《と》けだす。

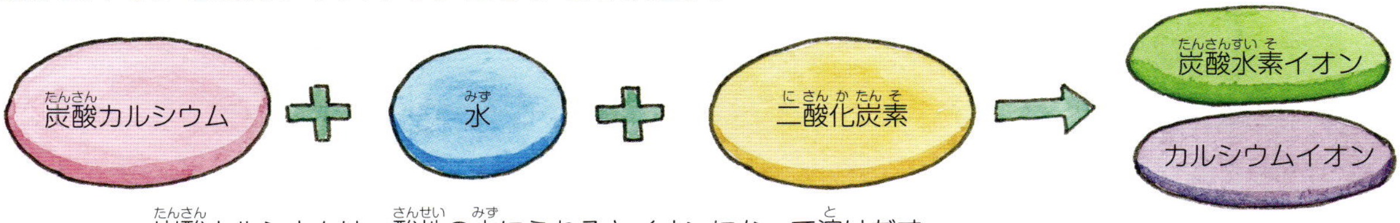

炭酸《たんさん》カルシウムは、酸性《さんせい》の水《みず》にふれるとイオンになって溶《と》けだす

④石灰岩《せっかいがん》は、長《なが》い年月《ねんげつ》をかけてすこしずつ溶《と》けだしていく。地上《ちじょう》には、溶《と》けのこった岩《いわ》が柱《はしら》のようにならんだり、雨水《あまみず》が地下《ちか》にしみこむときにくぼ地《ち》ができたりする。また、地下《ちか》には、石灰岩《せっかいがん》が溶《と》けて鍾乳洞《しょうにゅうどう》とよばれる洞穴《ほらあな》ができる。

石《いし》が溶《と》けるというのは、虫歯《むしば》が溶《と》ける変化《へんか》と同《おな》じで、化学的《かがくてき》な反応《はんのう》を起《お》こして溶《と》けだすという意味《いみ》だ。石灰岩《せっかいがん》（炭酸《たんさん》カルシウム）が酸《さん》と反応《はんのう》して溶《と》けだしたんだ。かたくて溶《と》けそうにない石《いし》でも、こうして溶《と》けるんだね。

酸性雨《さんせいう》

酸性雨《さんせいう》というのを聞《き》いたことがあるかな？　雨水《あまみず》は、ふだんでも二酸化炭素《にさんかたんそ》を溶《と》かしこんで弱《よわ》い酸性《さんせい》になっている。そして、石油《せきゆ》や石炭《せきたん》を燃《も》やしたり火山《かざん》が爆発《ばくはつ》したりすると、二酸化炭素《にさんかたんそ》よりも強《つよ》い酸性《さんせい》の物質《ぶっしつ》が空気中《くうきちゅう》にあふれだし、それをふくんだ強《つよ》い酸性《さんせい》の雨《あめ》がふる。これが酸性雨《さんせいう》だ。

酸性雨《さんせいう》がふると、植物《しょくぶつ》が枯《か》れたり、水《みず》のなかの生《い》きものが死《し》んだりする。また、ふつうの雨《あめ》では溶《と》けなかったような銅像《どうぞう》やコンクリートまで、溶《と》けだすこともある。

酸性雨《さんせいう》の影響《えいきょう》

銅像《どうぞう》のシミ

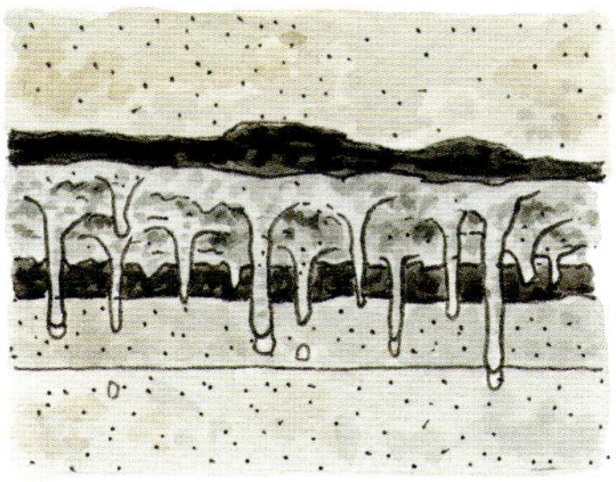
コンクリートのつらら

実験《じっけん》●ぷよぷよスケルトン卵《たまご》をつくろう

卵《たまご》の殻《から》を酢《す》で溶《と》かして、ゴムボールのように弾力《だんりょく》のある透明《とうめい》の卵《たまご》をつくってみよう。

〈準備《じゅんび》するもの〉

生卵《なまたまご》、酢《す》、びんやコップなどの容器《ようき》

〈つくりかた〉

1 びんやコップのなかに卵《たまご》を入《い》れて、卵《たまご》が十分《じゅうぶん》につかるまで酢《す》を注《そそ》ぐ

2 そのままおいておくと、泡《あわ》が出《で》て殻《から》が溶《と》けだす。殻《から》を完《かん》全《ぜん》に溶《と》かすには、途中《とちゅう》でかき混《ま》ぜたり、酢《す》を入《い》れかえたりして、1週間近《しゅうかんちか》くかかる

3 殻《から》が溶《と》けたら、軽《かる》く水洗《みずあら》いする

〈結果《けっか》〉

かたくて白《しろ》い不透明《ふとうめい》の殻《から》が溶《と》けて、透《す》きとおった、ぷよぷよの卵《たまご》に変身《へんしん》する

注意《ちゅうい》：二酸化炭素《にさんかたんそ》が発生《はっせい》するので、容器《ようき》にふたをしないこと。においが気《き》になるなら、できあがるまで紙《かみ》をかぶせておこう。

泡《あわ》が出《で》ているのは、殻《から》が溶《と》けている証拠《しょうこ》だ

殻《から》が溶《と》けるのはなぜ？

卵《たまご》の殻《から》は、おもに炭酸《たんさん》カルシウムでできている。炭酸《たんさん》カルシウムは、酸性《さんせい》の酢《す》（酢酸《さくさん》）にふれると化学反応《かがくはんのう》を起《お》こして溶《と》けだす。石灰岩《せっかいがん》が酸性《さんせい》の雨水《あまみず》や地下水《ちかすい》で溶《と》けるのと同《おな》じしくみだ（この章《しょう》の「石《いし》も岩《いわ》も溶《と》ける!?」も見《み》てみよう）。内側《うちがわ》のうすい膜《まく》は酢《す》に溶《と》けないので、透《す》きとおったぷよぷよ卵《たまご》が完成《かんせい》する。実験中《じっけんちゅう》に卵《たまご》から出《で》る泡《あわ》は、炭酸《たんさん》カルシウムが溶《と》けるときに発生《はっせい》した二酸化炭素《にさんかたんそ》だ。

透《す》きとおって、ぷよぷよになった卵《たまご》。大《おお》きくふくらむのは、酢《す》の水分《すいぶん》が、うすい膜《まく》をとおして卵《たまご》のなかに入《はい》ってきたためだ

第4章

爆発《ばくはつ》する・燃《も》える・光《ひか》る

大《おお》きな音《おと》や光《ひかり》や熱《ねつ》！　大《おお》きなエネルギーでまわりのものを破壊《はかい》してしまう爆発《ばくはつ》はこわい。
多《おお》くの爆発《ばくはつ》のカギをにぎるのが、酸素《さんそ》だ。ものを燃《も》やしたり、金属《きんぞく》を錆《さ》びさせたり。
酸素《さんそ》はいろんなものと結《むす》びついて、ものを変化《へんか》させ、エネルギーを放出《ほうしゅつ》する。
それがいいときも、こまるときもあるんだ。どんな結《むす》びつきかたがあるのかな？
熱《ねつ》を出《だ》す場合《ばあい》も、光《ひかり》を出《だ》す場合《ばあい》もあるよ。

ポップコーンは小爆発《しょうばくはつ》、火山《かざん》は大爆発《だいばくはつ》

爆発《ばくはつ》とは、体積《たいせき》が急激《きゅうげき》に膨張《ぼうちょう》（ふえて大《おお》きくなる）して、そのときにものすごく大《おお》きな圧力《あつりょく》、熱《ねつ》、音《おと》などが発生《はっせい》する現象《げんしょう》のことをいう。代表的《だいひょうてき》なものに、水蒸気爆発《すいじょうきばくはつ》、水素爆発《すいそばくはつ》、粉《ふん》じん爆発《ばくはつ》、核爆発《かくばくはつ》がある。なかでも水蒸気爆発《すいじょうきばくはつ》は、わたしたちの身《み》のまわりでもいろいろなところで見《み》ることができる爆発《ばくはつ》だ。

爆発《ばくはつ》してできる、ポップコーン

ポップコーンをつくってみよう。ポップコーンの種《たね》を入《い》れた鍋《なべ》にふたをしてコンロにのせ、火《ひ》をつけて熱《ねつ》を加《くわ》えていく。ガラスのふたがついた鍋《なべ》を使《つか》うと、ポップコーンがパーンとはじけるようすが見《み》える（このようにはじけることを「爆《は》ぜる」という）。ちいさい爆発《ばくはつ》そのものだ。

●ポップコーンが“爆発《ばくはつ》”するしくみ

ポップコーン（はじけトウモロコシ）には、水分《すいぶん》がふくまれている。熱《ねっ》するとそれが気体《きたい》（水蒸気《すいじょうき》）になるので、ものすごく体積《たいせき》が大《おお》きくなる（P.20で見《み》たように、水《みず》が水蒸気《すいじょうき》になるとき、体積《たいせき》は1700倍《ばい》にもなるんだ）。でも、ポップコーンの殻《から》はかたいので、お餅《もち》のようにふくらんで体積《たいせき》を大《おお》きくすることができない。ふくらもうとする水蒸気《すいじょうき》の力《ちから》がどんどん大《おお》きくなって殻《から》がおさえきれなくなったとき、ポップコーンはパーンと爆《は》ぜる。このように短《みじか》い時間《じかん》に水蒸気《すいじょうき》が発生《はっせい》して起《お》こる爆発《ばくはつ》のことを「水蒸気爆発《すいじょうきばくはつ》」という。

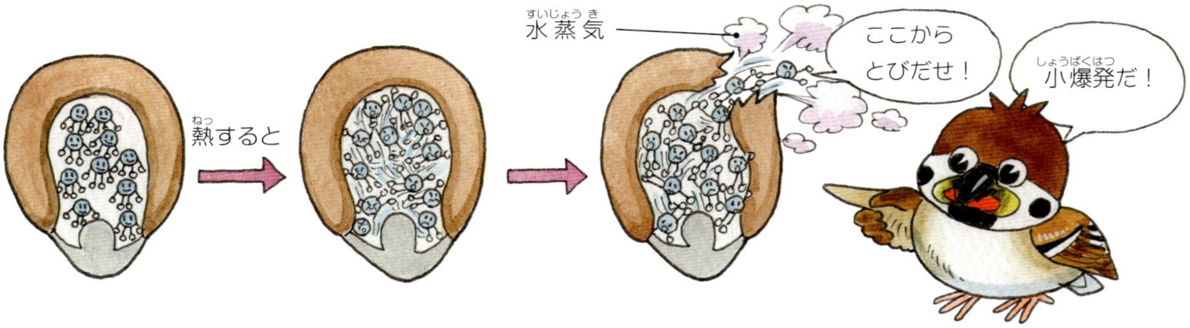

コーンがはじけるまえとあととでは、あとのほうが軽《かる》くなっている。これは、コーンにふくまれていた水分《すいぶん》が水蒸気《すいじょうき》になって出《で》ていってしまったからだ。ポップコーンができたあと、ガラスのふたについている水滴《すいてき》は、出《で》ていった水蒸気《すいじょうき》がひえて水《みず》にもどったものだ。

あれ、爆《は》ぜないよ!?

ポップコーンができるのは、はじけトウモロコシという種類《しゅるい》だけ。なかの水分《すいぶん》を押《お》さえつけるかたい殻《から》が必要《ひつよう》なのだ。ほかのコーンはすぐに皮《かわ》が破《やぶ》れてしまうので、爆《は》ぜない。

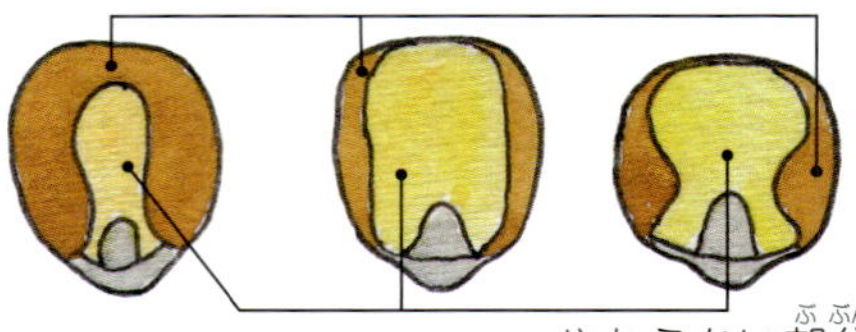

Q 殻《から》がかたくてなかに水分《すいぶん》があれば、ポップコーン以外《いがい》のものでも爆《は》ぜるかな？

A イエス。玄米茶《げんまいちゃ》に白《しろ》いものが入《はい》っている。これは玄米《げんまい》を爆《は》ぜたものだ。なんと、ネコジャラシのちいさなつぶつぶだって、火《ひ》にかけると爆《は》ぜる。ミニポップコーンみたいにね。

ネコジャラシのつぶ

Q じゃあ、殻《から》がやわらかいときはどうなるの？

A たとえばお餅《もち》の場合《ばあい》は、なかの水分《すいぶん》がふくらむことで、お餅自体《もちじたい》がふくらむね。ふくらみすぎて破《やぶ》れると、水蒸気《すいじょうき》が外《そと》に逃《に》げて、しぼんでしまう。それでは、ポップコーン以外《いがい》のコーンではどうなるかな？

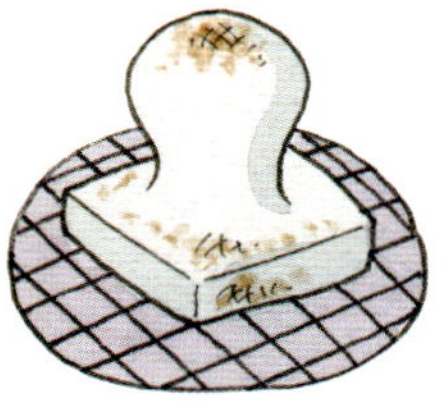

こたえ　ポップコーン以外《いがい》のコーンでは、水蒸気《すいじょうき》がすぐに外《そと》に逃《に》げだして、コーンは焦《こ》げてしまう

火山《かざん》の噴火《ふんか》

地下《ちか》に地下水《ちかすい》の水脈《すいみゃく》がある場合《ばあい》、そこに熱《あつ》いマグマが入《はい》りこむと、水《みず》が熱《ねっ》せられて大量《たいりょう》の水蒸気《すいじょうき》が発生《はっせい》する。このため、圧力《あつりょく》があがって、爆発的《ばくはつてき》に噴出《ふんしゅつ》する。

火山《かざん》の噴火《ふんか》は、ポップコーンの爆発《ばくはつ》よりもずっと大規模《だいきぼ》だ。でも、その原理《げんり》を調《しら》べてみると、ポップコーンがはじけるのと同《おな》じなのだということがわかる。

火山《かざん》の内部《ないぶ》

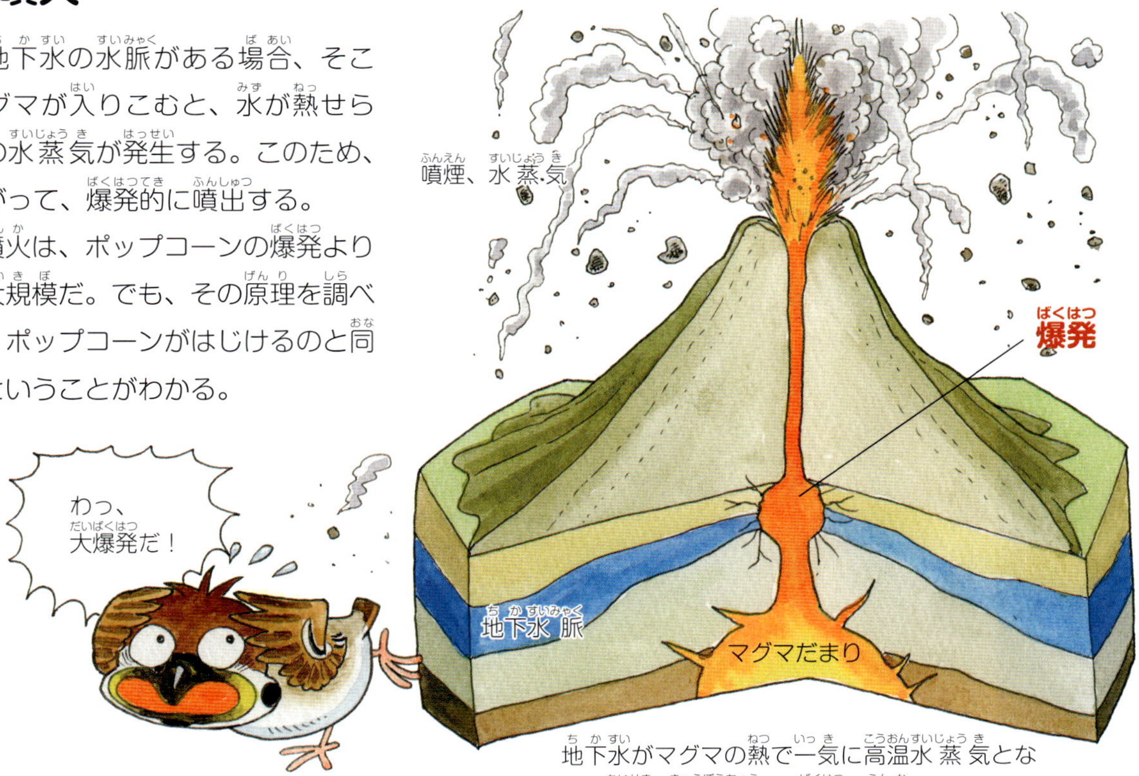
噴煙《ふんえん》、水蒸気《すいじょうき》
爆発《ばくはつ》
地下水脈《ちかすいみゃく》
マグマだまり
わっ、
大爆発《だいばくはつ》だ！

地下水《ちかすい》がマグマの熱《ねつ》で一気《いっき》に高温水蒸気《こうおんすいじょうき》となり、体積《たいせき》が急膨張《きゅうぼうちょう》して爆発《ばくはつ》、噴火《ふんか》する

●火山《かざん》の噴火《ふんか》

火山《かざん》の噴火《ふんか》にもいろいろな種類《しゅるい》がある。ひとつはここで紹介《しょうかい》した水蒸気爆発《すいじょうきばくはつ》。ほかにも、とじこめられていたマグマが地表《ちひょう》の弱《よわ》い部分《ぶぶん》から噴出《ふんしゅつ》する「マグマ噴火《ふんか》」、マグマ噴火《ふんか》が海中《かいちゅう》や海岸近《かいがんちか》くで発生《はっせい》し、流《なが》れ出《で》た溶岩流《ようがんりゅう》が海《うみ》の水《みず》とふれて水蒸気爆発《すいじょうきばくはつ》が起《お》こる「マグマ水蒸気爆発《すいじょうきばくはつ》」などがある。

工場《こうじょう》で爆発《ばくはつ》

水蒸気爆発《すいじょうきばくはつ》は、火山《かざん》だけでなく工場《こうじょう》などでも起《お》きる。たとえば鉄工所《てっこうじょ》などの場合《ばあい》、高温《こうおん》で溶《と》けた金属《きんぞく》に水《みず》がかかると、水《みず》は一瞬《いっしゅん》で水蒸気《すいじょうき》になり、一気《いっき》に体積《たいせき》がふえる。多《おお》くの死者《ししゃ》を出《だ》す爆発事故《ばくはつじこ》になることもある。消防車《しょうぼうしゃ》がきても、水《みず》をかけるとまた爆発《ばくはつ》するので、かけられない。消火《しょうか》もたいへんだ。

原子力発電所《げんしりょくはつでんしょ》の水蒸気爆発事故《すいじょうきばくはつじこ》は、もっとこわい。原子炉《げんしろ》で冷却《れいきゃく》ができなくなって温度《おんど》が一気《いっき》にあがり、燃料棒《ねんりょうぼう》がとけて冷却水《れいきゃくすい》のなかに落《お》ちると、その熱《ねつ》で水蒸気爆発《すいじょうきばくはつ》が起《お》きることがある。もっとも恐《おそ》れられている事故《じこ》だ。2011年《ねん》3月《がつ》に起《お》こった福島《ふくしま》の事故《じこ》では幸《さいわ》い水蒸気爆発《すいじょうきばくはつ》にはならなかったが、1986年《ねん》に当時《とうじ》のソビエト連邦《れんぽう》（現在《げんざい》のウクライナ）のチェルノブイリ原子力発電所《げんしりょくはつでんしょ》で発生《はっせい》した事故《じこ》では水蒸気爆発《すいじょうきばくはつ》が起《お》こり、史上最悪《しじょうさいあく》の事故《じこ》といわれた。

ミニミニ水蒸気爆発《すいじょうきばくはつ》！

水蒸気爆発《すいじょうきばくはつ》は、もっと身近《みぢか》なところで起《お》こる場合《ばあい》がある。家《いえ》で料理《りょうり》をしているときにも……ね。

たとえば、天《てん》ぷらを揚《あ》げようと高温《こうおん》にした油《あぶら》に水《みず》が落《お》ちると、パチパチと音《おと》を立《た》てて油《あぶら》がはね散《ち》る。水《みず》が急激《きゅうげき》に蒸気《じょうき》になって、油《あぶら》をはじきとばしたのだ。水《みず》の量《りょう》が多《おお》かったら、熱《あつ》い油《あぶら》や水《みず》がはねとんで、大《おお》やけどを負《お》う。

天《てん》ぷら油《あぶら》が過熱《かねつ》して火《ひ》がついたときに水《みず》をかけると、水蒸気爆発《すいじょうきばくはつ》になることがある。火《ひ》が出《で》たら、あわてずにガスをとめ、天《てん》ぷら用《よう》の消火器《しょうかき》を使《つか》う。けっして、水《みず》をかけてはいけない。

圧力《あつりょく》を逃《に》がす

たとえば、やかんでお湯《ゆ》をわかすとき、なかに入《い》れた水《みず》は沸騰《ふっとう》するにつれて水蒸気《すいじょうき》になって空気中《くうきちゅう》に出《で》ていく。でも、このときには、やかんのなかで水蒸気爆発《すいじょうきばくはつ》は起《お》こらない。

そのひみつは、やかんのふたに開《あ》けられたちいさな穴《あな》にある。水蒸気《すいじょうき》はこの穴《あな》から外《そと》に出《で》ていくため、やかんの内部《ないぶ》の圧力《あつりょく》はそんなにあがらないからだ。ちょっとしたくふうだけれど、それが大《おお》いに役立《やくだ》っている。

水素《すいそ》と酸素《さんそ》でボン！

液体《えきたい》が気体《きたい》になるときの膨張《ぼうちょう》がひきおこすのが水蒸《すいじょう》気《き》爆発《ばくはつ》だが、このほかにもいろいろな「爆発《ばくはつ》」がある。それらをまとめて、ちょっとむずかしくいうと、「可燃物《かねんぶつ》が、酸素《さんそ》にふれて急激《きゅうげき》に燃焼《ねんしょう》したときに起《お》こるのが、爆発《ばくはつ》」だということになる。いろいろな爆発《ばくはつ》を見《み》ていこう。

水素爆発《すいそばくはつ》

水素《すいそ》ガスと酸素《さんそ》ガスが反応《はんのう》して起《お》こるのが「水素爆発《すいそばくはつ》」だ。そのときに大《おお》きなエネルギー（熱《ねつ》）が発生《はっせい》し、あとには水《みず》ができる。

水素爆発《すいそばくはつ》のしくみ

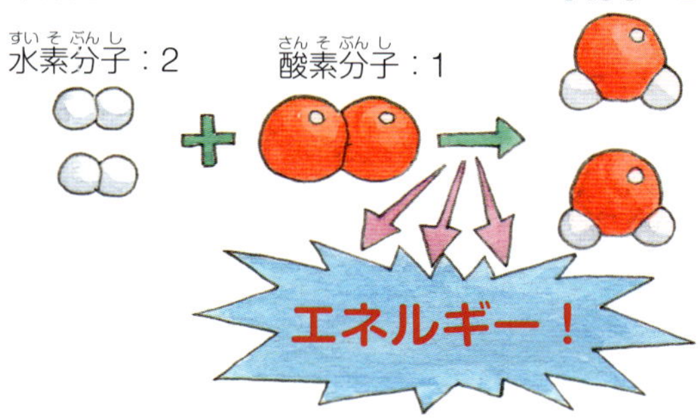

水素分子《すいそぶんし》：2
酸素分子《さんそぶんし》：1
水分子《みずぶんし》：2
エネルギー！

水素《すいそ》に点火《てんか》しても、いつも爆発《ばくはつ》が起《お》こるわけではない。空気中《くうきちゅう》に4～75％の濃度《のうど》で水素《すいそ》が存在《そんざい》するときに火《ひ》をつけると、ものすごいエネルギーを放出《ほうしゅつ》して爆発《ばくはつ》するのだ。一定《いってい》の条件《じょうけん》があるとはいえ、爆発《ばくはつ》が起《お》きる水素《すいそ》の濃度範囲《のうどはんい》はとても広《ひろ》いので、そのあつかいには注意《ちゅうい》が必要《ひつよう》だ。

2011年《ねん》3月《がつ》の福島《ふくしま》の原子力発電所《げんしりょくはつでんしょ》の事故《じこ》では、水素爆発《すいそばくはつ》が起《お》こった。燃料棒《ねんりょうぼう》をひやしていた水《みず》がなくなったために温度《おんど》がどんどんあがり、1000℃以上《いじょう》にもなってしまったのだ。それほどの高温《こうおん》になると、燃料《ねんりょう》をおおっている金属《きんぞく》も水蒸《すいじょう》気《き》と反応《はんのう》して水素《すいそ》を発生《はっせい》する。その水素《すいそ》が空気中《くうきちゅう》の酸素《さんそ》と反応《はんのう》して水素爆発《すいそばくはつ》になったと考《かんが》えられている。

宇宙《うちゅう》をいくロケットのひみつ

ロケットは、空気《くうき》のないところをどうやってとぶのだろう？　じつは、水素《すいそ》と酸素《さんそ》をそれぞれ液体《えきたい》にして、別《べつ》べつにもっていく。宇宙《うちゅう》でその2つをあわせて、爆発《ばくはつ》させるんだ。爆発《ばくはつ》の反動《はんどう》で、宇《う》宙船《ちゅうせん》は前《まえ》へ進《すす》む。水素《すいそ》と酸素《さんそ》が結《むす》びついたあとにできるのはただの水《みず》なので、環境《かんきょう》にも影響《えいきょう》はない。

水素
酸素

風船《ふうせん》が、爆発《ばくはつ》！

昔《むかし》は、風船《ふうせん》のなかには水素《すいそ》を入《い》れていた。水《すい》素《そ》は空気《くうき》より軽《かる》いので、風船《ふうせん》が浮《う》くからだ。ところが、水素《すいそ》は爆発《ばくはつ》しやすい。アドバルーンや飛行《ひこう》船《せん》の爆発事故《ばくはつじこ》が何度《なんど》もあったので、その後《ご》はヘリウムを入《い》れるようになった。P.16でも見《み》たように、ヘリウムは反応《はんのう》を起《お》こさないので爆発《ばくはつ》しない。

この風船《ふうせん》なら
安全《あんぜん》だ

ガス爆発《ばくはつ》

水素《すいそ》ガスだけではない。天然《てんねん》ガスやメタンガスなどがたまったところに火花《ひばな》が散《ち》ると、酸素《さんそ》と急激《きゅうげき》に反応《はんのう》して膨張《ぼうちょう》し、爆発《ばくはつ》が起《お》こってしまう。ガスもれが起《お》きているところで不用意《ふようい》に電気《でんき》をつけたために、スイッチから出《で》た火花《ひばな》で火事《かじ》や爆発《ばくはつ》が起《お》こったこともある。ただし、爆発《ばくはつ》が起《お》こるのは、ガスの濃度《のうど》が一定以上《いっていいじょう》になったときだ。ガスもれを起《お》こしたときは、まず窓《まど》を開《あ》けてガスを追《お》い出《だ》して濃度《のうど》をさげることがたいせつになる。最近《さいきん》の都市《とし》ガスは、一定時間以上《いっていじかんいじょう》ガスが出続《でつづ》けないようにして、ガスもれによる事故《じこ》をふせいでいる。

粉《ふん》じん爆発《ばくはつ》

小麦粉《こむぎこ》や砂糖《さとう》、アルミニウムのようなかんたんには燃《も》えそうにないものでも、粉《ふん》じん（細《こま》かい粉末《ふんまつ》）になると燃《も》えることがある。

非常《ひじょう》にちいさい粉《こな》になると、表面積《ひょうめんせき》が大《おお》きくなる。また、空中《くうちゅう》に浮遊《ふゆう》する（浮《う》かんでゆれ動《うご》く）ので酸《さん》素《そ》に十分《じゅうぶん》ふれあうことになり、燃焼《ねんしょう》しやすくなるのだ。

粉末《ふんまつ》が浮遊《ふゆう》しているところに火種《ひだね》があると、急激《きゅうげき》に燃《も》えて爆発《ばくはつ》することもある。炭鉱《たんこう》でもっとも恐《おそ》れられているのは、石炭《せきたん》の粉《こな》による爆発《ばくはつ》だ。

ガラッ
窓《まど》をあけて、
ガスを外《そと》に出《だ》して！
電気《でんき》スイッチの
火花《ひばな》でも、爆発《ばくはつ》が
起《お》きることが
あるよ！

製粉所《せいふんじょ》が
爆発《ばくはつ》したことも
あるんだよ
小麦粉

粉《ふん》じんの表面積《ひょうめんせき》

大《おお》きな積《つ》み木《き》を、たて・横《よこ》・高《たか》さ方向《ほうこう》にそれぞれ半分《はんぶん》ずつに切《き》って8個《こ》のちいさい積《つ》み木《き》にすると、これまで内側《うちがわ》だったところが表面《ひょうめん》として現《あらわ》れる（図《ず》の赤《あか》い部分《ぶぶん》）。体積《たいせき》は同《おな》じでも、バラバラにすると表面積《ひょうめんせき》が2倍《ばい》になる計算《けいさん》だ。もっともっとちいさくしていくと、表面積《ひょうめんせき》はどんどん大《おお》きくなる。粉《ふん》じんは非常《ひじょう》に細《こま》かい粉《こな》なので、表面積《ひょうめんせき》がものすごく大《おお》きい。

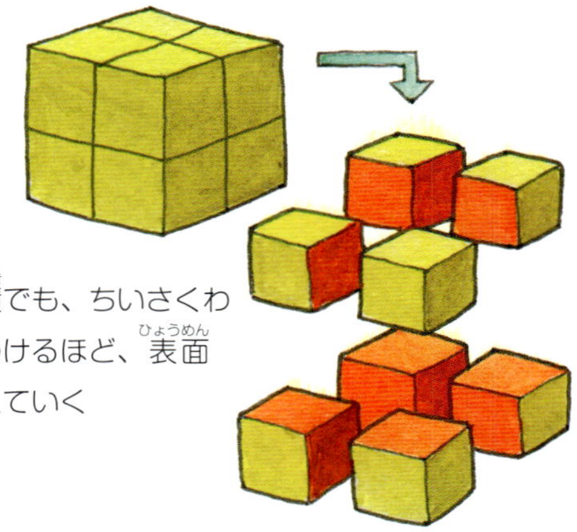

同《おな》じ体積《たいせき》でも、ちいさくわければわけるほど、表面積《ひょうめんせき》がふえていく

●多《おお》くてもすくなくても……

粉《ふん》じん爆発《ばくはつ》が起《お》きるか起《お》きないかは、ある体積中《たいせきちゅう》にどのくらいの粉《ふん》じんがあるかによって決《き》まる。粉《ふん》じんが濃《こ》すぎる（多《おお》すぎる）ときには粉《こな》どうしがくっついてしまうので、酸素《さんそ》とふれる部分《ぶぶん》がすくなくなり、爆発《ばくはつ》は起《お》こりにくくなる。粉《ふん》じんがうすすぎるときには、粉《こな》の粒《つぶ》どうしのあいだが開《ひら》きすぎてしまう。すると、燃焼《ねんしょう》が続《つづ》かないので爆発《ばくはつ》は起《お》きない。

爆発《ばくはつ》を利用《りよう》する

爆発《ばくはつ》はこわいが、これをうまく使《つか》うことで便利《べんり》な装置《そうち》をつくることができる。たとえば自動車《じどうしゃ》のエンジンは、爆発《ばくはつ》のときに出《で》るエネルギーを使《つか》って、車輪《しゃりん》を回転《かいてん》させている。自動車事故《じどうしゃじこ》のときにわたしたちの身《み》を守《まも》ってくれるエアバッグも、爆発《ばくはつ》の力《ちから》を利用《りよう》したものだ。

自動車《じどうしゃ》のエンジンのしくみ（4サイクルエンジン）

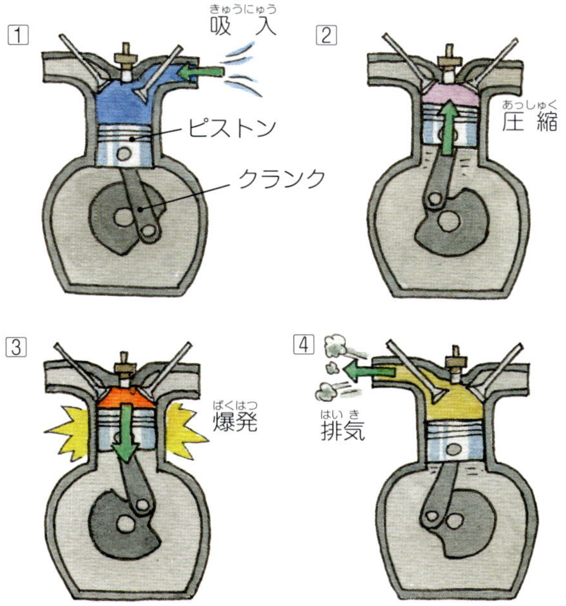

1 **吸入《きゅうにゅう》**　クランクがおりるときにピストンもさがり、右《みぎ》の弁《べん》が開《ひら》く。そこから霧状《きりじょう》になったガソリンと空気《くうき》がなかに入《はい》る。

2 **圧縮《あっしゅく》**　クランクが回転《かいてん》を続《つづ》けると、ピストンがあがる。弁《べん》はしまっているので、ガソリンと空気《くうき》の混合気体《こんごうきたい》が圧縮《あっしゅく》される。

3 **爆発《ばくはつ》**　このとき火花《ひばな》を散《ち》らすと爆発《ばくはつ》が起《お》こり、その衝撃《しょうげき》でピストンがさがる。その力《ちから》で、クランクは回転《かいてん》を続《つづ》ける。

4 **排気《はいき》**　ピストンが上昇《じょうしょう》するとき、左《ひだり》の弁《べん》を開《ひら》くと、なかの気体《きたい》が外《そと》に出《で》る。

3の爆発《ばくはつ》によってピストンの上下運動《じょうげうんどう》が持続《じぞく》するので、1から4が途切《とぎ》れずにくりかえされる。このピストンの上下運動《じょうげうんどう》をクランクをとおして回転運動《かいてんうんどう》に変《か》えて、車輪《しゃりん》を回転《かいてん》させているのだ。

自動車《じどうしゃ》のエアバッグ

事故《じこ》のときにとびだして人間《にんげん》を守《まも》る、エアバッグ。でも、よほどすばやくふくらまないと意味《いみ》がないね。
ここにも爆発《ばくはつ》が使《つか》われている。自動車《じどうしゃ》が急激《きゅうげき》に止《と》まったりしたとき、衝突《しょうとつ》を検出《けんしゅつ》して、なかに入《はい》っている火薬《かやく》を爆発《ばくはつ》させているんだ。爆発《ばくはつ》の大《おお》きな力《ちから》で、一瞬《いっしゅん》にしてバッグをふくらませることができる。事故《じこ》が起《お》きた瞬間《しゅんかん》に大《おお》きくふくらんで人間《にんげん》が受《う》けるショックをやわらげてくれる。
自動車《じどうしゃ》だけでなく、雪崩《なだれ》にまきこまれたときにふくらんで雪《ゆき》の表面《ひょうめん》に浮《う》かんでくるという山岳用《さんがくよう》エアバッグも開発《かいはつ》されている。

ダイナマイト

ニトログリセリンは、すこしの刺激《しげき》で二酸化炭素《にさんかたんそ》、水《みず》（水蒸気《すいじょうき》）、窒素《ちっそ》、酸素《さんそ》になる。このとき体積《たいせき》が爆発的《ばくはつてき》にふえ、大量《たいりょう》の熱《ねつ》が出《で》て大爆発《だいばくはつ》となる。そのためとても危険《きけん》であつかいにくい薬品《やくひん》だったが、アルフレッド・ノーベルがこれをかんたんには爆発《ばくはつ》しないようにくふうして、コントロールできるようにした。それがダイナマイトだ。

「燃《も》える」ということ

ガス爆発《ばくはつ》や粉《ふん》じん爆発《ばくはつ》は、ものがはげしく燃《も》えることによって起《お》こる。でも、そんなこわい燃《も》えかたではなくて、もっと楽《たの》しい燃《も》えかたもいっぱいある。たとえば、夏《なつ》の夜空《よぞら》を焦《こ》がすキャンプファイヤー、寒《さむ》い冬《ふゆ》の日《ひ》の暖炉《だんろ》……など。ところで、「燃《も》える」って、どういうことなんだろう？

身近《みぢか》にあった火《ひ》

太古《たいこ》の昔《むかし》から、人間《にんげん》は火《ひ》を使《つか》ってきた。寒《さむ》い日《ひ》にはたき火《び》をしてあたたまる、食《た》べものを煮《に》たり焼《や》いたりして食《た》べやすくする、明《あ》かりをともす、動物《どうぶつ》から身《み》を守《まも》るなどだ。最近《さいきん》は電気《でんき》で代用《だいよう》することも多《おお》いけれど、台所《だいどころ》のガスコンロ、ろうそくなどはいまでもふつうに使《つか》われているね。でも、火《ひ》はうっかりほかのものに燃《も》え移《うつ》ると火事《かじ》になる危険性《きけんせい》がある。とりあつかいには注意《ちゅうい》が必要《ひつよう》だ。

燃《も》えやすいもの・燃《も》えにくいもの

うすい紙《かみ》などは、かんたんに燃《も》える。大《おお》きい木《き》や生木《なまき》などはなかなか燃《も》えないが、枝《えだ》のように細《ほそ》いものや、カンナくずなどはとてもよく燃《も》える。

燃《も》えないものにはなにがあるだろう。たとえば、鍋《なべ》に入《い》れた水《みず》を火《ひ》にかける。水《みず》は沸騰《ふっとう》して気体《きたい》にはなるけれど、燃《も》えはしない。ものを燃《も》やしたときに出《で》てくる二酸化炭素《にさんかたんそ》も、それ以上《いじょう》は燃《も》えない。だから、たき火《び》などで火《ひ》を使《つか》うときには消《け》すために必《かなら》ず水《みず》を用意《ようい》するし、消火器《しょうかき》のなかには二酸化炭素《にさんかたんそ》が入《はい》っているものもある。どちらも燃《も》えないから、温度《おんど》をさげたり、ものと空気《くうき》（酸素《さんそ》）のあいだに入《はい》りこんで、ものと空気《くうき》がふれあわないようにして火《ひ》を消《け》してくれるのだ。

ものが燃《も》えるための3つの条件《じょうけん》

ものが燃《も》えるためには、3つの条件《じょうけん》がある。どれかひとつでも満《み》たされないときには、ものは燃《も》えない。

ものが全部《ぜんぶ》燃《も》えつきてしまったら、これ以上《いじょう》燃えるものがないので、火《ひ》は消《き》えてしまう。

酸素《さんそ》がないと、ものが燃《も》えることはない。薪《まき》に火《ひ》をつけるときも、風通《かぜとお》しをよくして空気《くうき》（酸素《さんそ》）が通《とお》りやすくしないと燃《も》えないね。

燃《も》えているものを消《け》すときには、水《みず》をかける。水《みず》は、蒸発《じょうはつ》するときに相手《あいて》から熱《ねつ》をいっぱいうばうので、温度《おんど》がさがって火《ひ》が消《き》える。

ものが燃《も》える＝酸化《さんか》

キャンプファイヤーがはじまるまえにはいっぱい積《つ》みあげられていた薪《まき》も、燃《も》え終《お》わると、あとにはほとんどなにものこらない。あんなにあった薪《まき》は、どこにいってしまったのだろう？

ものが燃《も》えるというのは、それが酸素《さんそ》と結《むす》びつく（酸化《さんか》する）ことだ。薪《まき》は、おもに炭素《たんそ》、水素《すいそ》、酸素《さんそ》からできている。薪《まき》のなかにふくまれる炭素《たんそ》は酸素《さんそ》と結《むす》びついて二酸化炭素《にさんかたんそ》に、水素《すいそ》は酸素《さんそ》と結《むす》びついて水《みず》（水蒸気《すいじょうき》）になった。どちらも気体《きたい》なので、空気中《くうきちゅう》に逃《に》げていってしまったのだ。木《き》のなかにほんのすこしふくまれていたカリウムやマグネシウムは、酸素《さんそ》と結《むす》びついても気体《きたい》にはならない。これが、のこった灰《はい》というわけだ。

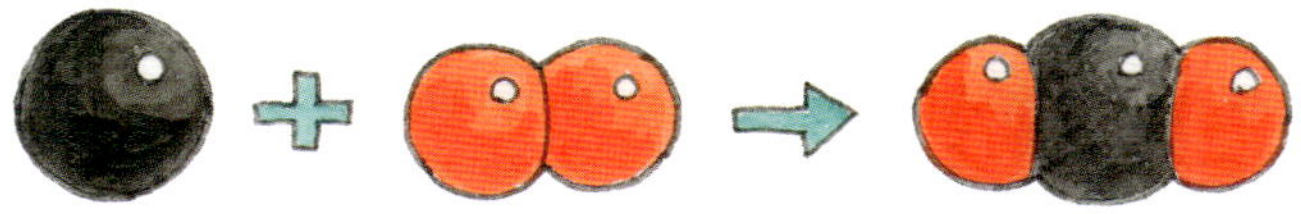

炭素《たんそ》と酸素《さんそ》が結《むす》びつくと、二酸化炭素《にさんかたんそ》ができる

●：炭素《たんそ》　●：酸素《さんそ》

燃《も》えるということは酸素《さんそ》と結《むす》びつくことなので、すでに十分酸素《じゅうぶんさんそ》と結《むす》びついてしまっているものは、もうこれ以上《いじょう》は燃《も》えない。たとえば水《みず》や二酸化炭素《にさんかたんそ》。これらは水素《すいそ》や炭素《たんそ》が酸素《さんそ》と結《むす》びついてできたものなので、ラう燃《も》えない。石《いし》も、おもに珪素《けいそ》というものが酸素《さんそ》と結《むす》びついてできているので、燃《も》えない。

ろうそくに火《ひ》をつけてみよう

ろうそくに火《ひ》をつけたことがあるかな。ふつうは芯《しん》のところに火《ひ》をつけるね。ろうそく本体《ほんたい》を燃《も》やせばよさそうなのに、どうしてそうしないのだろう？

ろうそくの本体《ほんたい》に火《ひ》を近《ちか》づけてみよう。じつは、これでは表面《ひょうめん》のロウがすこしとける程度《ていど》で、ろうそく自体《じたい》は燃《も》えない。前《まえ》のページであげた「ものが燃《も》えるための3つの条件《じょうけん》」が満《み》たされていないからだ。燃《も》えるものはある（[1]）のだが、かたまりになっているので酸素《さんそ》が十分《じゅうぶん》にいきわたっていない（[2]）。また、かたまりなので表面《ひょうめん》が高温《こうおん》になってもすぐにまわりに熱《ねつ》が逃《に》げてしまい、燃焼《ねんしょう》するほど高温《こうおん》にならない（[3]）からだ。

ろうそくの芯《しん》には、かんたんに火《ひ》をつけることができる。でも、本体部分《ほんたいぶぶん》を燃《も》やそうとしても、ろうがすこしとけるだけだ

つぎに、芯《しん》に火《ひ》をつけてみよう。こんどは燃《も》える。細《ほそ》い芯《しん》はすぐに高温《こうおん》になるからだ。また、とけたロウが芯《しん》をのぼっていくから、十分《じゅうぶん》に酸素《さんそ》にふれることになる。燃《も》えるための条件《じょうけん》の3つがすべて満《み》たされているわけだ。

燃《も》えると炎《ほのお》があがる？

ろうそくが燃《も》えるようすをよく見《み》てみよう。芯《しん》の部分《ぶぶん》から炎《ほのお》が出《で》ているのがわかる。いちばん下《した》は固体《こたい》のロウだけど、上《うえ》の部分《ぶぶん》は熱《ねつ》でとけて液体《えきたい》になっている。液体《えきたい》のロウは、芯《しん》の繊維《せんい》のすきまをあがっていって、熱《ねつ》で気体《きたい》のロウになる。ろうそくの炎《ほのお》は、この気体《きたい》のロウが燃《も》えてできている。炎《ほのお》のなかでは、ロウの成分《せいぶん》の炭素《たんそ》や水素《すいそ》が空気中《くうきちゅう》の酸素《さんそ》と結《むす》びついて、二酸化《にさんか》炭素《たんそ》や水蒸気《すいじょうき》が放出《ほうしゅつ》されている。

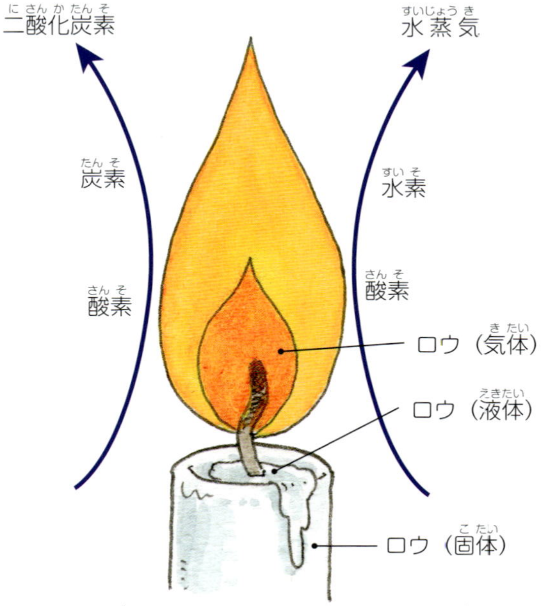

ろうそくが燃《も》えるときのようす。ろうそくに火《ひ》をつけると、炎《ほのお》のまわりの空気《くうき》が熱《ねっ》せられて上《うえ》にのぼり、下《した》からは新《あら》たに空気《くうき》が供給《きょうきゅう》される（あたえられる）。この循環《じゅんかん》で、ろうそくは燃《も》えつづける

炎《ほのお》の内側《うちがわ》の部分《ぶぶん》は黄色《きいろ》く輝《かがや》いて見《み》える。いちばんはっきり見《み》える部分《ぶぶん》だけれど、じつはここでは酸素《さんそ》の供給《きょうきゅう》が追《お》いつかず、炭素《たんそ》がススになっている。そのススが、高温《こうおん》のため黄色《きいろ》い光《ひかり》を発《はっ》しているのだ。

じゃあ、たき火《び》の場合《ばあい》はどうだろう。薪《まき》も、すぐには燃《も》えない。燃《も》やすためには、新聞紙《しんぶんし》や小枝《こえだ》、枯葉《かれは》など燃《も》えやすいものを薪《まき》の下《した》において、それを燃《も》やす。枯葉《かれは》などが燃《も》えて十分《じゅうぶん》に高温《こうおん》になると、薪《まき》にも火《ひ》が燃《も》え移《うつ》っていくが、そのときに木《き》のなかにふくまれる可燃《かねん》性《せい》ガス（木《もく》ガスという）が燃《も》え、あのような大《おお》きな炎《ほのお》ができるのだ。

炎《ほのお》が終《お》わったあとも薪《まき》は赤《あか》くチラチラと燃《も》え続《つづ》けている。それは、ガス成分《せいぶん》が燃《も》えつきてしまったが、まだ薪《まき》の固体部分《こたいぶぶん》が燃《も》え続《つづ》けているようすだ。固体《こたい》が燃《も》えているときには、炎《ほのお》は出《で》ない。

炎《ほのお》が出《で》ない、炭《すみ》の不思議《ふしぎ》

ふだんの生活《せいかつ》のなかではあまり見《み》ることがなくなったけれど、野外《やがい》でのバーベキューや寒《さむ》い地方《ちほう》での暖房《だんぼう》に、炭《すみ》（木炭《もくたん》）の存在《そんざい》は欠《か》かせない。

この炭《すみ》を燃《も》やしても、炎《ほのお》はほとんど出《で》ないし、ススやけむりも出《で》ない。これには、炭《すみ》の「つくりかた」が大《おお》きく関係《かんけい》している。

炭《すみ》をつくるときには、材料《ざいりょう》となる薪《まき》を土《つち》でおおうなどして酸素《さんそ》が入《はい》らないようにし、高温《こうおん》で蒸《む》すようにする。こうすることで、薪《まき》のなかにふくまれていた可燃性《かねんせい》ガスや水分《すいぶん》を外《そと》に追《お》い出《だ》してしまうのだ。そして、最後《さいご》にのこったものが純粋《じゅんすい》な炭《すみ》ということになる。

キャンプなどで、薪《まき》でごはんを炊《た》くとなべの底《そこ》がススでまっ黒《くろ》になるが、ていねいにつくられた純度《じゅんど》の高《たか》い炭《すみ》を使《つか》えば、そんなことは起《お》こらない。

炎《ほのお》のかたち

左《ひだり》は、ふつうにろうそくに火《ひ》をつけたときのかたち。では、右《みぎ》は？　これは、スペースシャトルのなかでろうそくを燃《も》やす実験《じっけん》をしたときの、炎《ほのお》のかたちだ。宇宙空間《うちゅうくうかん》をとぶスペースシャトルのなかでろうそくに火《ひ》をつけると、こんな炎《ほのお》が出《で》て、じきに消《き》えてしまうらしい。

ふつう、ろうそくに火《ひ》がつくと、炎《ほのお》のまわりの空気《くうき》が熱《ねっ》せられて軽《かる》くなり、上《うえ》のほうにのぼっていく。つまり、上向《うわむ》きの空気《くうき》の流《なが》れができる。この流《なが》れに乗《の》って、ロウの気体《きたい》も上《うえ》にのぼっていく。地上《ちじょう》でのろうそくの炎《ほのお》はどんどん上《うえ》に向《む》かってのぼっていることが、そのかたちからわかる。

あたたまった空気《くうき》が上《うえ》のほうにいってしまうと、炎《ほのお》の下《した》のほうは空気《くうき》がすくなくなる。すると、まわりから新《あたら》しく空気《くうき》が入《はい》るので、酸素《さんそ》が供給《きょうきゅう》される。だから、ろうそくは燃《も》え続《つづ》けるのだ。

スペースシャトル内《ない》は、無重力《むじゅうりょく》の世界《せかい》。重《おも》さがないから、あたためられた空気《くうき》と冷《つめ》たい空気《くうき》のあいだには、重《おも》さのちがいができない。だから上向《うわむ》きの空気《くうき》の流《なが》れが起《お》きず、炎《ほのお》は丸《まる》くなってしまう。空気《くうき》の流《なが》れができないということは、まわりからの新《あたら》しい空気《くうき》の供給《きょうきゅう》もないことになる。そこでろうそくは、炎《ほのお》のすぐそばにある酸素《さんそ》を使《つか》いはたすと消《き》えてしまうのだ。

金属《きんぞく》だって燃《も》える

紙《かみ》や木《き》は燃《も》えるけれど、鉄《てつ》などの金属《きんぞく》は燃《も》えないと思《おも》っていないかな？　もちろん、金属《きんぞく》のかたまりは、そのままでは燃《も》えない。酸素《さんそ》とふれあう部分《ぶぶん》がすくないし（燃焼《ねんしょう》の条件《じょうけん》[2]）、金属《きんぞく》は熱《ねつ》を伝《つた》えやすいので、熱《ねっ》してもすぐに熱《ねつ》がまわりに逃《に》げてしまい、温度《おんど》があがらない（燃焼《ねんしょう》の条件《じょうけん》[3]）からだ。

しかし、金属《きんぞく》でも、細《ほそ》くして酸素《さんそ》とふれやすくすると燃《も》える！　酸素《さんそ》はいろんなものを燃《も》やすのだ。

●台所《だいどころ》で使《つか》うスチールウールを燃《も》やしてみよう

〈用意《ようい》するもの〉

1cm角《かく》の角材《かくざい》1m、糸《いと》、針金《はりがね》、スチールウール4個《こ》、天《てん》ぷら用《よう》アルミガード　マッチ　水《みず》を入《い》れたバケツ

〈実験《じっけん》の方法《ほうほう》〉

①スチールウールはほぐしておく
②角材《かくざい》のまんなかに糸《いと》、両端《りょうたん》に針金《はりがね》をつけて天秤棒《てんびんぼう》にする
③両端《りょうたん》の針金《はりがね》にスチールウールを2個《こ》ずつつけ、糸《いと》をもったときに天秤棒《てんびんぼう》が平《たい》らになるようにスチールウールの位置《いち》を調節《ちょうせつ》する。平《たい》らになったら動《うご》かないように、セロテープでとめる。スチールウールがはずれないように、端《はし》から2～3cm内側《うちがわ》をしっかり針金《はりがね》にひっかけること
④アルミガードを下《した》に敷《し》く（スチールウールが落《お》ちても危険《きけん》がないように）
⑤片方《かたほう》のスチールウールに火《ひ》をつける。いろいろなところに火《ひ》をつけ、完全《かんぜん》に燃《も》えるようにする
⑥天秤棒《てんびんぼう》がどちらに傾《かたむ》くか、ようすを見《み》る

スチールウールは鉄《てつ》を細《ほそ》い糸状《いとじょう》にしたもの。火《ひ》をつけると、チラチラと赤《あか》くなって燃《も》えた。鉄《てつ》も、燃《も》えるということがわかったね。でも、その燃《も》えかたは、木《き》の場合《ばあい》とはずいぶんちがう。まず、炎《ほのお》があがらない。また、木《き》の場合《ばあい》は燃《も》えカスがほんのすこしで、最初《さいしょ》の重《おも》さよりもずっと軽《かる》くなったが、スチールウールでは黒《くろ》いふわふわしたものがのこっていて、つりあわせた天秤棒《てんびんぼう》が、燃《も》やしたほうの側《がわ》がさがった。つまり、燃《も》えて重《おも》くなったということだ。

注意《ちゅうい》：天秤棒《てんびんぼう》は大人《おとな》がもってください。火《ひ》をつけると天秤棒《てんびんぼう》がまわることがあるので、腕《うで》の短《みじか》い子《こ》どもでは危険《きけん》です。また、実験後《じっけんご》もまだなかのほうが燃《も》えていることがあるので、最後《さいご》は水《みず》に沈《しず》めて完全《かんぜん》に火《ひ》を消《け》してください。

金属《きんぞく》と色《いろ》

金属《きんぞく》をふくんだ物質《ぶっしつ》を燃《も》やすと、ふくまれる金属《きんぞく》によってそれぞれ決《き》まった色《いろ》が出《で》る。これは、P.42で紹介《しょうかい》した花火《はなび》の色《いろ》つけに利用《りよう》されている。チラシ広告《こうこく》のような色《いろ》つきの紙《かみ》を燃《も》やしたときにも炎《ほのお》に赤《あか》や緑《みどり》の色《いろ》がつくことがあるが、インクに金属《きんぞく》がふくまれているからだ。同《おな》じように薪《まき》を燃《も》やしたときも、赤《あか》い炎《ほのお》がチラチラすることがある。この色《いろ》は、木《き》のなかにほんのすこしふくまれている金属《きんぞく》が出《だ》している。

軽《かる》くなる？　重《おも》くなる？

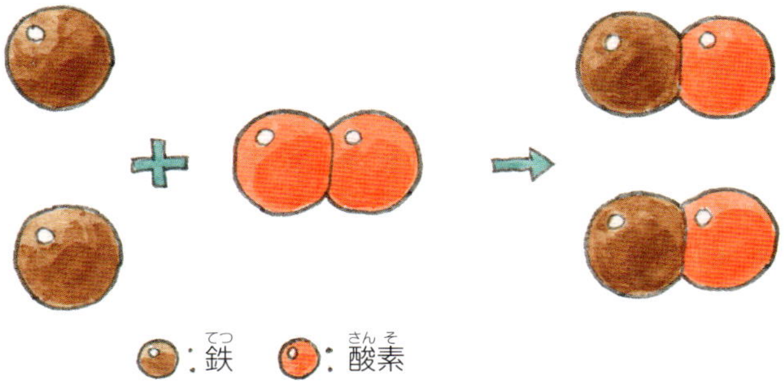

鉄《てつ》と酸素《さんそ》が結《むす》びついて、酸化鉄《さんかてつ》になる

　紙《かみ》や木《き》が燃《も》えたあとはぐっと軽《かる》くなる。ものが燃《も》えるときにできる二酸化炭素《にさんかたんそ》や水蒸気《すいじょうき》は気体《きたい》なので、外《そと》に逃《に》げてしまうからだ。

　一方《いっぽう》、スチールウール（鉄《てつ》）を燃《も》やしたあとには黒《くろ》っぽいものがのこるが、この重《おも》さをはかってみると、燃《も》やすまえよりも重《おも》くなっている。燃《も》やしてできたものは、鉄《てつ》さび、つまり鉄《てつ》に酸素《さんそ》がくっついたもの（酸《さん》化鉄《かてつ》）だ。燃《も》えるということは、酸素《さんそ》がくっつくことだったね。炭素《たんそ》に酸素《さんそ》がくっついた場合《ばあい》は気体《きたい》の二酸化炭素《にさんかたんそ》になるが、鉄《てつ》に酸素《さんそ》がくっつくと酸化鉄《さんかてつ》というものになる。酸化鉄《さんかてつ》は固体《こたい》なので、そのままのこる。そして酸素《さんそ》がくっついたぶんだけ重《おも》くなったのだ。

体《からだ》のなかでも燃《も》えている？

　生《い》きものも、酸化《さんか》によって発生《はっせい》する熱《ねつ》のエネルギーを利用《りよう》している。まず、ものを食《た》べて、養分《ようぶん》（糖質《とうしつ》やアミノ酸《さん》）を体内《たいない》にとりこむ。また呼吸《こきゅう》によって酸素《さんそ》をとりこむ。この酸素《さんそ》が養分《ようぶん》を燃《も》やして（酸化《さんか》して）、発熱《はつねつ》する。生《い》きものは、出《で》てきた熱《ねつ》を体温維持《たいおんいじ》のために使《つか》ったり、運動《うんどう》するエネルギー源《げん》として使《つか》ったりしているのだ。糖質《とうしつ》やアミノ酸《さん》が燃《も》えると二酸化炭素《にさんかたんそ》や水《みず》、アンモニアなどが生《しょう》じる。これらはもう不要《ふよう》なので、二酸化炭素《にさんかたんそ》は呼気《こき》（はく息《いき》）として外《そと》に捨《す》てているし、水《みず》やアンモニアは汗《あせ》や尿《にょう》として排出《はいしゅつ》している。

　運動《うんどう》をすると、エネルギーがたくさん必要《ひつよう》になる。それには酸素《さんそ》がいっぱい必要《ひつよう》だ。だからたくさんの酸素《さんそ》をとりこもうとして呼吸《こきゅう》や脈拍《みゃくはく》がはやくなる。また、それだけエネルギーが出《で》るので、体《からだ》が熱《あつ》くなる。だから運動《うんどう》をしたときには体温調節《たいおんちょうせつ》のために汗《あせ》もかくのだ。

酸化《さんか》と還元《かんげん》

　ものが酸素《さんそ》と結《むす》びつくことを「酸化《さんか》」という。逆《ぎゃく》に酸素《さんそ》をふくんでいたものから酸素《さんそ》がなくなることを「還元《かんげん》」という。

　いろいろな物質《ぶっしつ》のなかでも酸素《さんそ》はとくに活動的《かつどうてき》で、なんにでもくっつこうとする。たとえば、原子《げんし》Ａに酸素《さんそ》がついていたとする。でも、もっと酸素《さんそ》とくっつきやすい原子《げんし》Ｂが現《あらわ》れると、酸素《さんそ》はＡからはなれてＢにくっついてしまう。このとき、Ｂのほうは酸素《さんそ》がくっついたので「酸《さん》化《か》」されたという。Ａは、酸素《さんそ》がなくなったので「還元《かんげん》」されたという。

「燃《も》える」と「錆《さ》びる」は親戚《しんせき》？

「燃《も》える」ということは、酸素《さんそ》とくっつくということ（酸化《さんか》）。そして「錆《さ》びる」こともやっぱり、酸素《さんそ》とくっつくことだ。ということは、「燃《も》える」と「錆《さ》びる」は同《おな》じこと？

「燃《も》える」は熱《ねつ》をともなう急激《きゅうげき》な酸化《さんか》、「錆《さ》びる」はゆっくりした酸化《さんか》

十分《じゅうぶん》な量《りょう》の酸素《さんそ》にふれていて、しかも高温《こうおん》になると鉄《てつ》も燃《も》えることがわかった。だが、この条件《じょうけん》がととのわないところに釘《くぎ》や包丁《ほうちょう》などをおいていても、燃《も》えることはない。ただし、ずっとほうっておくと、ゆっくりと空気中《くうきちゅう》の酸素《さんそ》と結《むす》びついて（酸化《さんか》）、茶色《ちゃいろ》くボロボロになってくる。これを「錆《さ》びる」という。

「燃《も》える」のも酸化《さんか》で「錆《さ》びる」のも酸化《さんか》。ふたつは親戚《しんせき》みたいなものだ。それでは「燃《も》える」と「錆《さ》びる」とはどうちがうのだろうか？

「燃《も》える」というのは急激《きゅうげき》な酸化《さんか》で、同時《どうじ》に光《ひかり》や熱《ねつ》を放出《ほうしゅつ》する。いっぽう、「錆《さ》びる」ときは光《ひかり》は出《で》ないし、反応《はんのう》はもっとゆっくりすすんでいる。鉄《てつ》の酸化《さんか》反応《はんのう》では熱《ねつ》が出《で》るので、燃《も》えたあとの鉄《てつ》はとても熱《あつ》い。錆《さ》びるときも鉄《てつ》の酸化《さんか》による熱《ねつ》は出《で》ているはずだ。でも反応《はんのう》がとてもゆっくりなので熱《ねつ》の発生《はっせい》もすこしずつだから、すぐにまわりに逃《に》げだしてしまい、わたしたちは気《き》がつかない。

食品《しょくひん》も、長《なが》くおいておくと酸化《さんか》する。これを「錆《さ》びる」とはいわないが、同《おな》じことだ。食《た》べものは新鮮《しんせん》なうちに食《た》べたほうがいい。

あ、錆《さ》びちゃってる！これじゃ使《つか》いものにならないね
あ、こっちも錆《さ》びちゃってる！
油《あぶら》が酸化《さんか》してまずくなっちゃった
ペッ
ポテトチップス
2013.8.31

いちばん錆《さ》びにくい金属《きんぞく》

金《きん》はいつもピカピカできれいだね。その金《きん》が指輪《ゆびわ》やイヤリングなどのアクセサリーに使《つか》われるのは、金属《きんぞく》のなかでいちばん錆《さ》びにくいからだ。体《からだ》にじかにつけることが多《おお》いアクセサリーには汗《あせ》の水分《すいぶん》や塩分《えんぶん》がつくので、鉄《てつ》だったらすぐに錆《さ》びて、きたなくなってしまうだろう。金《きん》は、めっきとしてもいろいろなところで使《つか》われている。

酸素《さんそ》はじゃまもの？

　酸素《さんそ》は、ものを燃《も》やしたりあたためたり、体《からだ》を動《うご》かすエネルギーをつくりだしたりと、わたしたちの生活《せいかつ》にとってとても重要《じゅうよう》なものだ。でも、活動的《かつどうてき》な酸素《さんそ》はなにとでもくっつきやすい（酸化《さんか》させて、ものを錆《さ》びつかせる）。これはものが変質《へんしつ》してしまうことなので、こまることも多《おお》い。錆《さ》びたものは使《つか》えなくなってしまうし、食《た》べものの場合《ばあい》は味《あじ》が悪《わる》くなったり有害物質《ゆうがいぶっしつ》ができることもある。錆《さ》びるというのは酸素《さんそ》と結《むす》びつくことだから、ものを錆《さ》びないようにするには、空気《くうき》（酸素《さんそ》）にふれないようにすればいい。だが、酸素《さんそ》は空気中《くうきちゅう》にふつうに存在《そんざい》しているので、ふれないようにするためにはなんらかのくふうが必要《ひつよう》だ。

●錆《さ》びにくくするくふう

錆《さ》びやすい金属《きんぞく》の表面《ひょうめん》を別《べつ》の錆《さ》びにくい金属《きんぞく》でおおってしまう「めっき」は、そんなくふうのひとつだ。金《きん》めっきはアクセサリーなど装飾品《そうしょくひん》のほか、錆《さ》びてはこまる電子部品《でんしぶひん》にも使《つか》われている。鉄《てつ》にスズをめっきした「ブリキ」はバケツやおもちゃなどに使《つか》われている。また、表面《ひょうめん》が空気《くうき》にふれないように油《あぶら》を塗《ぬ》ったり、ペンキを塗《ぬ》ったりするのも効果的《こうかてき》だね。
そして、もっとかんたんなやりかたもある。それは、使《つか》い終《お》わったらすぐによごれを落《お》として、よくかわかしてからしまうこと。水分《すいぶん》や塩分《えんぶん》がのこっていると酸化《さんか》が起《お》こりやすくなるので、ものが錆《さ》びやすくなる。

●食《た》べものを酸化《さんか》させないくふう

食品《しょくひん》を酸素《さんそ》にふれさせないためには、袋《ふくろ》づめにしてなかの酸素《さんそ》をなくしてやればいい。これには、以下《いか》で見《み》るような方法《ほうほう》がある。ただし、中身《なかみ》が酸素《さんそ》にふれないのは、袋《ふくろ》をあけるまで。袋《ふくろ》をあければ空気《くうき》がなかに入《はい》って、酸化《さんか》がはじまってしまう。一度封《いちどふう》を切《き》ったものは、はやめに食《た》べてしまうようにしよう。

真空《しんくう》パック
真空《しんくう》パックは、袋《ふくろ》のなかの空気《くうき》を抜《ぬ》いて、食品《しょくひん》が酸素《さんそ》にふれないようにする。空気《くうき》を抜《ぬ》くので、ピタッとしている。

窒素充填《ちっそじゅうてん》
袋《ふくろ》のなかに窒素《ちっそ》を入《い》れて、酸素《さんそ》を追《お》い出《だ》してやる。窒《ちっ》素《そ》ガスが入《はい》っているので、袋《ふくろ》はふくらんでいる。

これは
食《た》べられ
ないね
たべられ
ません
せんべい

脱酸素剤《だつさんそざい》

袋《ふくろ》のなかに脱酸素剤《だつさんそざい》を入《い》れて、食品《しょくひん》と酸素《さんそ》が結《むす》びつくまえに酸素《さんそ》をうばってしまう。脱酸素剤《だつさんそざい》の中身《なかみ》は鉄《てつ》の粉《こな》だ。酸素《さんそ》と結《むす》びついて酸化鉄《さんかてつ》になる反応《はんのう》で、袋《ふくろ》のなかの酸素《さんそ》を使《つか》いきってしまう。

酸化防止剤《さんかぼうしざい》

ビタミンCはアスコルビン酸《さん》という酸《さん》で、とても酸化《さんか》されやすい。自分《じぶん》が酸化《さんか》されるときにまわりの食品《しょくひん》から酸素《さんそ》をうばうことで、食品《しょくひん》の酸化《さんか》をふせいでいる。ビタミンCは食《た》べられるので、飲料《いんりょう》、保存食《ほぞんしょく》など多《おお》くの食品《しょくひん》に加《くわ》えられている。

体《からだ》も酸化《さんか》される

わたしたちは、呼吸《こきゅう》によって酸素《さんそ》をとりいれ、これを使《つか》って養分《ようぶん》を燃《も》やして（酸化《さんか》）、エネルギーを得《え》ている。酸素《さんそ》は体《からだ》にとってはなくてはならないものだ。でも、酸素《さんそ》はとても活動的《かつどうてき》なので、体《からだ》のなかのほかのもの、とくに細胞膜《さいぼうまく》や細胞脂質《さいぼうししつ》と結《むす》びついて体《からだ》に有害《ゆうがい》な過酸化物《かさんかぶつ》をつくってしまう。

人《ひと》の体《からだ》は酸化《さんか》を防止《ぼうし》する物質《ぶっしつ》をもっているのでふだんは大《だい》丈夫《じょうぶ》だが、年《とし》をとるにしたがってその物質《ぶっしつ》はだんだんすくなくなっていく。すると過酸化物《かさんかぶつ》がふえ、しわやシミの原因《げんいん》となったり、ガンや動脈硬化《どうみゃくこうか》、白内障《はくないしょう》などの病気《びょうき》の引《ひ》き金《がね》にもなる。これが「老化《ろうか》」だ。

新鮮《しんせん》な野菜《やさい》やくだものに入《はい》っているビタミンCは、体《からだ》を錆《さ》びつかせない。老化防止《ろうかぼうし》に効果《こうか》があるよ！

野菜《やさい》の
ビタミンCで、
老化《ろうか》をふせごう！

錆《さ》びない鉄《てつ》——ステンレス

鉄《てつ》が錆《さ》びやすいことはまえのページで見《み》てきたが、鉄《てつ》にクロムという金属《きんぞく》を10.5%以上《いじょう》混《ま》ぜて合金《ごうきん》（2つ以上《いじょう》の金属《きんぞく》を混《ま》ぜあわせてつくった金属《きんぞく》）にすると、錆《さ》びにくい金属《きんぞく》ができる。この合金《ごうきん》は、鉄《てつ》が酸素《さんそ》と結《むす》びつくまえにクロムが酸素《さんそ》をうばってしまい、表面《ひょうめん》に非常《ひじょう》にうすくてきめ細《こま》かい酸化膜《さんかまく》をつくる。膜《まく》が全体《ぜんたい》をおおうので、鉄《てつ》と酸素《さんそ》がふれることはない。だから錆《さ》びないのだ。

この金属《きんぞく》は、英語《えいご》で、ステン（錆《さ》び）レス（ない）スチール（鉄《てつ》）とよばれている。

あたたかくなる化学《かがく》カイロのひみつ

寒《さむ》いときにかんたんに使《つか》えて便利《べんり》なのが、化学《かがく》カイロ（携帯《けいたい》カイロ）。これもまた、「酸化《さんか》」を利用《りよう》して熱《ねつ》をつくりだしている。そのしくみを見《み》てみよう。

酸化《さんか》されると熱《ねつ》が出《で》る

あたたかいねぇ
寒《さむ》い日《ひ》には、
これが
手放《てばな》せないね

ものが酸化《さんか》されるときには、そこに熱《ねつ》が出《で》る。化学反応《かがくはんのう》によって、一部《いちぶ》が熱《ねつ》エネルギーに変《か》わるからだ（P.77 の「水素爆発《すいそばくはつ》のしくみ」を見《み》てね）。でも、燃《も》えるほど急激《きゅうげき》な酸化《さんか》だと熱《あつ》くなってしまうし、錆《さ》びる程度《ていど》のゆっくりとした酸化《さんか》ではほとんど熱《ねつ》が感《かん》じられない。酸化《さんか》のスピードをうまく調節《ちょうせつ》すれば、ちょうどいい暖《あたた》かさが得《え》られるだろう。

化学《かがく》カイロは、ものが酸化《さんか》されるときに生《う》まれる熱《ねつ》エネルギーの量《りょう》をコントロールすることで、ちょうどいい暖《あたた》かさになるようにくふうされている。

化学《かがく》カイロのしくみとくふう

下《した》の絵《え》は、化学《かがく》カイロのしくみを紹介《しょうかい》したものだ。材料《ざいりょう》には鉄粉《てっぷん》や水《みず》、塩《しお》などが使《つか》われている。そして、中身《なかみ》だけじゃなくて、パッケージとして使《つか》われている外袋《そとぶくろ》にもちゃんと役割《やくわり》があることがわかる。

内袋《うちぶくろ》

通常《つうじょう》のタイプは空気《くうき》をとおさない不織《ふしょく》布《ふ》でできている。そのままでは空気《くうき》が入《はい》らないので、ちいさな穴《あな》がいくつもあけられている。貼《は》るタイプのものには空気《くうき》の透過《とうか》（通《とお》り抜《ぬ》ける）量《りょう》をコントロールする特殊《とくしゅ》な不織布《ふしょくふ》が使《つか》われている。

あったか

外袋《そとぶくろ》

カイロは、空気《くうき》にふれるとすぐに発熱《はつねつ》がはじまって、一定《いってい》時間《じかん》をすぎると使《つか》えなくなって（熱《ねつ》が出《で》なくなって）しまう。使用《しよう》するまえからそのような状態《じょうたい》にならないように、外袋《そとぶくろ》には空気《くうき》が入《はい》らないように特殊《とくしゅ》なフィルムが使《つか》われている。

中身《なかみ》

いちばん多《おお》いのが、酸化反応《さんかはんのう》で（錆《さ》びて）熱《ねつ》を出《だ》すための鉄粉《てっぷん》（かたまりだとなかなか酸《さん》化《か》されないので、細《こま》かい粉《こな》になっている）で、それに酸化《さんか》をはやめるための水《みず》や塩《しお》が入《はい》っている。また、水分《すいぶん》で袋《ふくろ》のなかがベトベトにならないように保水《ほすい》の役割《やくわり》をする人工《じんこう》の土《つち》も入《い》れられている。

※これまでのカイロは、鉄粉《てっぷん》と食塩水《しょくえんすい》は別《べつ》べつにしておいて、使《つか》うときにもむことで両者《りょうしゃ》が混《ま》ざって反応《はんのう》がはじまるしくみになっていた。最近《さいきん》の「貼《は》るカイロ」は、鉄粉《てっぷん》と食塩水《しょくえんすい》が袋《ふくろ》のなかですでに均一《きんいつ》に混《ま》ざっており、封《ふう》をあけて酸素《さんそ》とふれるとすぐに反応《はんのう》がはじまるようになっている。

光《ひか》る

大《おお》きな爆発《ばくはつ》のときには、熱《ねつ》、爆風《ばくふう》、音《おと》だけでなく、光《ひかり》も発生《はっせい》している。たき火《び》やろうそくが燃《も》えているときも、光《ひかり》と熱《ねつ》が出《で》ている。しばしば熱《ねつ》といっしょに出《で》る光《ひかり》。光《ひかり》ってどういうものなのだろう？

光《ひか》るということ

わたしたちのまわりには、さまざまな光《ひかり》がある。そしてわたしたちの目《め》にとどく光《ひかり》には、大《おお》きく2種類《しゅるい》がある。ひとつはあるものが出《だ》している光《ひかり》が直接《ちょくせつ》とどくもの、もうひとつは、なにかが発《はっ》した光《ひかり》が別《べつ》のなにかにぶつかって反射《はんしゃ》してとどくものだ。

きれいだねぇ
あ、北斗七星《ほくとしちせい》！
自分《じぶん》で光《ひか》っているものは、暗《くら》いところでも見《み》えるね

光《ひかり》はエネルギー

おなかがすくと、なにかをしようと思《おも》っても力《ちから》が出《で》ない。これが、エネルギーがなくなった状態《じょうたい》。ごはんを食《た》べると、また元気《げんき》になってあそびまわれるようになる。ごはんからエネルギーをもらったのだ。エネルギーは、ものを動《うご》かしたり、なんらかの仕事《しごと》をするときに使《つか》われる。自然界《しぜんかい》を動《うご》かすお金《かね》のようなものだ。

エネルギーには、運動《うんどう》エネルギー、電気《でんき》エネルギー、熱《ねつ》エネルギー、化学《かがく》エネルギーなどがある。そして、光《ひかり》もまたエネルギーの仲間《なかま》だ。

●エネルギーの変身《へんしん》

上《うえ》にあげたエネルギーはどれも、別《べつ》の種類《しゅるい》のエネルギーに変身《へんしん》することができる。たとえば、こんなぐあいに。

運動《うんどう》エネルギーから熱《ねつ》エネルギーへ

高速《こうそく》で走《はし》っていた車《くるま》が急《きゅう》ブレーキをかけてとまると、タイヤが摩擦《まさつ》で熱《あつ》くなる。これは、運動《うんどう》エネルギーが熱《ねつ》エネルギーに変《か》わったから。

光《ひかり》エネルギーから熱《ねつ》エネルギーへ

冬《ふゆ》でも太陽《たいよう》の光《ひかり》をしばらくあびているとあたたかくなる。これは、光《ひかり》エネルギーが熱《ねつ》エネルギーに変《か》わったから。

化学《かがく》エネルギーから熱《ねつ》エネルギーへ

P.81で見《み》たように、木《き》が燃《も》えるのは酸化《さんか》（化学反応《かがくはんのう》）だが、その結果《けっか》、化学《かがく》エネルギーが熱《ねつ》エネルギーに変《か》わって熱《あつ》くなる。

運動《うんどう》エネルギーから電気《でんき》エネルギーへ

風力発電《ふうりょくはつでん》では、風《かぜ》の運動《うんどう》エネルギーを電気《でんき》エネルギーに変《か》える。風車《ふうしゃ》の羽《はね》がまわるとそれに連動《れんどう》して回転軸《かいてんじく》がまわり、その動《うご》きで発電機《はつでんき》を動《うご》かして電気《でんき》をつくる。

光《ひかり》エネルギーから電気《でんき》エネルギーへ

太陽光発電《たいようこうはつでん》は、太陽《たいよう》からとどいた光《ひかり》のエネルギーを電気《でんき》のエネルギーに変《か》える。

高温《こうおん》で、光《ひか》る

ものは、非常《ひじょう》に高《たか》い温度《おんど》になると、熱《ねつ》としてだけでなく光《ひかり》としてもエネルギーを放出《ほうしゅつ》する。

太古《たいこ》の昔《むかし》から、人間《にんげん》はものを燃《も》やして高温《こうおん》にしたときに出《で》る光《ひかり》を、明《あ》かりとして利用《りよう》してきた。電球《でんきゅう》はなにかを燃《も》やしているのではないけれど、なかに入《はい》っている金属線《きんぞくせん》に電気《でんき》をとおして発熱《はつねつ》させ、高温《こうおん》にして光《ひか》らせている。さわるととても熱《あつ》いのは、その熱《ねつ》のせいだ。

また、太陽《たいよう》をふくめて夜空《よぞら》に光《ひか》る恒星《こうせい》（月《つき》や惑星《わくせい》は恒星《こうせい》ではない。これは自分《じぶん》で光《ひか》っているのではなく、太陽《たいよう》の光《ひかり》を反射《はんしゃ》して光《ひか》っている）はどれも高温《こうおん》で燃《も》えている。たとえば、太陽《たいよう》の中心温度《ちゅうしんおんど》は1500万《まん》℃。外側《そとがわ》の、いちばん温度《おんど》が低《ひく》い部分《ぶぶん》でも6000℃もある。ここから四方八方《しほうはっぽう》に強《つよ》い光《ひかり》がまき散《ち》らされている。まぶしく輝《かがや》いているので、見《み》つめると目《め》を焼《や》かれてしまう。

太陽以外《たいよういがい》の恒星《こうせい》には、太陽《たいよう》よりもずっと高温《こうおん》で燃《も》えているものもある。しかし、光《ひかり》はずっと弱《よわ》いし、熱《あつ》そうな感《かん》じもぜんぜんしない。それは、地球《ちきゅう》からずっとずっと遠《とお》くにあるからだ。太陽《たいよう》から出《で》た光《ひかり》は8分《ぷん》くらいで地上《ちじょう》にとどくのにたいして、いちばん近《ちか》い恒星《こうせい》（ケンタウルス座《ざ》の α《アルファ》 星《せい》）でも、光《ひかり》が地球《ちきゅう》にとどくまでには4年《ねん》以上《いじょう》もかかる。もしも高温《こうおん》を出《だ》す巨大《きょだい》な星《ほし》が地球《ちきゅう》のすぐそばにあったら、わたしたちは燃《も》えつきてしまって存在《そんざい》できなかっただろう。

熱《あつ》くない光《ひかり》

初夏《しょか》の風物詩《ふうぶつし》のひとつ、ホタル。ホタルは、お尻《しり》の部分《ぶぶん》から光《ひかり》を出《だ》している。はたしてこの光《ひかり》、高温《こうおん》なのだろうか？　いや、ホタルにさわっても、熱《あつ》くないね。高温《こうおん》だったら、ホタル自身《じしん》が熱《ねつ》で死《し》んでしまう。

ホタルは体《からだ》のなかにルシフェリンという分子《ぶんし》をもっている。この分子《ぶんし》は酸化反応《さんかはんのう》によって熱《ねつ》ではなく光《ひかり》を出《だ》して光《ひか》っているのだ。

光《ひかり》の色《いろ》で、温度《おんど》がわかる

家庭《かてい》で使《つか》われている電熱器《でんねつき》は、スイッチを入《い》れてまだ熱《あつ》くなりはじめは赤《あか》っぽい光《ひかり》だが、熱《あつ》くなってくると黄色《きいろ》から白《しろ》っぽい色《いろ》になる。温度《おんど》とともに、出《で》てくる光《ひかり》の色《いろ》が変《か》わってくるのがわかる。

夜空《よぞら》の星《ほし》も、よく見《み》ると、青白《あおじろ》いもの、黄色《きいろ》いもの、赤《あか》っぽいものと、色《いろ》がちがっていることに気《き》づく。これは、その星《ほし》の表面《ひょうめん》の温度《おんど》がちがっているからだ。低温《ていおん》の星《ほし》は赤《あか》っぽく見《み》え、温度《おんど》があがるにしたがって、黄色《きいろ》から青白《あおじろ》い色《いろ》に変《か》わっていく。

おもな星《ほし》とその表面温度《ひょうめんおんど》

星《ほし》の名前《なまえ》	星座《せいざ》	星《ほし》の色《いろ》	表面温度《ひょうめんおんど》
シリウス	おおいぬ座《ざ》	白《しろ》	9900K
リゲル	オリオン座《ざ》	白《しろ》	11500K
太陽《たいよう》		黄《き》	6000K
ベテルギウス	オリオン座《ざ》	オレンジ色《いろ》	3500K
アンタレス	さそり座《ざ》	オレンジ色《いろ》	3500K

Kは絶対温度《ぜったいおんど》（0℃は273.15K）

化学反応《かがくはんのう》で光《ひか》る

　ある分子《ぶんし》とほかの分子《ぶんし》がくっついて別《べつ》の分子《ぶんし》ができるとする。これが化学反応《かがくはんのう》だ。

　このとき、もともとの分子《ぶんし》（♥）と分子《ぶんし》（♠）がもっていたエネルギーと、それがくっついてできた分子《ぶんし》（♣）のもつエネルギーが同《おな》じとはかぎらない。新《あたら》しくできる分子《ぶんし》のほうがエネルギーが高《たか》い場合《ばあい》、この反応《はんのう》でたりないぶんのエネルギーを外《そと》から吸収《きゅうしゅう》する（その結果《けっか》、まわりの熱《ねつ》がうばわれて、温度《おんど》がさがる）。

　逆《ぎゃく》に、新《あたら》しくできる分子《ぶんし》（■）のエネルギーがはじめの2つの分子《ぶんし》（●と▲）のもつエネルギーよりも低《ひく》い場合《ばあい》、エネルギーがあまってしまうので、それをなんらかの方法《ほうほう》で外《そと》に出《だ》さなくてはならない。その場合《ばあい》、熱《ねつ》に変身《へんしん》させて放出《ほうしゅつ》する場合《ばあい》と、光《ひかり》に変身《へんしん》させて放出《ほうしゅつ》する場合《ばあい》とがある。発光反応《はっこうはんのう》の場合《ばあい》は、放出《ほうしゅつ》するエネルギーの大部分《だいぶぶん》を、熱《ねつ》ではなく光《ひかり》として放出《ほうしゅつ》している。

♥と♠よりも♣分子《ぶんし》のエネルギーのほうが高《たか》いときは、エネルギーを加《くわ》えてあげないと反応《はんのう》はすすまない。
●と▲よりも■分子《ぶんし》のエネルギーのほうが低《ひく》いときは、あまったエネルギーを熱《ねつ》や光《ひかり》のかたちで放出《ほうしゅつ》する。

全体《ぜんたい》の量《りょう》は、変《か》わらない

　ここでは、エネルギーはいろんなかたちに「変身《へんしん》」することができることを学《まな》んできた。そのとき、ひとつだけだいじな決《き》まりがある。それは、「変身《へんしん》するまえとあととでは、エネルギー全体《ぜんたい》の量《りょう》は変《か》わらない」ということ。つまり、エネルギーは変身《へんしん》するだけで、多《おお》くなったりすくなくなったりはしない。これを「**エネルギー保存《ほぞん》の法則《ほうそく》**」とよんでいる。

ケミカルライト

　お祭《まつ》りの屋台《やたい》などで売《う》っている「光《ひか》る腕輪《うでわ》」も、化学発光《かがくはっこう》で光《ひか》っている。2種類《しゅるい》の液体《えきたい》（A液《えき》とB液《えき》）を混《ま》ぜると反応《はんのう》が起《お》こって発光《はっこう》するのだが、使《つか》うときまでこの液体《えきたい》が混《ま》ざらないようにくふうされている。チューブを折《お》り曲《ま》げると、内側《うちがわ》のガラスが割《わ》れて２種類《しゅるい》の液体《えきたい》がふれあって反応《はんのう》し、光《ひかり》を出《だ》す。

　電気《でんき》がなくても光《ひか》り、引火《いんか》することもないので、人《ひと》が多《おお》くあつまるところでも危険《きけん》がない。

体《からだ》を酸化《さんか》から守《まも》るビタミン

ビタミンCは酸化《さんか》をふせぐはたらきをもっている。薬局《やっきょく》で売《う》っているビタミンCの粉末《ふんまつ》を使《つか》って、ちょっとした実験《じっけん》をしてみよう。ビタミンCの粉末《ふんまつ》が手《て》に入《はい》らなかったら、レモン汁《じる》で代用《だいよう》してもいいよ。

●白《しろ》さを保《たも》つ

〈準備《じゅんび》するもの〉

粉末《ふんまつ》ビタミンC、リンゴ、スチールウール、プラスチックの容器《ようき》、ナイフ、塩《しお》

〈やりかた〉

1 **リンゴの実験《じっけん》**　リンゴは2つに切《き》って、一方《いっぽう》には果肉《かにく》に粉末《ふんまつ》のビタミンCをふりかけておく

2 **スチールウールの実験《じっけん》**　2つの容器《ようき》に塩水《しおみず》を入《い》れ、一方《いっぽう》には粉末《ふんまつ》のビタミンCを小《こ》さじ1杯溶《ぱいと》かしておく。それぞれにスチールウールを入《い》れて、ようすを見《み》る

〈結果《けっか》〉

リンゴでもスチールウールでも、そのままだと酸化《さんか》してじょじょに茶色《ちゃいろ》く変色《へんしょく》してくるが、ビタミンCを加《くわ》えたものは色《いろ》がほとんど変《か》わらない（くわしい説明《せつめい》は、P.45を見《み》てね）

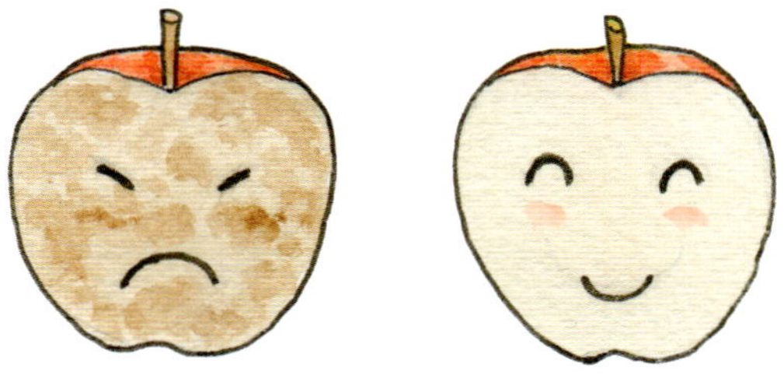

ビタミンCをかけたほうは、白《しろ》いままだ

●ビタミンCはどこだ？

〈準備《じゅんび》するもの〉

うがい薬《ぐすり》（ヨウ素《そ》が入《はい》っているもの）、透明《とうめい》なカップ、包丁《ほうちょう》、調《しら》べたいくだもの（レモン、キウイ、イチゴなど）や野菜《やさい》（キャベツ、ホウレンソウなど）、お茶《ちゃ》、酢《す》など

〈やりかた〉

1 水《みず》100mℓにうがい薬《ぐすり》を12滴《てき》くらい入《い》れて、うがい薬試験液《ぐすりしけんえき》（うす茶色《ちゃいろ》）とする

2 レモンなどはしぼって汁《しる》をとる。キャベツなどは細《こま》かく刻《きざ》む

3 うがい薬試験液《ぐすりしけんえき》20mℓを透明《とうめい》カップにとり、くだものや野菜《やさい》の汁《しる》を1滴《てき》ずつ入《い》れて色《いろ》の変化《へんか》を見《み》る。細《こま》かく刻《きざ》んだものも、試験液《しけんえき》に入《い》れて色《いろ》が消《き》えるかどうか見《み》る

〈結果《けっか》〉

ビタミンCがふくまれていると、試験液《しけんえき》のうす茶色《ちゃいろ》の色《いろ》が消《き》える。ふくまれていなければ色《いろ》は消《き》えない

ビタミンCがたっぷり入《はい》っていれば、すくない滴数《てきすう》で色《いろ》が消《き》えるし、あまりふくまれていない場合《ばあい》は消《き》えるまでに多《おお》くの滴《てき》数《すう》が必要《ひつよう》だ。どんなくだものにビタミンCが多《おお》いか、意外《いがい》な結果《けっか》が出《で》るかもしれないよ。
くだものや野菜《やさい》だけでなく、道《みち》ばたの草《くさ》や木《き》の実《み》などでもためしてみてね。

●色《いろ》が変《か》わるわけ

ビタミンCはほかのものから酸素《さんそ》をうばって自分《じぶん》が酸化《さんか》されやすい。いっぽう、うがい薬《ぐすり》に入《はい》っているヨウ素《そ》は、ほかの分子《ぶんし》を酸化《さんか》しやすい性質《せいしつ》をもっている。だから、両者《りょうしゃ》が出会《であ》うとすぐに反応《はんのう》が起《お》きる。茶色《ちゃいろ》い色《いろ》は反応前《はんのうまえ》のヨウ素分子《そぶんし》の色《いろ》だが、反応《はんのう》によってちがう分子《ぶんし》になるので、色《いろ》が消《き》えてしまうのだ。

第5章

つながる

分子《ぶんし》は、原子《げんし》がいくつかつながったものだったね。
では、分子《ぶんし》がたくさんつながってできた巨大《きょだい》な分子《ぶんし》は？　それを高分子《こうぶんし》という。
ところで、「たくさん」って、いったいどのくらいなのだろう。
身《み》のまわりの高分子《こうぶんし》は、なにが変身《へんしん》してできたものなのかを見《み》ながら、
「つながる」ことの意味《いみ》を考《かんが》えてみよう。

高分子《こうぶんし》ってどんなもの？

「高分子《こうぶんし》」ということばを聞《き》いたことがあるかな？　じつはこれ、「身《み》のまわりにあるものは、ほとんど高《こう》分子《ぶんし》でできている」といってもいいほど身近《みぢか》なものだ。たとえば、あなたが食《た》べている米《こめ》、肉《にく》、野菜《やさい》は、それぞれ、でんぷん、タンパク質《しつ》、セルロースなどの分子《ぶんし》でできていて、これらはすべて高分子《こうぶんし》。また、消《け》しゴム、プラスチックのコップ、ポリ袋《ぶくろ》、ゴムボールなどは、人間《にんげん》がつくりだした高分子《こうぶんし》だ。

分子《ぶんし》がつながってできた巨大《きょだい》な分子《ぶんし》

高分子《こうぶんし》というのは、ちいさな分子《ぶんし》がたくさんつながってできた巨大《きょだい》な分子《ぶんし》のことだ。原子《げんし》のなかでいちばんちいさい水素原子《すいそげんし》とくらべて重《おも》さが1万倍以上《まんばいいじょう》ある巨大分子《きょだいぶんし》を、高分子《こうぶんし》という。

巨大《きょだい》な分子《ぶんし》といっても、顕微鏡《けんびきょう》を使《つか》わずに1個《こ》の分子《ぶんし》が見《み》えるほど大《おお》きいわけではない。それでも、水分子《みずぶんし》の重《おも》さが水素原子《すいそげんし》の18倍《ばい》、すこし大《おお》きな分子《ぶんし》のブドウ糖《とう》でも180倍《ばい》だから、1万倍以上《まんばいいじょう》の重《おも》さがある高分子《こうぶんし》が、いかに大《おお》きいかがわかる。

スズメのチュン太《た》の体重《たいじゅう》は約《やく》25グラム。体重《たいじゅう》がその1万倍《まんばい》もある動物《どうぶつ》には、ライオンやトラがいる。つまり、水素原子《すいそげんし》といちばんちいさい高分子《こうぶんし》とは、チュン太《た》とライオンくらい重《おも》さがちがう計算《けいさん》になる。

●巨大《きょだい》な分子《ぶんし》

でんぷん分子《ぶんし》の大《おお》きなものは水素《すいそ》の数百万倍《すうひゃくまんばい》の重《おも》さがあり、植物《しょくぶつ》をつくっているセルロース分子《ぶんし》の重《おも》さは、水素《すいそ》の数千万倍《すうせんまんばい》にもなる。

身《み》のまわりには高分子《こうぶんし》がいっぱい

高分子《こうぶんし》には、もとから自然界《しぜんかい》に存在《そんざい》している天然高分子《てんねんこうぶんし》と、人間《にんげん》があとからつくりだした合成高分子《ごうせいこうぶんし》とがある。動物《どうぶつ》や植物《しょくぶつ》をつくっている細胞《さいぼう》、草《くさ》や木《き》からつくる繊維《せんい》、ゴムの木《き》からとれるゴムなどは、天然高分子《てんねんこうぶんし》でできている。プラスチック（かたいもの、フィルム状《じょう》のものなど）、化学繊維《かがくせんい》（ナイロンなど）、合成《ごうせい》ゴム（シリコンゴムなど）は合成高分子《ごうせいこうぶんし》だ。

下《した》のイラストに登場《とうじょう》するものは、ほとんどが高分子《こうぶんし》でできている。木《き》、花《はな》、虫《むし》、自転車《じてんしゃ》（ゴム、プラスチック）、ヘルメット、お弁当《べんとう》（箱《はこ》も中身《なかみ》も）、ペットボトル、そしてスズメのチュン太《た》の体《からだ》。もちろん、あなたの体《からだ》も高分子《こうぶんし》でできている。

木《き》・草《くさ》・花《はな》
（セルロース）
ヘルメット
（プラスチック）
チュン太《た》の体《からだ》
（タンパク質《しつ》など）
サドル・泥《どろ》よけ
（プラスチック）
タイヤ（ゴム）
米《こめ》（でんぷん）
肉《にく》（タンパク質《しつ》）
野菜《やさい》・フルーツ
（セルロース）
虫《むし》
（タンパク質《しつ》）
ペットボトル
（プラスチック）

「たくさん」つながる分子《ぶんし》たち

高分子《こうぶんし》は、材料《ざいりょう》になる分子《ぶんし》（「単量体《たんりょうたい》」または「モノマー」という）がたくさんつながってできたもので、重《じゅう》合体《ごうたい》（ポリマー）ともいう。「モノ」はギリシャ語《ご》で1という意味《いみ》、「ポリ」というのは「たくさん」という意味《いみ》だ。分子《ぶんし》（単量体《たんりょうたい》）がどんどん**重**《かさ》なって**合**体《がったい》していくことを、**重合する**《じゅうごう》という。

単量体《たんりょうたい》（モノマー）
重合体《じゅうごうたい》（ポリマー）
たくさんつながる
（重合《じゅうごう》）

単量体《たんりょうたい》（モノマー）がたくさんつながって、重合体《じゅうごうたい》（ポリマー）ができる人間《にんげん》がつくりだした合成高分子《ごうせいこうぶんし》には、名前《なまえ》の最初《さいしょ》に「ポリ」ということばをつけることが多《おお》い。たくさん（ポリ）の分子《ぶんし》を合体《がったい》させてつくった高分子《こうぶんし》だからだ。

ゴミ袋《ぶくろ》やお菓子《かし》の袋《ふくろ》に使《つか》われているPE《ピーイー》（ポリエチレン）は、石油《せきゆ》からとりだすエチレンというちいさな分子《ぶんし》をつなげてつくる。エチレンがたくさん合体《がったい》したので、ポリエチレンという名前《なまえ》がついた。

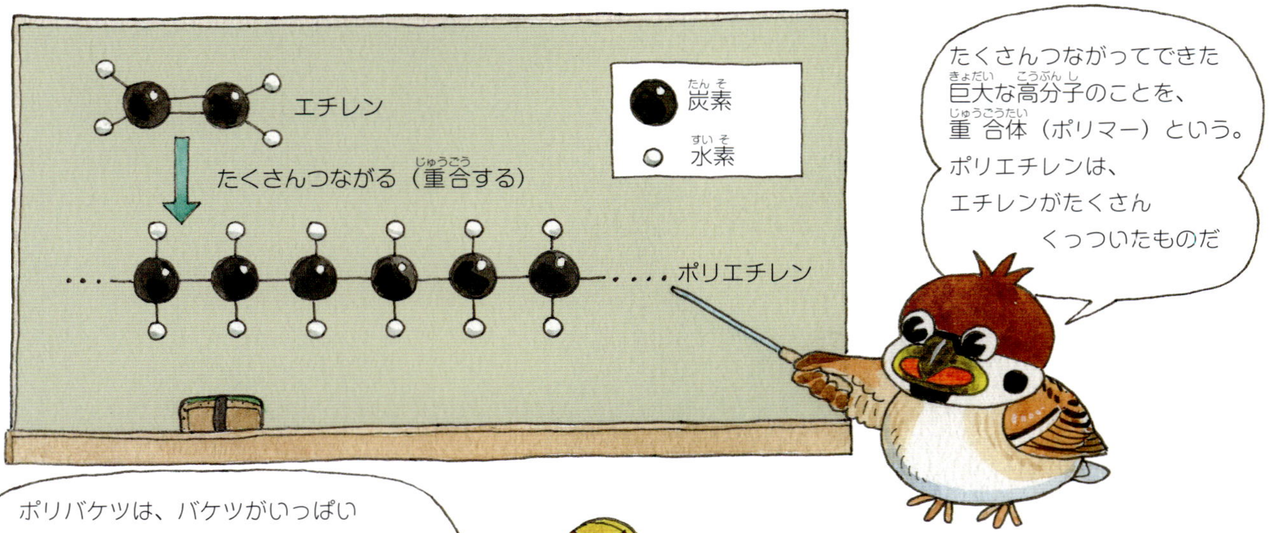
エチレン
たくさんつながる（重合《じゅうごう》する）
ポリエチレン
炭素《たんそ》
水素《すいそ》
たくさんつながってできた巨大《きょだい》な高分子《こうぶんし》のことを、重合体《じゅうごうたい》（ポリマー）という。ポリエチレンは、エチレンがたくさんくっついたものだ

ポリバケツは、バケツがいっぱいくっついたものなのかな??
ブー！ ポリバケツは、ポリマーでつくったバケツという意味《いみ》さ！

エチレンってどんなもの？

エチレンは、石油《せきゆ》からとりだすことができる気体《きたい》だ。リンゴが熟《じゅく》すときにも、リンゴの皮《かわ》からエチレン（気体《きたい》）が出《で》てくる。ほかのくだものとリンゴをいっしょの袋《ふくろ》に入《い》れておくとはやく熟《じゅく》すことから、エチレンは「老化《ろうか》ガス」ともよばれる。

バナナをリンゴといっしょの袋《ふくろ》に入《い》れておくと、はやく熟《じゅく》す

エチレン分子《ぶんし》は、1個《こ》ずつのときには気体《きたい》だけど、たくさんつながると固体《こたい》に変身《へんしん》するんだ

便利《べんり》な合成高分子《ごうせいこうぶんし》の長所《ちょうしょ》と短所《たんしょ》

合成高分子《ごうせいこうぶんし》のおもな材料《ざいりょう》は、石油《せきゆ》からとりだすナフサという成分《せいぶん》だ。ナフサを熱《ねつ》で分解《ぶんかい》して得《え》られるエチレンやプロピレンなどを重合《じゅうごう》して合成高分子《ごうせいこうぶんし》をつくる。合成《ごうせい》した高分子《こうぶんし》は、どんなかたちにでも自由《じゆう》に加工《かこう》することができるので、「かたちをつくることができる」という意味《いみ》のギリシャ語《ご》からプラスチックという名前《なまえ》がついた。

プラスチック製品《せいひん》をつくる方法《ほうほう》は、大《おお》きくわけて2つある。チョコレートをつくるときのように熱《ねつ》で溶《と》かしてから型《かた》に流《なが》しこむ方法《ほうほう》と、ビスケットのように焼《や》いて固《かた》める方法《ほうほう》だ。かたちのつくりかたは、型《かた》に流《なが》しこむだけでなく、ところてんのように筒《つつ》に入《い》れて押《お》しだす、うすく延《の》ばすなどさまざまだ。シャボン玉《だま》のようにふくらませてうすいフィルムをつくることもできる。

長所《ちょうしょ》

どんなかたちのものでもつくることができ、軽《かる》く、じょうぶで長《なが》もちする合成高分子《ごうせいこうぶんし》は、わたしたちの生活《せいかつ》のなかでますます活躍《かつやく》の場《ば》を広《ひろ》げている。最近《さいきん》では、あたたかい肌着《はだぎ》をつくる繊維《せんい》、電気《でんき》をとおすプラスチック、水分《すいぶん》をためこむことができる高分子《こうぶんし》など、天然高分子《てんねんこうぶんし》ではつくれない便利《べんり》なものが、どんどん開発《かいはつ》されている。

このシャツがあれば、寒《さむ》さなんかこわくないね！

汗《あせ》は逃《に》がし、あたたまった空気《くうき》は保《たも》つ繊維《せんい》のシャツで、寒《さむ》さ知《し》らず

砂漠《さばく》でも、草《くさ》や木《き》を育《そだ》てることができるよ
水《みず》

砂漠《さばく》の砂《すな》の下《した》に高吸水《こうきゅうすい》性高分子《せいこうぶんし》を敷《し》きつめて、水《みず》をためておく

短所《たんしょ》

じょうぶで長《なが》もちするということは、長所《ちょうしょ》でもあるが短所《たんしょ》にもなる。いらなくなって捨《す》てたものが、いつまでもそのままの姿《すがた》でのこってしまうからだ。これを解決《かいけつ》するために、微生物《びせいぶつ》が分解《ぶんかい》できるプラスチックも開発《かいはつ》されている。

このまま使《つか》い続《つづ》けていると材料《ざいりょう》の石油《せきゆ》がなくなる心配《しんぱい》もあるため、リサイクルや再使用《さいしよう》など資源《しげん》をたいせつにする活動《かつどう》も必要《ひつよう》だ。

プラ

1 **ペット樹脂《じゅし》**　ペットボトル
2 **かたいポリエチレン**　ポリバケツ
3 **ポリ塩化《えんか》ビニル**　卵《たまご》パック、消《け》しゴム
4 **やわらかいポリエチレン**　ポリ袋《ぶくろ》
5 **ポリプロピレン**　台所用品《だいどころようひん》、弁当箱《べんとうばこ》
6 **ポリスチレン**　テレビなどの本体《ほんたい》
7 **その他《た》・熱《ねつ》を加《くわ》えるとかたくなるプラスチック**　食器《しょっき》、ボタン

プラスチックにも、ずいぶんいろんな種類《しゅるい》があるんだね

ジャガイモの正体《しょうたい》

ジャガイモは、ただ蒸《む》しただけでもおいしく食《た》べられるね。ジャガイモのなかには、なにがつまっているのだろう？　ジャガイモは、どんな原子《げんし》や分子《ぶんし》が変身《へんしん》しているのかな？

畑《はたけ》のジャガイモ

　ジャガイモを育《そだ》てている畑《はたけ》を見《み》ても、イモはどこにも見《み》あたらない。ジャガイモは土《つち》のなかだ。サツマイモなどほかのイモ類《るい》も、土《つち》のなかにできる。春《はる》、台所《だいどころ》で芽《め》が出《で》てしまったジャガイモを土《つち》に埋《う》めておくと、やがて葉《は》が出《で》て茎《くき》がのび、ちいさな花《はな》が咲《さ》く。花《はな》が終《お》わり、葉《は》が枯《か》れかかったころに掘《ほ》ってみると、そこには新《あたら》しいジャガイモがいくつもできている。そのかわり、最初《さいしょ》に植《う》えたイモ（種《たね》イモ）はしなびてしまっている。

新《あたら》しくできた
ジャガイモ
種《たね》イモ

芽《め》が出《で》たジャガイモを土《つち》に埋《う》めておくと、やがて葉《は》が出《で》て花《はな》が咲《さ》き、土《つち》のなかには新《あたら》しいジャガイモができる

ジャガイモができるまで

　畑《はたけ》に植《う》えられたジャガイモは、種《たね》イモの養分《ようぶん》を使《つか》って芽《め》を出《だ》し、葉《は》をつける。その後《ご》は、葉《は》の葉緑体《ようりょくたい》という部分《ぶぶん》で光合成《こうごうせい》をして育《そだ》っていく。

　昼間《ひるま》、葉緑体《ようりょくたい》は、太陽《たいよう》のエネルギーを利用《りよう》して、二酸化炭素《にさんかたんそ》（酸素《さんそ》２個《こ》と炭素《たんそ》１個《こ》）と水《みず》（酸素《さんそ》１個《こ》と水素《すいそ》２個《こ》）を材料《ざいりょう》に、ブドウ糖《とう》（炭素《たんそ》６個《こ》、水素《すいそ》12個《こ》、酸素《さんそ》６個《こ》）という糖《とう》をつくる。ブドウ糖《とう》をさらに数千個《すうせんこ》つなげてでんぷんをつくり、葉緑体《ようりょくたい》のなかにためこむ。ブドウ糖《とう》もでんぷんも、材料《ざいりょう》の二酸化炭素《にさんかたんそ》と水《みず》が変身《へんしん》したもので、炭素《たんそ》と水素《すいそ》と酸素《さんそ》がつながってできている。

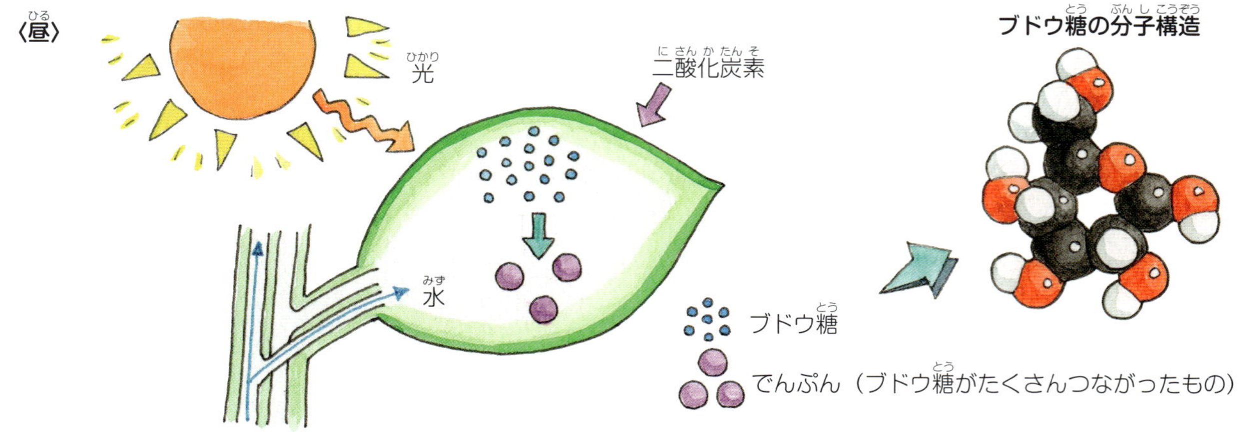
〈昼《ひる》〉
光《ひかり》
二酸化炭素《にさんかたんそ》
水《みず》
ブドウ糖《とう》
でんぷん（ブドウ糖《とう》がたくさんつながったもの）
ブドウ糖《とう》の分子構造《ぶんしこうぞう》

葉緑体《ようりょくたい》は昼間《ひるま》、太陽《たいよう》のエネルギーを利用《りよう》して、二酸化炭素《にさんかたんそ》と水《みず》を材料《ざいりょう》にブドウ糖《とう》をつくる。ブドウ糖《とう》をでんぷんに変《か》え、葉緑体《ようりょくたい》のなかにためこむ

夜《よる》になると、葉緑体《ようりょくたい》のなかにあるでんぷんは、水《みず》に溶《と》けるブドウ糖《とう》に分解《ぶんかい》し、師管《しかん》（栄養分《えいようぶん》の通《とお》り道《みち》）を通《とお》って植物《しょくぶつ》のなかをめぐり、茎《くき》をのばしたり葉《は》をつくったり花《はな》を咲《さ》かせたりする材料《ざいりょう》になる。

植物《しょくぶつ》は、材料《ざいりょう》のブドウ糖《とう》をたくさんつなげてセルロースという高分子《こうぶんし》に変身《へんしん》させ、茎《くき》、葉《は》、花《はな》をつくっている。ブドウ糖《とう》の一部《いちぶ》は師管《しかん》を通《とお》って種子《しゅし》、果実《かじつ》、根《ね》、地下茎《ちかけい》などに運《はこ》ばれ、ふたたびつながってでんぷんになり、たくわえられる。イネ、小麦《こむぎ》は種子《しゅし》に、ジャガイモは地下茎《ちかけい》に、でんぷんをたくわえる。ジャガイモにぎっしりつまった養分《ようぶん》は、葉《は》でつくられたでんぷんだ。

〈夜《よる》〉

でんぷん
ブドウ糖《とう》

夜《よる》、葉緑体《ようりょくたい》のなかのでんぷんはブドウ糖《とう》に分解《ぶんかい》し、植物《しょくぶつ》のなかをめぐって、茎《くき》や葉《は》の材料《ざいりょう》になる

●糖《とう》とでんぷんの変化《へんか》

ブドウ糖《とう》は、植物《しょくぶつ》の体《からだ》をつくるセルロースと、養分《ようぶん》としてたくわえるでんぷんの両方《りょうほう》に変身《へんしん》することができる。でんぷんは、植物《しょくぶつ》のなかで分解《ぶんかい》と合体《がったい》をくりかえす。

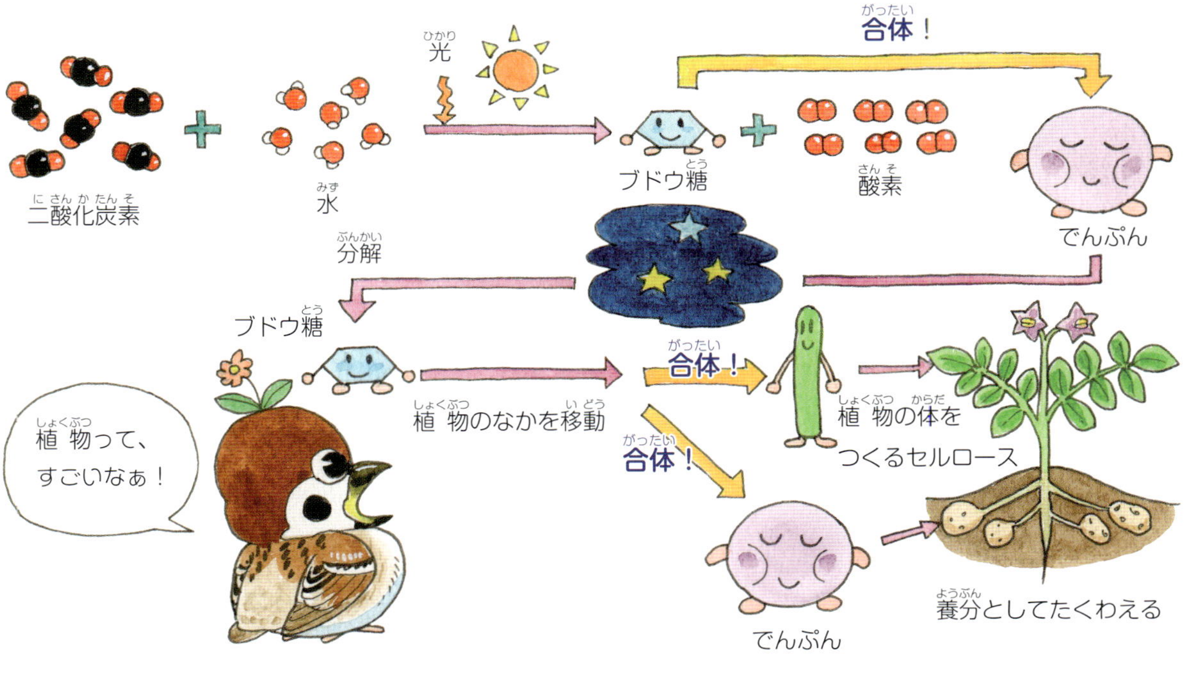

光《ひかり》
合体《がったい》！
二酸化炭素《にさんかたんそ》
水《みず》
ブドウ糖《とう》
酸素《さんそ》
でんぷん
分解《ぶんかい》
ブドウ糖《とう》
植物《しょくぶつ》のなかを移動《いどう》
合体《がったい》！
植物《しょくぶつ》の体《からだ》をつくるセルロース
合体《がったい》！
でんぷん
養分《ようぶん》としてたくわえる
植物《しょくぶつ》って、すごいなぁ！

●種子《しゅし》
植物《しょくぶつ》の種《たね》の部分《ぶぶん》のこと。イネの種子《しゅし》が米《こめ》。

●地下茎《ちかけい》
地面《じめん》の下《した》にある茎《くき》のこと。

植物《しょくぶつ》の種類《しゅるい》によるでんぷんのちがい

台所《だいどころ》には、いろいろなでんぷんの粉《こな》がある。どんなでんぷんがあるか、調《しら》べてみよう。

台所《だいどころ》にあるでんぷんの粉《こな》	材料《ざいりょう》になる植物《しょくぶつ》の種類《しゅるい》	たくわえている場所《ばしょ》
小麦粉《こむぎこ》	小麦《こむぎ》	種《たね》
片栗粉《かたくりこ》	ジャガイモ（昔《むかし》はカタクリからとった）	ジャガイモ（地下茎《ちかけい》） カタクリ（根《ね》）
コーンスターチ	トウモロコシ	種《たね》
上新粉《じょうしんこ》	米《こめ》（うるち米《まい》）	種《たね》
白玉粉《しらたまこ》	米《こめ》（もち米《ごめ》）	種《たね》
葛粉《くずこ》	クズ	根《ね》

植物《しょくぶつ》の種類《しゅるい》によって、でんぷん粒子《りゅうし》の大《おお》きさやかたちがことなったり、でんぷん粒子《りゅうし》をつくっているアミロースという成分《せいぶん》とアミロペクチンという成分《せいぶん》の割合《わりあい》がちがったりする。そのため、それぞれの粉《こな》の性質《せいしつ》がちがってくる。

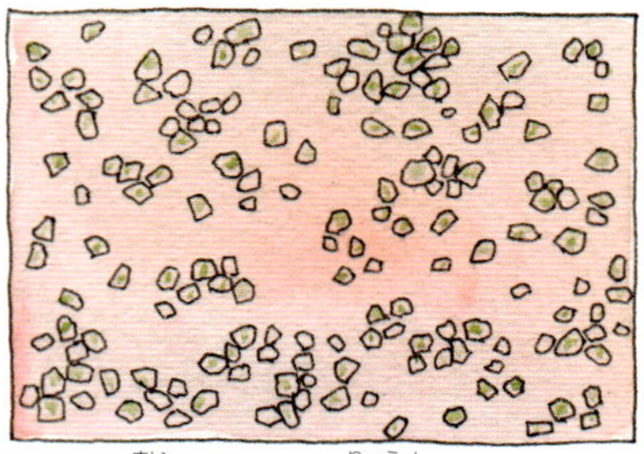
うるち米《まい》のでんぷん粒子《りゅうし》

ジャガイモのでんぷん粒子《りゅうし》

アミロースとアミロペクチン

でんぷんは、数千個《すうせんこ》のブドウ糖《とう》が鎖《くさり》のようにつながったものだ。つながりかたのちがいで、「アミロース」あるいは「アミロペクチン」という性質《せいしつ》のちがう成分《せいぶん》になる。

上《うえ》　アミロース。ブドウ糖《とう》の分子《ぶんし》どうしがまっすぐならんで手《て》をつないだようなかたちをしている

下《した》　アミロペクチン。ところどころに枝《えだ》わかれがある

アミロペクチンには枝《えだ》わかれがあるため、からまりやすい。ジャガイモからつくる片栗粉《かたくりこ》、もち米《ごめ》からつくる白玉粉《しらたまこ》にはアミロペクチンが多《おお》くふくまれているので、からまりやすく、よくねばる

左《ひだり》の絵《え》や、P.22、P.23のでんぷんの図《ず》をもうすこしくわしく見《み》てみると、下《した》の絵《え》のように鎖状《くさりじょう》につながったブドウ糖《とう》がバネのようにまいたかたち（らせん構造《こうぞう》）をしている

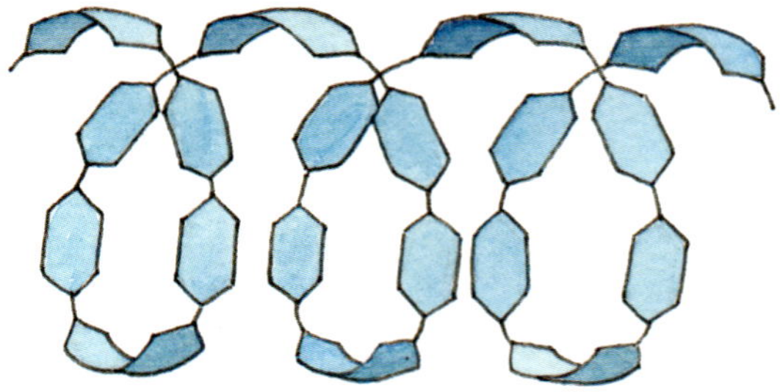

ヨウ素《そ》でんぷん反応《はんのう》

　でんぷんにうすい茶色《ちゃいろ》のヨウ素液《そえき》を加《くわ》えると、ヨウ素液《そえき》の色《いろ》が変化《へんか》する。この反応《はんのう》を**ヨウ素《そ》でんぷん反応《はんのう》**といい、でんぷんの種類《しゅるい》によって何色《なにいろ》に変《か》わるかがちがってくる。枝《えだ》わかれがないアミロースは青《あお》色《いろ》、枝《えだ》わかれしてまがっているアミロペクチンは赤紫色《あかむらさきいろ》になる。

　ヨウ素液《そえき》の色《いろ》が変《か》わるのは、でんぷん分子《ぶんし》のかたちが関係《かんけい》している。加熱《かねつ》していないでんぷんは、アミロースもアミロペクチンもバネのようにクルクルまいたかたち（らせん構造《こうぞう》）をしていて、そこにヨウ素液《そえき》を加《くわ》えると、ヨウ素分子《そぶんし》がでんぷんのまいた部分《ぶぶん》に入《はい》りこんで弱《よわ》く結合《けつごう》する。このかたちになると青《あお》～赤紫色《あかむらさきいろ》の光《ひかり》を反射《はんしゃ》するようになり、色《いろ》が変化《へんか》する（でんぷんのらせん構造《こうぞう》が長《なが》いと青色《あおいろ》、短《みじか》いと赤紫色《あかむらさきいろ》になる）。溶液《ようえき》に熱《ねつ》を加《くわ》えるとでんぷんとヨウ素《そ》のあいだの結合《けつごう》が切《き》れ、らせん構造《こうぞう》のなかに入《はい》っていたヨウ素《そ》が出《で》ていく（かたちが変《か》わる）ので、色《いろ》は消《き》えてしまう（P.33「色《いろ》が変《か》わる」の章《しょう》も見《み》てね）。光合成《こうごうせい》で葉《は》にでんぷんができることをたしかめるときにも、この反応《はんのう》を利用《りよう》する。

●実験《じっけん》　色《いろ》の変化《へんか》を調《しら》べてみよう

片栗粉《かたくりこ》や小麦粉《こむぎこ》などの粉《こな》に、水《みず》で10～20倍《ばい》にうすめたうがい薬《ぐすり》（ヨウ素《そ》が入《はい》っているもの）を加《くわ》えてみよう。すると、うすい茶色《ちゃいろ》だった液《えき》が青《あお》～赤紫色《あかむらさきいろ》に変化《へんか》する。そしてこれをちいさなお皿《さら》に入《い》れて、電子《でんし》レンジで3秒《びょう》あたためると……。あっというまに色《いろ》が消《き》えてしまう！　色《いろ》がついたり消《き》えたりするのは、でんぷんの鎖《くさり》のなかにヨウ素《そ》が出入《でい》りして、かたちが変《か》わったからだ。

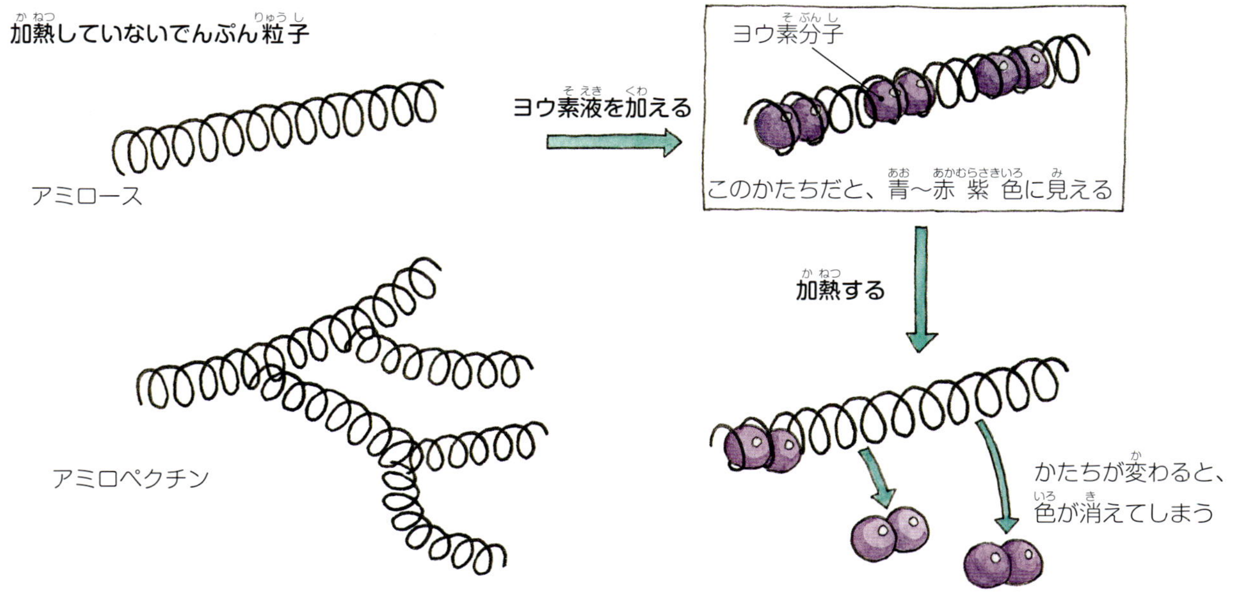

加熱《かねつ》していないでんぷん粒子《りゅうし》
アミロース
アミロペクチン
ヨウ素液《そえき》を加《くわ》える
ヨウ素分子《そぶんし》
このかたちだと、青《あお》～赤紫色《あかむらさきいろ》に見《み》える
加熱《かねつ》する
かたちが変《か》わると、
色《いろ》が消《き》えてしまう

●ヨウ素《そ》
海藻《かいそう》に多《おお》くふくまれる成分《せいぶん》。市販《しはん》のうがい薬《ぐすり》（茶色《ちゃいろ》い液体《えきたい》）に入《はい》っている。

でんぷんとセルロース――似《に》ているようで、まったくちがう

植物《しょくぶつ》の茎《くき》や葉《は》などの細胞《さいぼう》をつくっているセルロースも、でんぷんと同《おな》じようにブドウ糖《とう》がたくさんつながった高分子《こうぶんし》だ。まっすぐにのびた長《なが》い鎖《くさり》のようなかたちをしており、ティッシュペーパーや木綿《もめん》の繊維《せんい》などはこのセルロースでできている。でんぷんとセルロースのかたちは似《に》ているようだが、よく見《み》るとセルロースのほうはブドウ糖《とう》がつながるときの向《む》きが上下《じょうげ》たがいちがいになっている。つながりかたがちがうと、できあがった物質《ぶっしつ》のかたちも性質《せいしつ》もまったくちがってくる。でんぷんはバネのようならせん構造《こうぞう》をしているが、セルロースはまっすぐだ。

セルロースのつながり

でんぷんとよく似《に》ているけれど、セルロースはひとつおきに逆立《さかだ》ちしている。でんぷんに見《み》られるバネのようならせん構造《こうぞう》にならないので、ヨウ素液《そえき》を加《くわ》えても色《いろ》は変《か》わらない

セルロースを栄養《えいよう》にする草食動物《そうしょくどうぶつ》たち

牛《うし》や羊《ひつじ》などの草食動物《そうしょくどうぶつ》は、セルロースが多《おお》くふくまれている草《くさ》を食《た》べて、それをエネルギーに変《か》えている。草食動物《そうしょくどうぶつ》の胃袋《いぶくろ》のなかには、セルロースを切《き》る消化酵素《しょうかこうそ》をつくりだす細菌《さいきん》（腸内細菌《ちょうないさいきん》）がすんでいる。草食《そうしょく》動物《どうぶつ》は細菌《さいきん》の力《ちから》を借《か》りて草《くさ》を栄養《えいよう》にしているのだ。

牛《うし》には胃《い》が4つもあるんだね
①
②
③
④
①の胃《い》のなかでは……
セルロース
セルロースを消化《しょうか》する酵素《こうそ》
セルロースを消化《しょうか》する酵素《こうそ》をつくっている細菌《さいきん》
ブドウ糖《とう》

人間《にんげん》には栄養《えいよう》にならない

わたしたちは、ジャガイモや米《こめ》などを食《た》べてでんぷんを栄養《えいよう》にしているが、紙《かみ》を食《た》べてセルロースを栄養《えいよう》にすることはできない。人間《にんげん》は、でんぷんを体《からだ》にとりこむとき、消化酵素《しょうかこうそ》ででんぷんの長《なが》い鎖《くさり》を短《みじか》く切《き》ってちいさな分子《ぶんし》にして吸収《きゅうしゅう》する。大《おお》きな高分子《こうぶんし》のままでは小腸《しょうちょう》の壁《かべ》を通《とお》りぬけることができないからだ。消化酵素《しょうかこうそ》は、でんぷんを短《みじか》く切《き》るはさみのはたらきをする。ただし、切《き》ることができる相手《あいて》はひとつに決《き》まっており、でんぷんにはたらく消化酵素《しょうかこうそ》でほかのものを切《き》ることはできない。人間《にんげん》の体内《たいない》にはセルロースを切《き》る消化酵素《しょうかこうそ》がないから、セルロースは大《おお》きな分子《ぶんし》のままで小腸《しょうちょう》の壁《かべ》を通《とお》りぬけられず、便《べん》になってそのまま出《で》てしまう。

あなたの体《からだ》も高分子《こうぶんし》

わたしたちの体《からだ》をつくっている筋肉《きんにく》、血液《けつえき》、髪《かみ》の毛《け》、爪《つめ》、唾液《だえき》などは、どれもタンパク質《しつ》という高分子《こうぶんし》でできている。体《からだ》の約《やく》20％はタンパク質《しつ》だ。

タンパク質《しつ》の材料《ざいりょう》

人《ひと》の体《かうだ》をつくるタンパク質《しつ》は、20種類《しゅるい》のアミノ酸《さん》という分子《ぶんし》が鎖《くさり》のように1列《れつ》につながってできた高分子《こうぶんし》だ。タンパク質《しつ》の種類《しゅるい》によって、使《つか》われているアミノ酸《さん》の種類《しゅるい》、つながる数《かず》、つながる順番《じゅんばん》がちがっている。20種《しゅ》類《るい》のアミノ酸《さん》をつなげてつくることができるタンパク質《しつ》の種類《しゅるい》は、ほとんど無限《むげん》にあるといっていい。わたしたちの体《からだ》をつくっているタンパク質《しつ》の種類《しゅるい》は、全部《ぜんぶ》で約《やく》10万種《まんしゅ》だといわれている。

タンパク質《しつ》は、何種類《なんしゅるい》ものアミノ酸《さん》がつながってつくられる。アミノ酸《さん》の種類《しゅるい》、数《かず》、つながる順番《じゅんばん》など、どこかが1か所《しょ》ちがうだけで、別《べつ》の種類《しゅるい》のタンパク質《しつ》になってしまう。

はたらきによって、かたちがちがう

タンパク質《しつ》は、体《からだ》のなかで「どんなはたらきをするか」によって、かたちがちがってくる。たとえば、じょうぶでしなやかな髪《かみ》の毛《け》は、細長《ほそなが》いケラチンというタンパク質《しつ》でつくられている。血液《けつえき》のなかで酸素《さんそ》を運《はこ》ぶ役目《やくめ》をするヘモグロビンというタンパク質《しつ》は、血管《けっかん》のなかを流《なが》れやすいまるいかたちの赤血球《せっけっきゅう》をつくる。

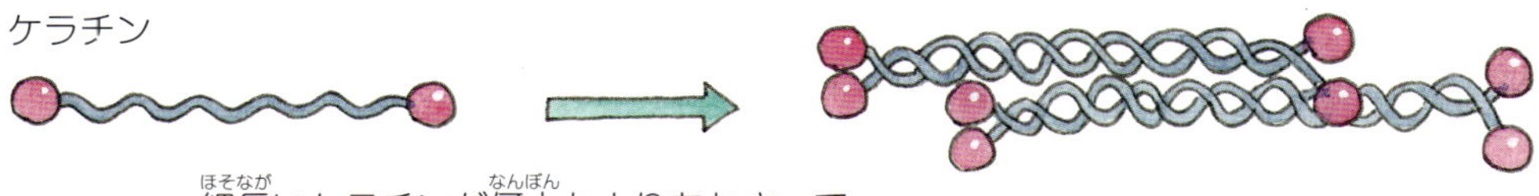

細長《ほそなが》いケラチンが何本《なんぼん》もよりあわさって、髪《かみ》の毛《け》がつくられる

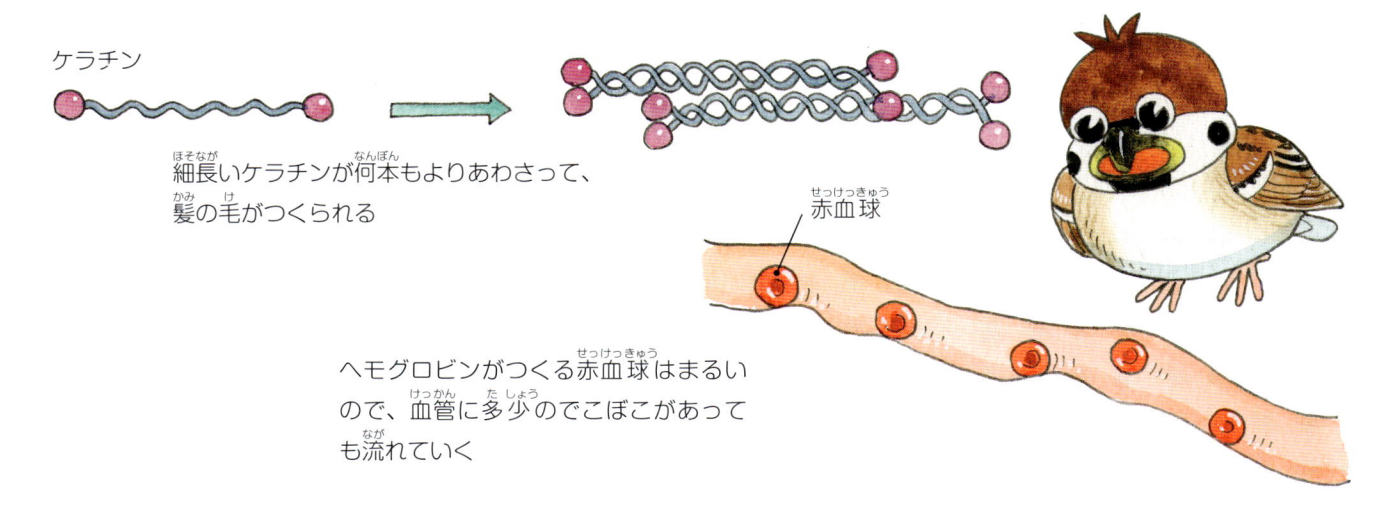

ヘモグロビンがつくる赤血球《せっけっきゅう》はまるいので、血管《けっかん》に多少《たしょう》のでこぼこがあっても流《なが》れていく

アミノ酸《さん》のつながりかた

タンパク質《しつ》の材料《ざいりょう》アミノ酸《さん》は、下《した》の図《ず》のような構造《こうぞう》をしている。種類《しゅるい》によって （側鎖《そくさ》）の部分《ぶぶん》がちがっているが、それ以外《いがい》は同《おな》じ原子《げんし》でできている。

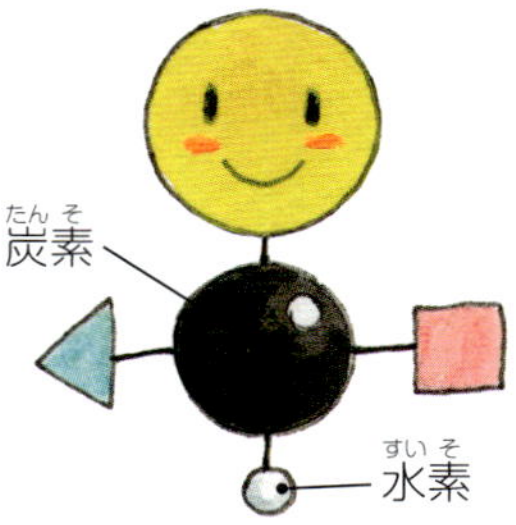

炭素《たんそ》
水素《すいそ》

アミノ酸《さん》

側鎖《そくさ》。アミノ酸《さん》の種類《しゅるい》によって、ちがった原子《げんし》が使《つか》われている。アミノ酸《さん》の性質《せいしつ》は、この側鎖《そくさ》で決《き》まる

アミノ基《き》。窒素《ちっそ》1個《こ》と水素《すいそ》2個《こ》でできている

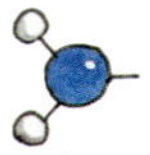

カルボキシル基《き》。炭素《たんそ》1個《こ》、酸素《さんそ》2個《こ》、水素《すいそ》1個《こ》でできている

このアミノ酸《さん》が鎖《くさり》のように1列《れつ》につながったものが、タンパク質《しつ》だ。

アミノ酸《さん》の鎖《くさり》

できあがったアミノ酸《さん》の鎖《くさり》は、そのままでは役《やく》にたたない。体《からだ》のなかのはたらきにあった、立体的《りったいてき》なかたちになる必要《ひつよう》がある。長《なが》い鎖《くさり》が立体的《りったいてき》なかたちになるために活躍《かつやく》するのが、20種類《しゅるい》の側鎖《そくさ》の部分《ぶぶん》だ。相性《あいしょう》のいい側《そく》鎖《さ》（たとえばと）は近《ちか》づこうとし、たがいに近《ちか》づきたくない側鎖《そくさ》（たとえばと）は、できるだけはなれようとする。それをくりかえしながら、長《なが》いアミノ酸《さん》の鎖《くさり》は複雑《ふくざつ》に折《お》れ曲《ま》がり、立体的《りったいてき》なかたちになる。20種類《しゅるい》のアミノ酸《さん》が、どんな順番《じゅんばん》で、何個《なんこ》つながっているかによって、タンパク質《しつ》の立体的《りったいてき》なかたちが決《き》まる。

おやおや、
こっちは、
ケンカですか！
仲《なか》が
いいねえ
ワ〜イ!

側鎖《そくさ》がくっついたり遠《とお》ざかったりして、長《なが》かった鎖《くさり》は体《からだ》のはたらきにあったかたちになる

できあがったミオグロビンというタンパク質《しつ》

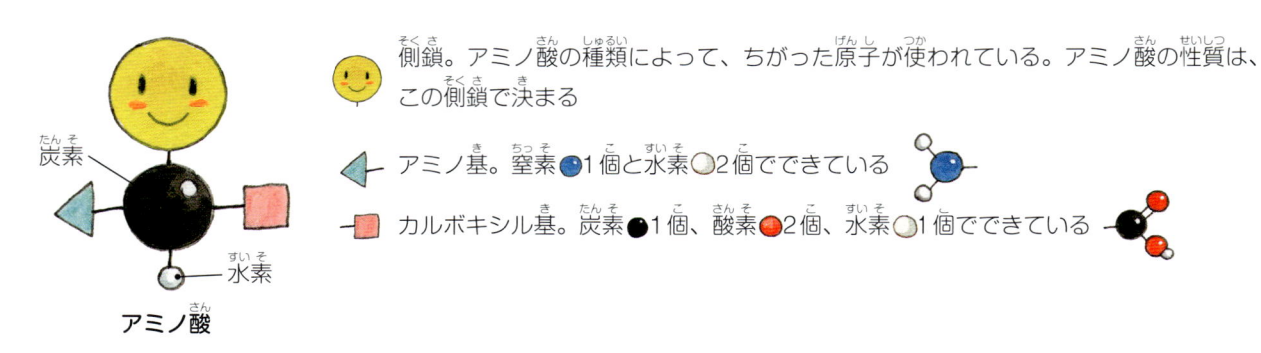

まるくない赤血球《せっけっきゅう》もある

ヘモグロビンをつくっているアミノ酸《さん》がたった1か所《しょ》だけふつうのものとちがっているだけで、タンパク質《しつ》のかたちが変《か》わり、赤血球《せっけっきゅう》のかたちも草刈《くさか》り鎌《がま》のようになってしまうことがある。このような赤血球《せっけっきゅう》は鎌状赤血球《かまじょうせっけっきゅう》といって、とがったかたちをしているため、せまい血管内《けっかんない》ではつまりやすく、こわれやすい。まるいふつうの赤血球《せっけっきゅう》にくらべて血管《けっかん》のなかの流《なが》れが悪《わる》く、体《からだ》に十分《じゅうぶん》な酸素《さんそ》を運《はこ》ぶことができない。

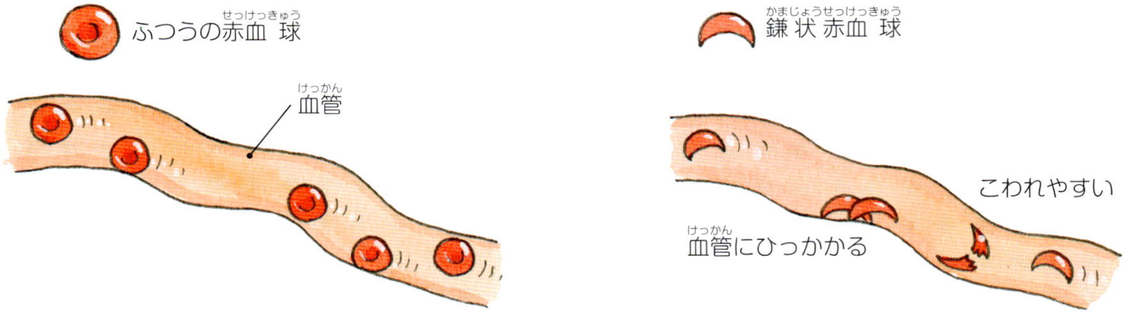

ふつうの赤血球《せっけっきゅう》
鎌状赤血球《かまじょうせっけっきゅう》
血管《けっかん》
こわれやすい
血管《けっかん》にひっかかる

タンパク質《しつ》の消化《しょうか》と分解《ぶんかい》

わたしたちの体《からだ》のなかでは、古《ふる》くなったタンパク質《しつ》を新《あたら》しいタンパク質《しつ》におきかえ続《つづ》けているため、毎日《まいにち》の食《た》べものから材料《ざいりょう》のアミノ酸《さん》をとりいれなくてはならない。

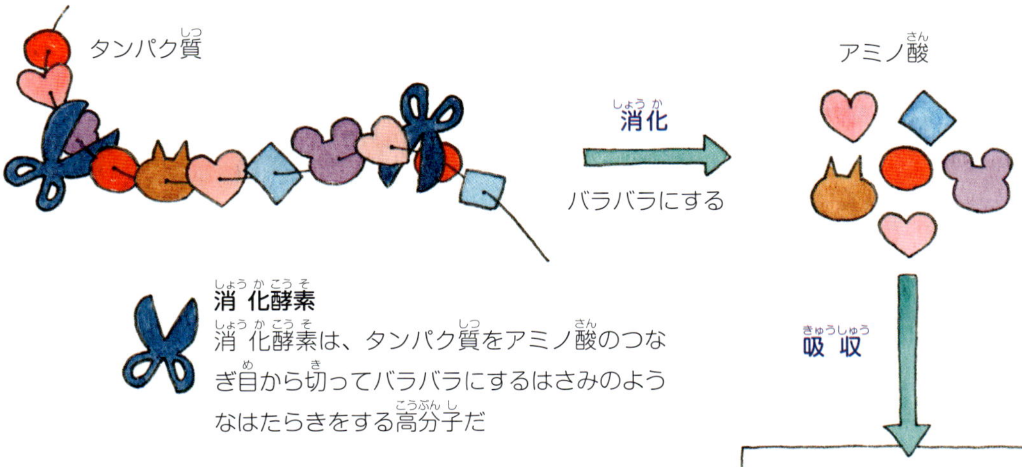

タンパク質《しつ》
消化《しょうか》
バラバラにする
アミノ酸《さん》
吸収《きゅうしゅう》
消化酵素《しょうかこうそ》
消化酵素《しょうかこうそ》は、タンパク質《しつ》をアミノ酸《さん》のつなぎ目《め》から切《き》ってバラバラにするはさみのようなはたらきをする高分子《こうぶんし》だ

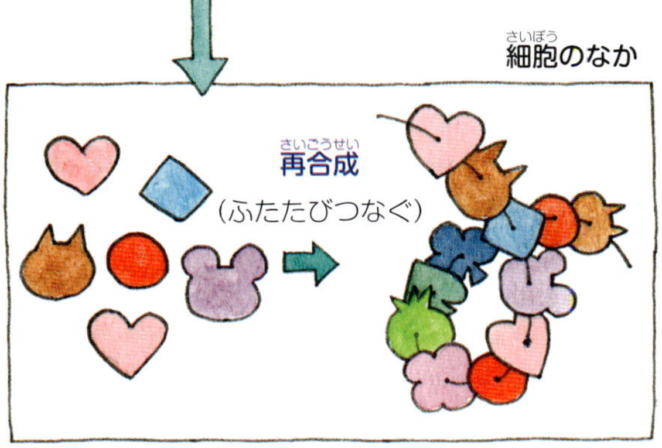

細胞《さいぼう》のなか
再合成《さいごうせい》
(ふたたびつなぐ)

口《くち》に入《い》れたタンパク質《しつ》は、胃《い》や腸《ちょう》から出《で》る消化酵素《しょうかこうそ》のはたらきで、細《こま》かくなる。タンパク質《しつ》はアミノ酸《さん》1個《こ》から3個程《こてい》度《ど》に切《き》りわけられ、小腸《しょうちょう》の壁《かべ》から吸収《きゅうしゅう》される。吸収《きゅうしゅう》されたアミノ酸《さん》は、血液《けつえき》の流《なが》れに乗《の》って全身《ぜんしん》の細胞《さいぼう》へ運《はこ》ばれる。細胞《さいぼう》のなかではふたたびアミノ酸《さん》をつなぎあわせ（再合成《さいごうせい》）、必要《ひつよう》なタンパク質《しつ》をつくっている。

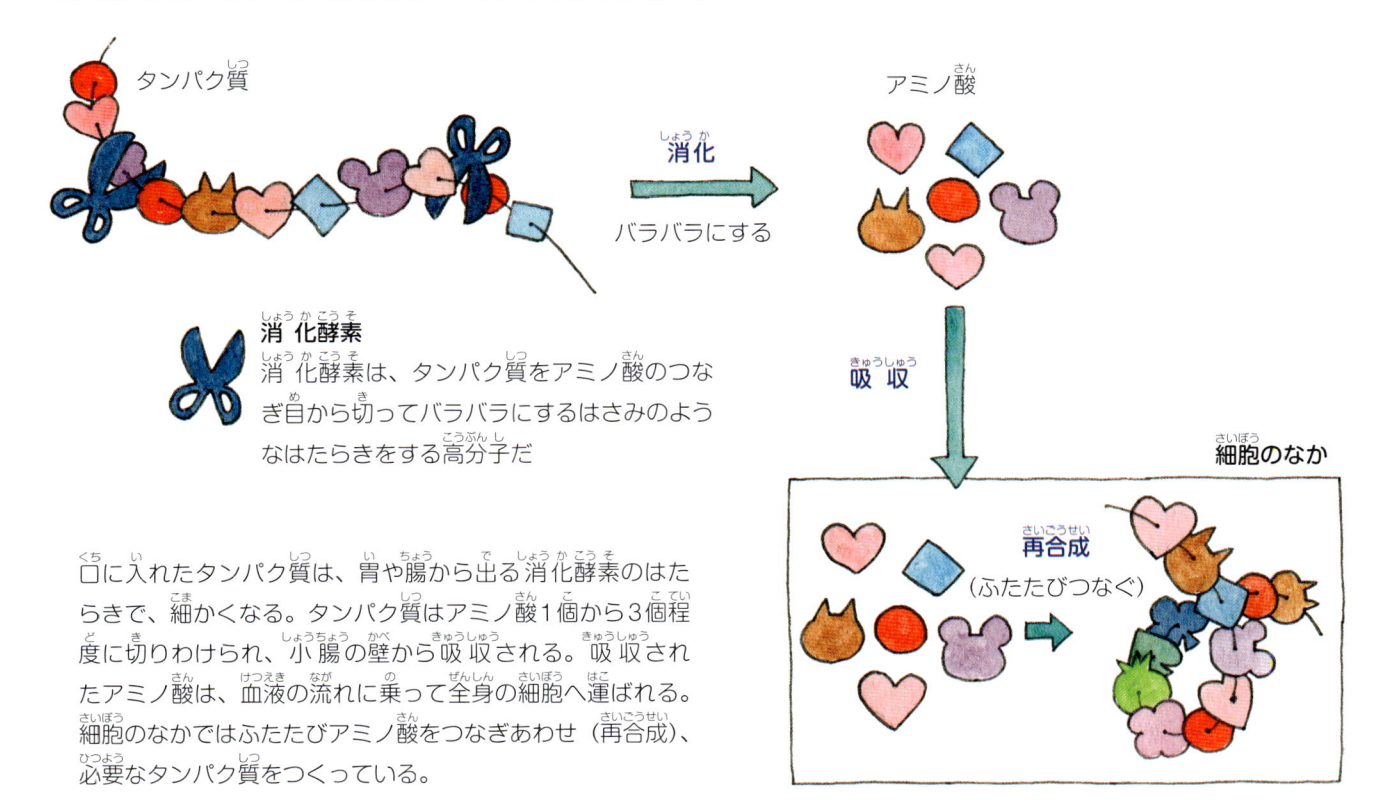

高分子《こうぶんし》のおもしろ実験《じっけん》

身近《みぢか》にあるものでできる、おもしろい実験《じっけん》をしながら、高分子《こうぶんし》の性質《せいしつ》をたしかめよう。薬品《やくひん》を使《つか》うものもあるので、必《かなら》ず大人《おとな》といっしょに実験《じっけん》してね。

ゴムのエネルギー

ゴムがのびちぢみするときの温度変化《おんどへんか》を、実験《じっけん》でたしかめてみよう。

〈準備《じゅんび》するもの〉 ゴム風船《ふうせん》または水風船《みずふうせん》（輪《わ》ゴムでもできる）

〈実験《じっけん》〉

1 ゴムに軽《かる》くくちびるをあてて、なにもしていないときの温度《おんど》をたしかめる

2 ゴムを一気《いっき》にひきのばして、またくちびるにあててみよう。さっきとくらべて、ゴムの温度《おんど》はどうなったかな？

3 こんどは、ひきのばしたゴムを一気《いっき》にちぢめ、同《おな》じようにくちびるにあててみよう

1 なにもしていないときの温度《おんど》をたしかめておく

2 ゴムを一気《いっき》にひっぱる

3 ひきのばしたゴムを一気《いっき》にちぢめる

〈結果《けっか》〉 2 はゴムがあたたかく感《かん》じ、3 は冷《つめ》たく感《かん》じる

〈理由《りゆう》〉

ゴムは細長《ほそなが》い高分子《こうぶんし》だ。ゴムをじょうぶにするために、ゴム分子《ぶんし》どうしのあいだに硫黄《いおう》を入《い》れてつなぎ、網目《あみめ》のかたちにしてある。ゴム分子《ぶんし》は、曲《ま》がりくねり、ブルブルとふるえるように動《うご》いている。

ゴムをひっぱると網目《あみめ》がひきのばされ、ゴムの分子《ぶんし》は無理《むり》やりまっすぐならばされて、自由《じゆう》に動《うご》くことができなくなる。

実験《じっけん》2 でゴムがあたたかく感《かん》じられるのは、それまでブルブル動《うご》いていたゴム分子《ぶんし》たちが一気《いっき》にひきのばされて動《うご》けなくなるため、動《うご》くために使《つか》っていたエネルギーがあまってしまい、それが熱《ねつ》エネルギーになって出《で》てくるからだ。

逆《ぎゃく》に、3 のようにひきのばしていたゴムをゆるめると、ゴムの分子《ぶんし》が自由《じゆう》に動《うご》けるようになるため、まわりからエネルギーをうばって動《うご》きだす。このときゴムをくちびるにあてると、皮膚《ひふ》から熱《ねつ》をうばうために冷《つめ》たく感《かん》じる。

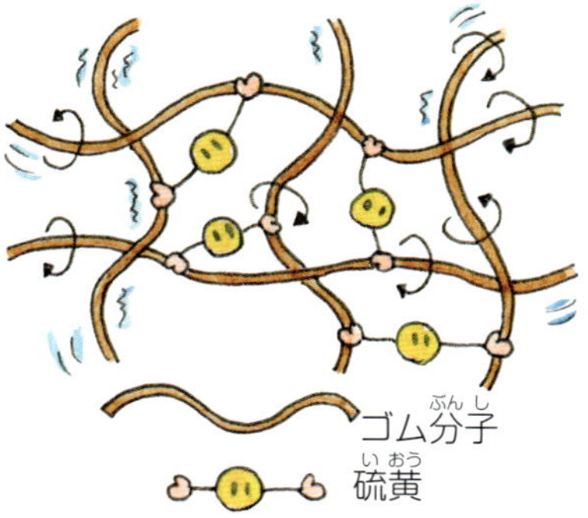

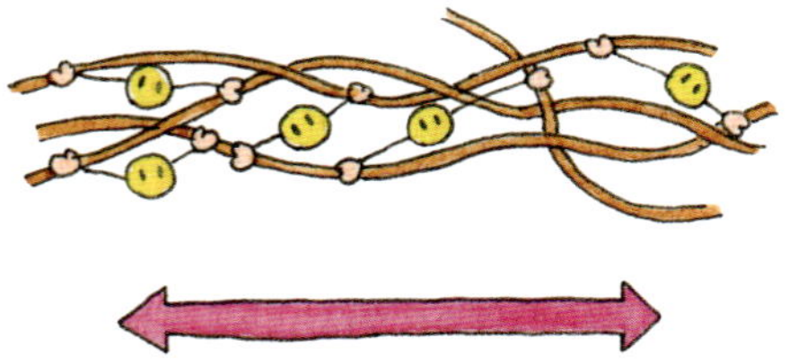

のばすと、ゴム分子《ぶんし》は自由《じゆう》に動《うご》けなくなり、熱《ねつ》を出《だ》す

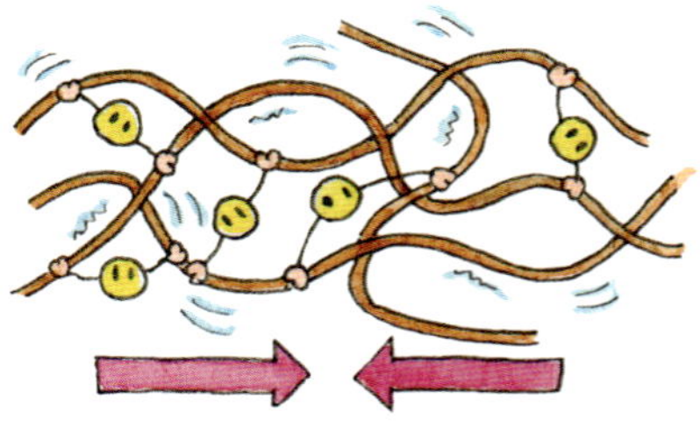

ちぢめるとゴム分子《ぶんし》は自由《じゆう》に動《うご》けるようになるので、まわりから熱《ねつ》をうばう

草《くさ》や野菜《やさい》で紙《かみ》をつくってみよう

わたしたちがふだん使《つか》っている紙《かみ》は、セルロースという植物《しょくぶつ》の繊維《せんい》をからませてつくられている。草《くさ》や野菜《やさい》の繊維《せんい》を使《つか》って、じっさいに紙《かみ》をつくってみよう。

〈準備《じゅんび》するもの〉

草《くさ》の葉《は》（ヨモギ、タンポポ、エノコログサなどいろんな種類《しゅるい》のものでためしてみよう）、野菜《やさい》の葉《は》や皮《かわ》、ミキサー、水《みず》、目《め》の細《こま》かい網《あみ》（台所用《だいどころよう》の水切《みずき》りネットなど）、発泡《はっぽう》スチロールのトレイ（同《おな》じかたちのものを2枚《まい》）、新聞紙《しんぶんし》、ティッシュペーパー

〈つくりかた〉

1 草《くさ》の葉《は》をひとつかみ、ティッシュペーパー1枚《まい》をちぎったもの、水《みず》（1カップ200cc）をミキサーに入《い》れて、30秒《びょう》ほどまわす（ティッシュペーパーを入《い》れるのは、草《くさ》の繊維《せんい》をつなげる“のり”の代《か》わり）

2 発泡《はっぽう》スチロールのトレイを2枚重《まいかさ》ね、つくりたいかたちをくりぬく。くりぬいた穴《あな》の部分《ぶぶん》にネットがくるよう、2枚《まい》のトレイのあいだに水切《みずき》りネットをはさむ。くりぬいた穴《あな》のネットの上《うえ》に1のドロドロになった葉《は》をスプーンですくってのせる

3 かたちをととのえながら、新聞紙《しんぶんし》の上《うえ》で軽《かる》く押《お》して水《みず》を切《き》る。そっとトレイをはずし、ネットをもちあげる。かわいた新聞紙《しんぶんし》の上《うえ》に裏《うら》がえしてのせ、ネットをはずし、かわかす（風通《かぜとお》しのいい日陰《ひかげ》で半日《はんにち》くらい。急《いそ》ぐときは、新聞紙《しんぶんし》にはさんで、アイロンをかける）

1 ちぎって
入《い》れる
草《くさ》
水《みず》
ティッシュ
ミキサーで30秒《びょう》ほどまわす
2
くりぬく
網《あみ》（水切《みずき》りネット）
ドロドロになった葉《は》をのせる
3 かわかす
できあがり

観察《かんさつ》してみよう

ティッシュペーパー、新聞紙《しんぶんし》、トイレットペーパー、和紙《わし》などをちぎって、切《き》り口《くち》を虫《むし》メガネで観察《かんさつ》してみよう。細《ほそ》い繊維《せんい》が見《み》えるかな？　わたしたちが使《つか》う紙《かみ》のほとんどは、木《き》からとりだした繊維《せんい》でできているが、草《くさ》の葉《は》、竹《たけ》、バナナの茎《くき》などでつくる紙《かみ》もある。また、人工《じんこう》の繊維《せんい》を原料《げんりょう》にした合成紙《ごうせいし》もある。ポリプロピレンを使《つか》った合成紙《ごうせいし》は、水《みず》に強《つよ》く破《やぶ》れにくいため、地図《ちず》に利用《りよう》されている。折《お》り目《め》がつきにくく、たたんでもすぐ開《ひら》くので、選挙《せんきょ》の投票用紙《とうひょうようし》にも使《つか》われる。

スライムをつくろう

プルプルした手《て》ざわりのスライム、自分《じぶん》でつくったことはあるかな？　スライムは、ポリビニルアルコール（PVA《ピーブイエー》）という高分子《こうぶんし》でできた合成《ごうせい》せんたくのり（PVAのり）を使《つか》ってつくる。自作《じさく》のスライムで、おもしろい実験《じっけん》をしてみよう。

〈準備《じゅんび》するもの〉

合成《ごうせい》せんたくのり（PVAと書《か》いてあるもの）、ホウ砂《しゃ》、紙《かみ》コップ、割《わ》りばし、（食塩《しょくえん》、砂糖《さとう》、酢《す》）

〈つくりかた〉

①ぬるま湯《ゆ》100㎖にホウ砂《しゃ》5gを溶《と》かしておく

②PVAのりをぬるま湯《ゆ》でうすめる。のりと水《みず》の割合《わりあい》が1：1ならかためのスライムが、1：2ならやわらかいスライムができる（スライムに色《いろ》をつけたいときは、食紅《しょくべに》や絵《え》の具《ぐ》を混《ま》ぜる）

③②で使《つか》ったのりと同《おな》じくらいの量《りょう》のホウ砂水溶液《しゃすいようえき》を加《くわ》え、割《わ》りばしでよくかき混《ま》ぜる。水《みず》っぽさがなくなったらできあがり

①

②③

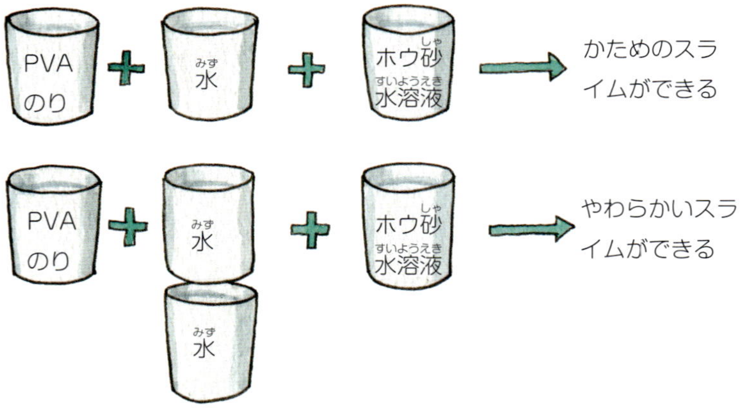

●スライムってどんなもの？

PVAのりにホウ砂《しゃ》を加《くわ》えると、下《した》の絵《え》のような網目《あみめ》ができ、水《みず》をためこむことができるようになる。これがスライムだ。スライムはゆっくり流《なが》れ落《お》ちる液体《えきたい》だが、固体《こたい》の性質《せいしつ》もあわせもっている。かためにつくると、ボールのようにまるめてはずませたり、細長《ほそなが》くひきのばしたりできる。

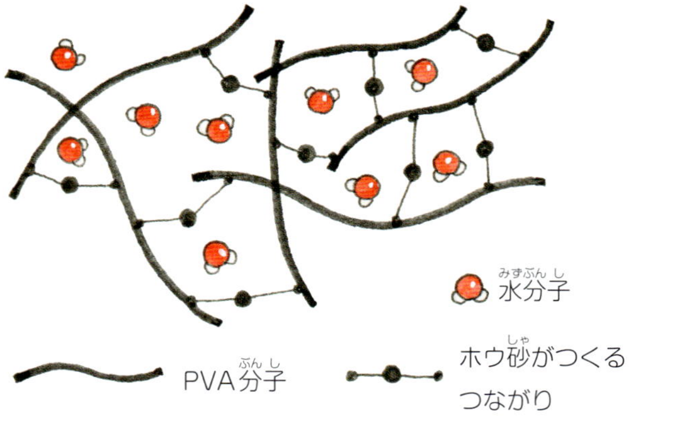

かためのスライムは、はずませたり表面《ひょうめん》に絵《え》を描《か》いてスタンプあそびをしたりできる。やわらかいスライムは、2本《ほん》つなげたペットボトルのなかにとじこめれば、砂時計《すなどけい》のようにゆったりとスライムが流《なが》れ落《お》ちるスライム時計《どけい》として楽《たの》しむことができる。

●おまけの実験《じっけん》

できあがったスライムをすこしとってお皿《さら》に入《い》れ、食塩《しょくえん》をかけてみよう。

〈結果《けっか》〉

スライムはプルプルとした手《て》ざわりだが、そのままでは水《みず》がしみ出《だ》してくることはない。ところが、食塩《しょくえん》をかけてかき混《ま》ぜると、スライムから水《みず》が出《で》て、ボソボソしたかたまりと水分《すいぶん》とにわかれてしまう

※砂糖《さとう》でも同《おな》じようにやってみよう。すこしようすはちがうが、同《おな》じように水分《すいぶん》が出《で》てくる

似《に》ている！　スライムとナメクジ

スライムに食塩《しょくえん》をかけると、スライムのなかにあった水分《すいぶん》が外《そと》へ出《で》てくる。水《みず》が、食塩《しょくえん》のすくないところから多《おお》いところへと移動《いどう》したからだ。食塩《しょくえん》と水《みず》にかぎらず、砂糖《さとう》を加《くわ》えたときにも同《おな》じことが起《お》こる。

溶質《ようしつ》（食塩《しょくえん》や砂糖《さとう》など）が溶媒《ようばい》（水《みず》など）に溶《と》けた溶液《ようえき》の場合《ばあい》、濃《こ》さのちがう溶液《ようえき》を混《ま》ぜると、かき混《ま》ぜなくても自然《しぜん》に全体《ぜんたい》が同《おな》じ濃《こ》さになる。溶媒《ようばい》が、溶質《ようしつ》のすくないほうから溶質《ようしつ》の多《おお》いほうへ移動《いどう》するからだ。ナメクジに食塩《しょくえん》をかけると水分《すいぶん》が出《で》てくるのも、これと同《おな》じ理由《りゆう》による。

食塩《しょくえん》や砂糖《さとう》をかけると、水分《すいぶん》が出《で》てくる

●もうひとつおまけの実験《じっけん》

食塩《しょくえん》と砂糖《さとう》をかけてみたら、ついでに酢《す》もかけてみよう。スライムに酢《す》をかけると全体《ぜんたい》がとけて水《みず》のようになってしまう。これは、網目構造《あみめこうぞう》をつくっていたホウ砂《しゃ》のつながり（P.110の図《ず》を見《み》てね）が酢《す》にふくまれる水素《すいそ》イオンと結《むす》びついてしまい、網目構造《あみめこうぞう》がこわれてしまうからだ。網目構造《あみめこうぞう》がなくなると、スライムはもとの材料《ざいりょう》のせんたくのりと水《みず》にもどってしまう。

ホウ砂《しゃ》がつくるつながり
(⊖のイオン)

ホウ酸《さん》

網目《あみめ》をつくっていた手《て》がなくなり、網目構造《あみめこうぞう》がこわれる

ちぢむプラ板《ばん》

プラ板《ばん》（熱《ねつ》でちぢむ透明《とうめい》のプラスチック板《ばん》）であそんだこと、あるかな？　プラ板《ばん》に油性《ゆせい》ペンで絵《え》や模様《もよう》を描《か》き、オーブントースターで焼《や》くと、みるみるちぢんでちいさくなり、そのかわりに厚《あつ》みがましてかたくなる。ペットボトルを切《き》って熱《ねつ》しても、プラ板《ばん》と同《おな》じようにちぢむ。プラ板《ばん》を焼《や》くと平《たい》らな板状《いたじょう》になるが、ペットボトルはどんなかたちになるだろう。

〈準備《じゅんび》するもの〉

炭酸飲料《たんさんいんりょう》のペットボトル（凹凸《おうとつ》のないものがいい）、はさみ、油性《ゆせい》ペン、オーブントースター、アルミホイル、割《わ》りばし

〈つくりかた〉

1 右《みぎ》の図《ず》のように、ペットボトルをまっすぐたて方向《ほうこう》またはななめ方向《ほうこう》にはさみで切《き》り、油性《ゆせい》ペンで色《いろ》をつける。とがった角《かど》は、まるく落《お》としておく

2 オーブントースターのトレイにアルミホイルを敷《し》き、その上《うえ》に1をのせて加熱《かねつ》する

3 変化《へんか》のようすを注意《ちゅうい》して見《み》ていること。やわらかくなってちぢんだら、すぐに割《わ》りばしなどを使《つか》ってとりだし、さます

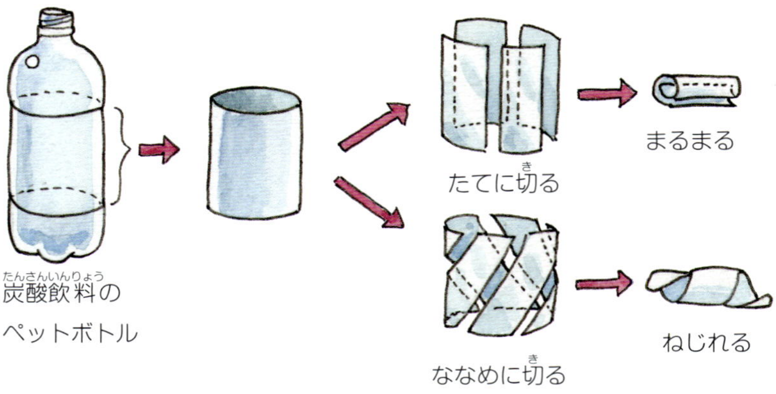

〈結果《けっか》〉

たてにまっすぐ切《き》ったものを熱《ねつ》すると、筒状《つつじょう》にまるまってちぢむ。ななめに切《き》ったものを熱《ねつ》すると、ねじれてちぢむ

注意《ちゅうい》：プラスチックは熱《あつ》くなっているので、やけどにはじゅうぶん注意《ちゅうい》しよう。

どうしてちぢむの？

ペットボトルの成型方法《せいけいほうほう》

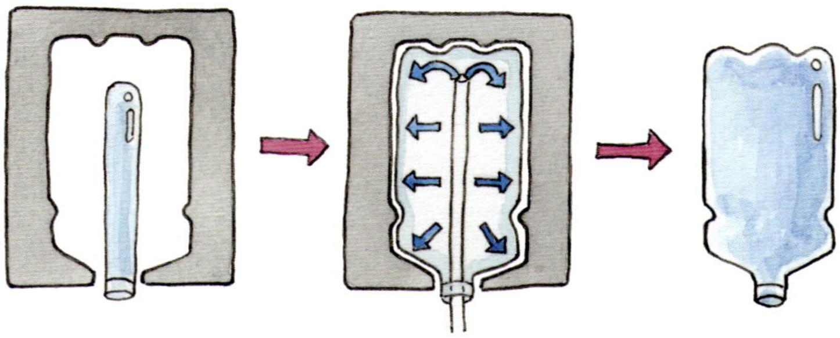

試験管《しけんかん》のようなかたちの材料《ざいりょう》をあたためて型《かた》に入《い》れる

パイプで空気《くうき》を入《い》れてふくらませ、かたちをつくる

とりだしてさます

プラ板《ばん》はポリスチレン、ペットボトルはポリエチレンテレフタラートというプラスチックでできている。どちらも、熱《ねっ》すると分子どうしの結《むす》びつきが弱《よわ》くなり、分子《ぶんし》が動《うご》けるようになるのでやわらかくなる。また、のばしたゴムと同《おな》じように、もとのかたちにもどろうとする性質《せいしつ》もあるのでちぢむ。

プラ板《ばん》は、材料《ざいりょう》のポリスチレンの板《いた》を熱《ねっ》してやわらかくし、ひっぱってのばしてうすくしたものだ。うすいプラ板《ばん》を熱《ねっ》してやわらかくなるとちぢんでぶあつくなるのは、もとの材料《ざいりょう》のかたちにもどったのだ。ペットボトルは、試験管《しけんかん》のようなかたちをした材料《ざいりょう》のポリエチレンテレフタラートを型《かた》に入《い》れ、熱《ねっ》してやわらかくしてから、空気《くうき》を吹《ふ》きこんでふくらませてつくる。プラ板《ばん》とちがって材料《ざいりょう》が円筒形《えんとうけい》なので、ペットボトルを切《き》ったものを熱《ねっ》すると、ちぢむときにまるまったり、クルクルねじれたりする。

第6章

ものはめぐる

すべてのものは原子《げんし》でできている。
これがくっつきあって、分子《ぶんし》になり、分子《ぶんし》どうしも結《むす》びついて高分子《こうぶんし》になる……
と、どんどん変身《へんしん》していくようすを見《み》てきた。
逆《ぎゃく》に、大《おお》きな分子《ぶんし》は、酵素《こうそ》というはさみで切《き》られたり、化学反応《かがくはんのう》で別《べつ》のものに変身《へんしん》する。
この変身《へんしん》は、いったいどこまで続《つづ》くのだろう？

変身《へんしん》はいつまで続《つづ》く？

地球上《ちきゅうじょう》のあらゆるものは、原子《げんし》からできている。その原子《げんし》がつながって分子《ぶんし》になり、またその分子《ぶんし》たちが手《て》をつないだり、孤独《こどく》を楽《たの》しんだり、走《はし》りまわったりして、いろいろ姿《すがた》を変《か》えていく。そんなようすを見《み》てきたね。姿《すがた》を変《か》えて……最後《さいご》はどうなっていくのだろう？

ものは、めぐりめぐっている

たき火《び》をすると、薪《まき》は燃《も》えてなくなったかのように見《み》えた（P.81）。でも、なくなったのではなくて、二酸化《にさんか》炭素《たんそ》や水蒸気《すいじょうき》になって見《み》えなくなっただけだったね。

ゴミがゴミ収集車《しゅうしゅうしゃ》で回収《かいしゅう》されると、目《め》のまえから消《き》えてしまって、なくなったかのように見《み》える。でも、けっしてなくなってしまうわけではない。回収《かいしゅう》されたゴミは、焼却《しょうきゃく》、埋《う》め立《た》てなどたくさんの作業《さぎょう》がおこなわれて別《べつ》の姿《すがた》に変《か》わっていく。

大《おお》きな分子《ぶんし》は、ちいさい分子《ぶんし》や原子《げんし》にわかれる。そしてまたちがう分子《ぶんし》の一部《いちぶ》へと変身《へんしん》する。つまり、ものは、バラバラになったりくっついたりをくりかえすだけで、なくなることはない。変身《へんしん》を続《つづ》けているだけなんだ。

山《やま》をかたちづくっている大《おお》きな岩《いわ》は、川《かわ》の水《みず》で削《けず》られて下流《かりゅう》に流《なが》されたり、木《き》の根《ね》が侵入《しんにゅう》してきてくだかれたりしてだんだんちいさくなる。長《なが》い年月《ねんげつ》のあいだに、石《いし》になり、砂《すな》になり、もっとちいさくなると粘土《ねんど》のようなものにもなる。それだけだと、岩《いわ》や石《いし》はなくなってしまいそうに思《おも》えるね、でも逆《ぎゃく》に砂《すな》や粘土《ねんど》は、これも長《なが》い年月《ねんげつ》積《つ》もり積《つ》もって圧縮《あっしゅく》され固《かた》められて、石《いし》になっていくのだ。何万年《なんまんねん》かたって地殻《ちかく》が隆起《りゅうき》してふたたびそこに山《やま》が現《あらわ》れたとき、その石《いし》や岩《いわ》もきっと、表面《ひょうめん》に出《で》てくるだろう。

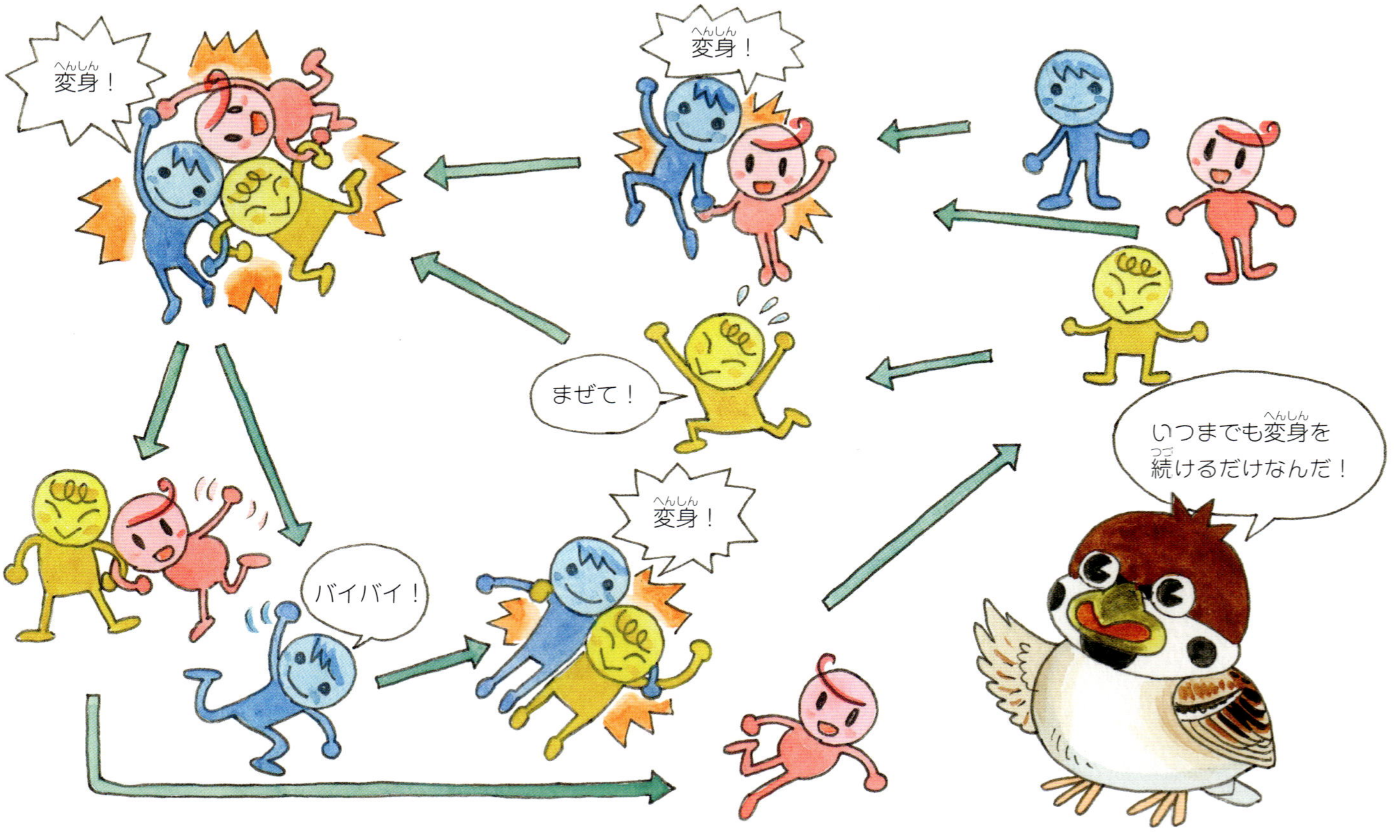

究極《きゅうきょく》のリサイクル

お昼《ひる》に、あつあつのごはんと魚《さかな》を食《た》べる。ごはんにはでんぷん、魚《さかな》にはタンパク質《しつ》がいっぱいふくまれている。でんぷんやタンパク質《しつ》は高分子《こうぶんし》で、そのままでは腸管《ちょうかん》から吸収《きゅうしゅう》することができない。だから、胃《い》や小腸《しょうちょう》でこれを切《き》って、ブドウ糖《とう》やアミノ酸《さん》がバラバラか2個《こ》くっついたくらいまでちいさくしてから吸収《きゅうしゅう》する。吸《きゅう》収《しゅう》したあとで、自分《じぶん》の体《からだ》にあうように、タンパク質《しつ》の分子《ぶんし》につくりあげたり、エネルギー源《げん》として使《つか》ったりする（P.105「あなたの体《からだ》も高分子《こうぶんし》」のページを見《み》てね）。古《ふる》くなったものやいらないものは、また分解《ぶんかい》して、吐《は》く息《いき》や尿《にょう》や便《べん》にして体外《たいがい》に出《だ》す。体《からだ》のなかではいつも、このように切《き》ったり、くっつけたりがおこなわれている。

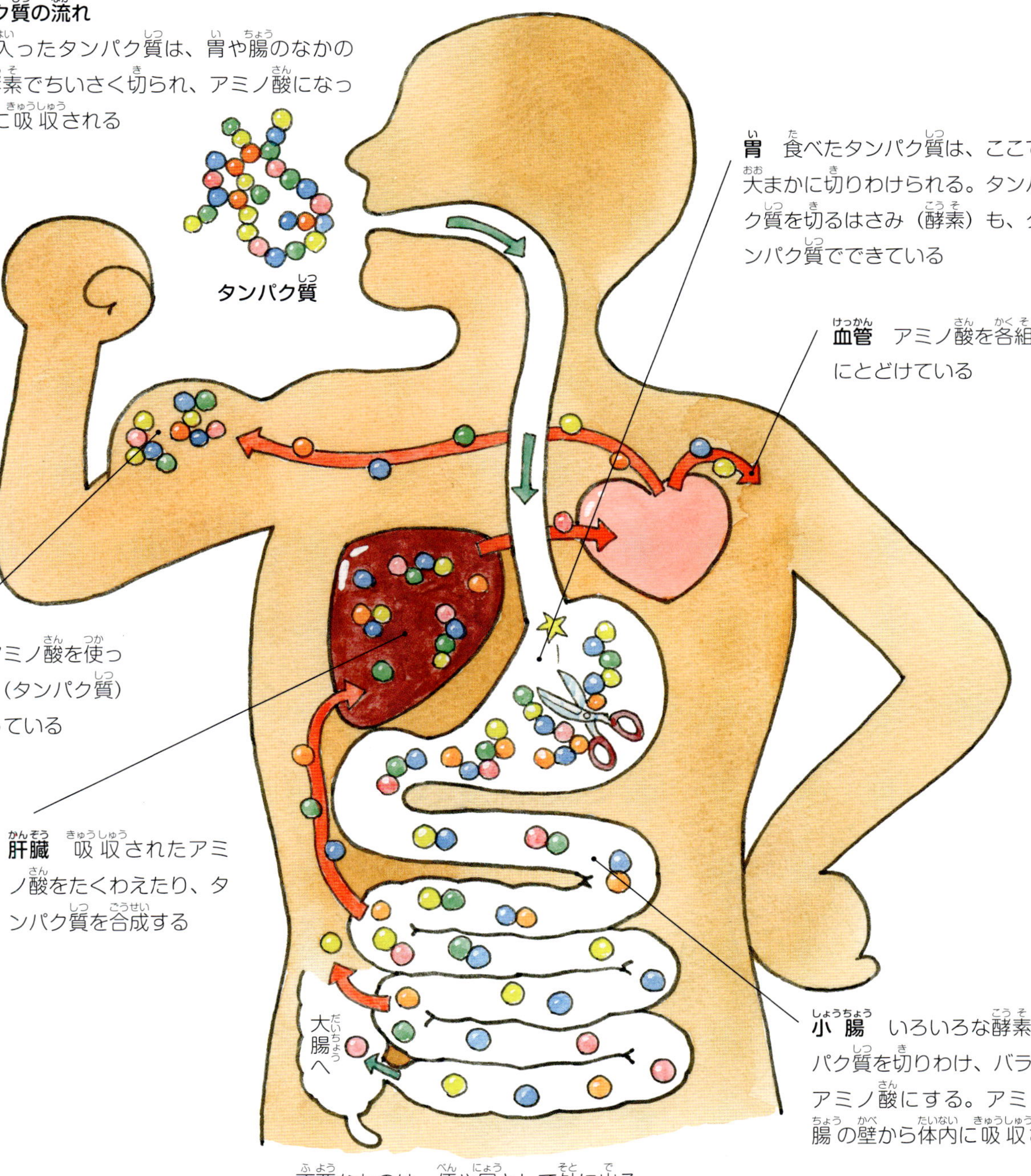
タンパク質《しつ》の流《なが》れ
口《くち》から入《はい》ったタンパク質《しつ》は、胃《い》や腸《ちょう》のなかの消化酵素《しょうかこうそ》でちいさく切《き》られ、アミノ酸《さん》になって体内《たいない》に吸収《きゅうしゅう》される
タンパク質《しつ》
胃《い》　食《た》べたタンパク質《しつ》は、ここで大《おお》まかに切《き》りわけられる。タンパク質《しつ》を切《き》るはさみ（酵素《こうそ》）も、タンパク質《しつ》でできている
血管《けっかん》　アミノ酸《さん》を各組織《かくそしき》にとどけている
筋肉《きんにく》　アミノ酸《さん》を使《つか》って、筋肉《きんにく》（タンパク質《しつ》）をつくっている
肝臓《かんぞう》　吸収《きゅうしゅう》されたアミノ酸《さん》をたくわえたり、タンパク質《しつ》を合成《ごうせい》する
小腸《しょうちょう》　いろいろな酵素《こうそ》がタンパク質《しつ》を切《き》りわけ、バラバラのアミノ酸《さん》にする。アミノ酸《さん》は腸《ちょう》の壁《かべ》から体内《たいない》に吸収《きゅうしゅう》される
大腸《だいちょう》へ
不要《ふよう》なものは、便《べん》や尿《にょう》として外《そと》に出《で》る

植《しょく》物《ぶつ》や動物《どうぶつ》が死《し》んだあとは、微生物《びせいぶつ》たちがせっせとちいさな分子《ぶんし》にまで分解《ぶんかい》してくれる。 原子《げんし》や分子《ぶんし》は常《つね》につながりかたを変《か》えて、新《あたら》しいものに生《う》まれ変《か》わっているのだ。

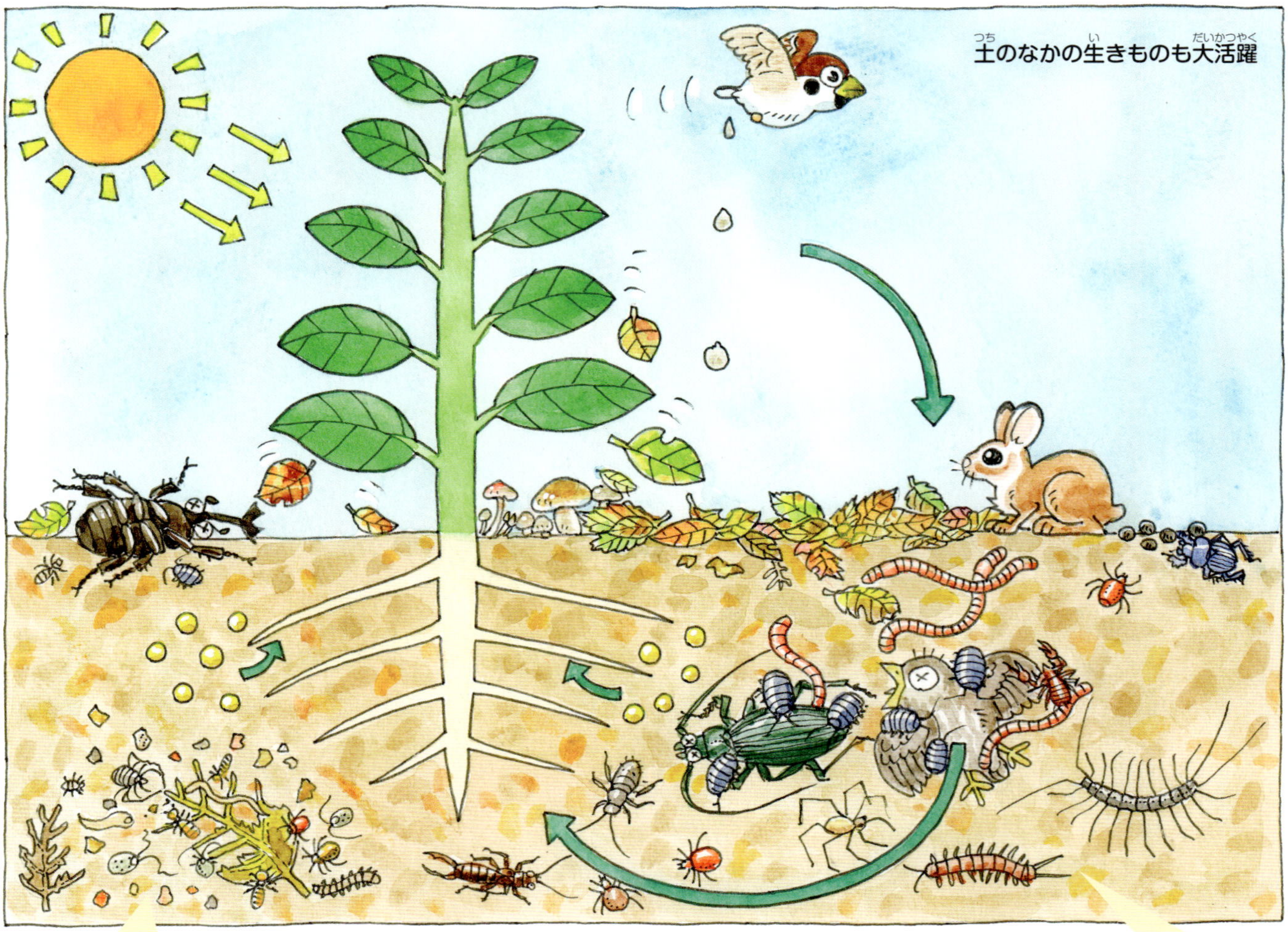

微生物《びせいぶつ》はフンをもっともっと切《き》っていき、最終的《さいしゅうてき》には二《に》酸化炭素《さんかたんそ》や水《みず》、アンモニアやリン酸《さん》などにする。これらは木《き》の根《ね》っこから吸《す》いあげられて栄養分《えいようぶん》となる。

ミミズやダンゴムシは、動物《どうぶつ》のフンや落《お》ち葉《ば》が大好物《だいこうぶつ》。彼《かれ》らはせっせと食《た》べて、よくかみくだいて、ちいさなちいさなフンをする。

大昔《おおむかし》にできた分子《ぶんし》たちは、つぎつぎとかたちを変《か》えていまでもわたしたちの体《からだ》のどこかに使《つか》われている。そして、いまわたしたちが吐《は》いている息《いき》やかいた汗《あせ》なども、ずっと未来《みらい》の人間《にんげん》の体《からだ》に入《はい》っていくかもしれない。たりなくなったりあまったり、むだなところがまったくないのだ。これって、究極《きゅうきょく》のリサイクルだね。

酸素《さんそ》があまった？

46億年前《おくねんまえ》、できたばかりの地球《ちきゅう》は二酸化炭素《にさんかたんそ》でおおわれていた。ところが、いまからおよそ30億年前《おくねんまえ》、地球環境《ちきゅうかんきょう》に大《おお》きな変化《へんか》があった。光合成《こうごうせい》をおこなう藍藻類《らんそうるい》が出現《しゅつげん》したのだ。光合成《こうごうせい》によって、それまで大《たい》気中《きちゅう》にほとんどなかった酸素《さんそ》が現《あらわ》れた。当時《とうじ》生《い》きていた微生物《びせいぶつ》は「嫌気呼吸《けんきこきゅう》」という酸素《さんそ》を利用《りよう》しない呼《こ》吸《きゅう》をしており、彼《かれ》らにとっては、酸素《さんそ》は毒《どく》でしかなかった。多《おお》くの微生物《びせいぶつ》が死《し》に追《お》いやられたことだろう。

だが、やがて、逆《ぎゃく》にこの酸素《さんそ》を呼吸《こきゅう》にとりいれて大《おお》きなエネルギーを得《え》る「好気性生物《こうきせいせいぶつ》」が現《あらわ》れて、地《ち》球上《きゅうじょう》にふえた酸素《さんそ》を消費《しょうひ》するようになった。その後《ご》も、植物《しょくぶつ》が地上《ちじょう》に進出《しんしゅつ》したり、氷河期《ひょうがき》をくりかえしたりなどいろいろな時代《じだい》を経《へ》て、現在《げんざい》の大気中《たいきちゅう》の酸素量《さんそりょう》は約《やく》20％となっている。

地球《ちきゅう》・46億年《おくねん》の時間《じかん》

地球《ちきゅう》が生《う》まれてから46億年《おくねん》、生物《せいぶつ》が誕生《たんじょう》してからでも40億年《おくねん》という気《き》の遠《とお》くなるような長《なが》い年月《ねんげつ》、生《い》きものたちはおたがいに影響《えいきょう》しあってすこしずついまの自然《しぜん》をかたちづくってきた。もしも、なにかがあまったりたりなかったりしたら、自然《しぜん》のしくみはうまくまわらなくなる。しかし、そんなときには、あまったものをうまく使《つか》う生《い》きものが現《あらわ》れたり、たりないものをほかのもので補《おぎな》うしくみが生《う》まれてきたのだろう。いまも、生《い》きものたちはおたがいに影響《えいきょう》しあって変化《へんか》を続《つづ》けている。

長《なが》い地球《ちきゅう》の歴史《れきし》からするとほんの最近《さいきん》になって、人間《にんげん》はそれまで自然《しぜん》にはなかった新《あたら》しい分子《ぶんし》や高分子《こうぶんし》をつくりだすようになった。ペットボトルやプラスチックのお弁当箱《べんとうばこ》など、どれも便利《べんり》で生活《せいかつ》を豊《ゆた》かにしてくれるものだ。

ただ、人間《にんげん》が新《あら》たにつくったものは天然《てんねん》のものとはちがうので、微生物《びせいぶつ》はこれら（ペットボトルやプラスチックなど）を分解《ぶんかい》するはさみをもっていない。だから分解《ぶんかい》できないものが地球上《ちきゅうじょう》にどんどんたまってしまう。最近《さいきん》では人《にん》間《げん》は放射能《ほうしゃのう》のゴミなど、とんでもないものまでつくりだしてしまった。分解《ぶんかい》できないものがたまっていくと、地球《ちきゅう》はどんどんきたなくなってしまうし、生《い》きものが生《い》きていくうえで使《つか》える物質《ぶっしつ》がすくなくなってくる。

これからも変身《へんしん》

これから何万年《なんまんねん》（！）かあとには、プラスチックを分解《ぶんかい》することができる微生物《びせいぶつ》が現《あらわ》れるかもしれない。プラスチックを分解《ぶんかい》する微生物《びせいぶつ》の研究《けんきゅう》もはじめられているし、微生物《びせいぶつ》が切《き》ることができるプラスチックの研究《けんきゅう》も、急《きゅう》ピッチですすめられている。自然《しぜん》が、気《き》の遠《とお》くなるような時間《じかん》をかけて、すべての分子《ぶんし》があまったりたりなくなったりしないように調節《ちょうせつ》してきた命《いのち》の循環《じゅんかん》を、人間《にんげん》のつくりだしたものでこわしてはいけないね。

これからの科学《かがく》は、ものをつくりだして使《つか》うだけでなく、つくりだしたものがいらなくなったときにどうするかということまで考《かんが》えなくてはいけない。自然《しぜん》と仲《なか》よく共存《きょうぞん》する知恵《ちえ》がもとめられているのだ。

大人のみなさんへ

各章のポイント

第1章

三態変化

どんな物質も、「原子、分子やイオンなどの粒（以下「粒」という）」でできている。この粒が、温度や圧力を変えることによって固体・液体・気体の3つの状態（三態）に変化することを、「三態変化」という。第1章の最初では、物質の三態変化をとりあげた。

状態図

特定の温度・圧力のとき、物質が固体、液体、気体のどの状態にあるかを表した図を、「状態図」という。この図からは、同じ温度でも圧力がちがうと状態が変わること、圧力が同じでも温度がちがえば状態が変わることなどを読みとることができる。右に、水と二酸化炭素の状態図を示した。水と二酸化炭素は、わたしたちにとって身近な物質だが、どちらも特殊な性質をもっている。水は、液体のほうが固体よりも密度が大きいため、氷が水に浮くという変わった物質だ。二酸化炭素は、固体のドライアイスが液体を経ずにいきなり気体になる「昇華」という現象を示す。状態図では、これはどのように表されるのだろう。

水の状態図の赤い線は、1気圧（1013hPa《ヘクトパスカル》）を示す。この線に沿って、圧力が1気圧のときの水の状態を見ていくと、温度が0℃で固体と液体の境界があるので、ここが融点、100℃に液体と気体の境界があるので、ここが沸点だ。融点で縦方向に引いた点線に沿って1気圧より圧力が高い部分を見ると、固体ではなく液体の領域（水色の部分）に入ってしまう。これは、0℃の氷に圧力をかけると、氷より密度が大きな0℃の水に変化することを表している。一般の物質は、融点で圧力を加えても固体のままなので、水が特殊な性質をもっていることがわかる。

二酸化炭素の状態図の赤い線も、水と同様に1気圧（1013hPa）を示す。この線に沿って状態を見ると、−78.5℃で固体からいきなり気体に変化（昇華）し、どの温度でも液体にはならない。二酸化炭素を液体にするためには、圧力を5.1気圧（5200hPa）以上、温度を−56.6℃以上にしなくてはならない。

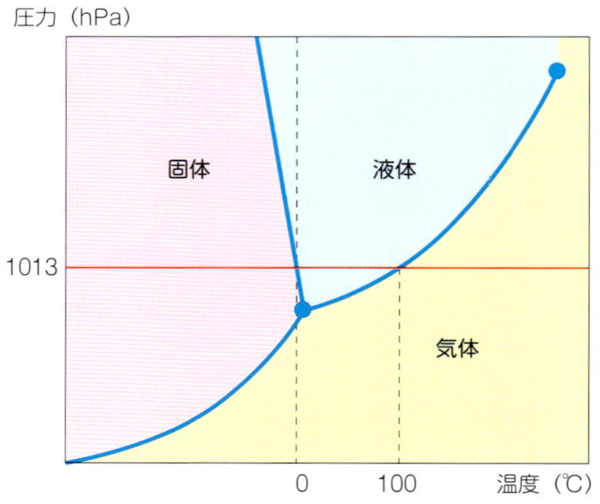

水の状態図

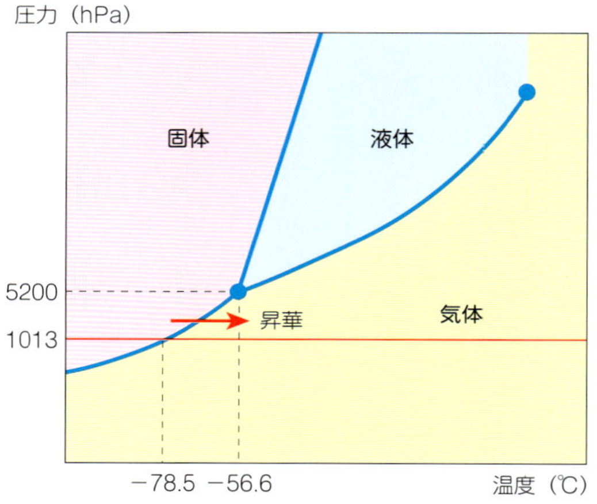

二酸化炭素の状態図

第2章

3原色

わたしたちが目にする色には2種類がある。1つは、太陽やテレビのように自ら光る光源の色（光源色）であり、もう1つは、光がものにあたって反射（または透過）した色（物体色）である。

光源色の基本となる色は赤（R）・緑（G）・青（B）で、これを「光の3原色」という。この3色の組み合わせ次第で、すべての光の色をつくりだすことができる。

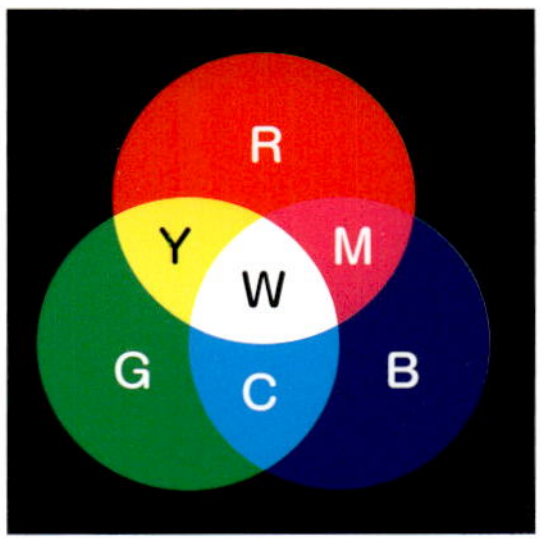

光の３原色

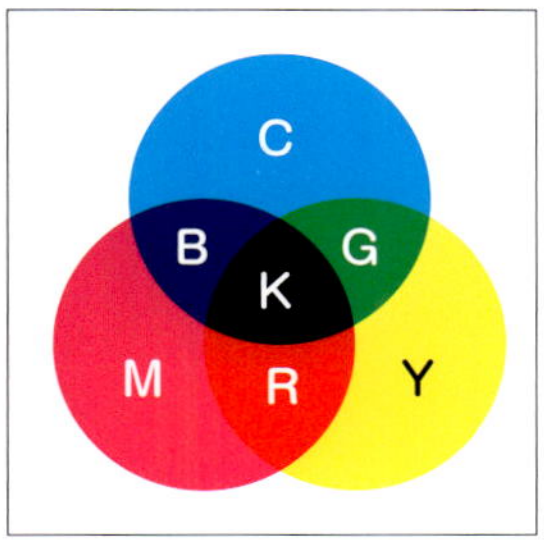

色の３原色

R：赤　G：緑　B：青
C：シアン　M：マゼンタ　Y：イエロー　K：黒　W：白

たとえば、赤色と緑色の光を混ぜると黄色い光になり、あらゆる色の光（虹の色）をすべて混ぜると白い（無色透明の）光になる。太陽の光がふだん白く見えるのは、さまざまな波長の光をふくんでいるためだ。テレビやパソコンのディスプレイにも、この3原色が使われている。

一方、物体色の基本となる色はシアン（青緑：C）・マゼンタ（赤紫：M）・イエロー（黄：Y）で、これを「色の3原色」という。

物体色は、「ものが反射（または透過）した色」であると同時に、「ものが吸収しなかった色」であるともいえる。赤いリンゴは赤以外（緑と青）の光を吸収し、赤い光を反射しているので、赤く見える。物体色をどんどん混ぜていくと、吸収する色が増えて目に届く色が減るため、黒色になる。絵の具を何色も混ぜると黒くなるのは、そのためだ。黒いものはすべての色の光を吸収しており、逆に、白いものはどの色の光も吸収していない。

光の3原色のうち2色を混ぜると、色の3原色になる。上の図のように、赤と青でマゼンタ、青と緑でシアン、緑と赤でイエローとなる。物体色とは「ものが吸収しなかった色」なので、たとえば赤を吸収するものは青と緑を反射するため、シアンに見えるというわけだ。

色と眼の関係

光自体に色がついているわけではなく、人間の脳が、光の波長のちがいを色のちがいとして認識しているにすぎない。

人間の眼の奥にある網膜には赤錐体《せきすいたい》、緑錐体《りょくすいたい》、青錐《せいすい》体《たい》という3種類の細胞があり、それぞれ長波長の光、中波長の光、短波長の光に反応する。長波長の光が目に入ってくると赤錐体が反応し、その刺激が大脳に伝わって、赤色だと感じる。同様に、緑錐体が反応すると緑色、青錐体が反応すると青色に感じる。赤錐体と緑錐体が同程度に反応するとイエロー、緑錐体と青錐体ではシアン、青錐体と赤錐体ではマゼンタに感じ、3種類の錐体が同程度に反応すると白色に感じる。3種類の錐体がどの程度反応するかの組み合わせで、その他の微妙な色もすべて感じることができる。

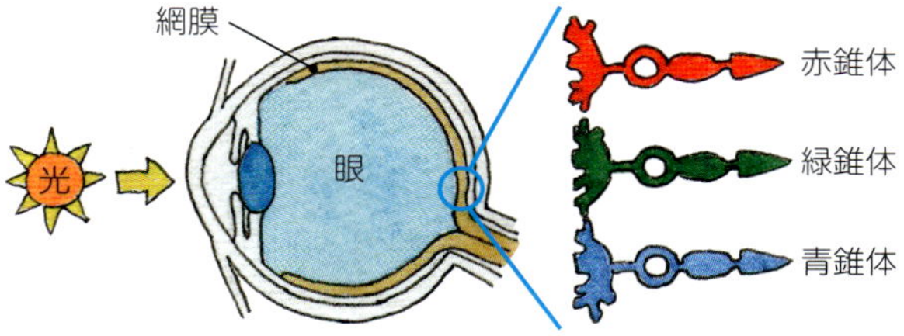

色覚にかかわる眼の細胞

人間に見えるあらゆる色が光の3原色（赤・緑・青）の組み合わせで表現できるのは、人間が赤・緑・青の錐体をとおして色を認識しているからにほかならない。

人間は錐体が3種類なので3原色に基づいて色を感じているが、錐体の種類の数がちがう生物は、異なる数の原色によって色を感じている。霊長類以外の大半の哺乳類には錐体が2種類しかなく、2原色で世界を見ている。鳥類や爬虫類の多くは錐体が4種類で、紫外線まで見ることができると考えられている。こうした生物は、人間とはまったく異なった色の世界を見ているのだ。

第3章

溶解度

一定の量の溶媒に溶質を溶かしていくと、それ以上は溶けなくなったように見える。じつは、このときも分子は固体から液体に溶けだしているのだが、それと同じだけの分子が液体から固体にもどっているため、なにも動きがないように感じるのだ。このような状態を「平衡《へいこう》に達した」といい、このときの溶液を「飽和溶液」と呼ぶ。溶媒100gに溶ける溶質の量を、「溶解度」として表す。溶解度は溶媒の種類や温度によって変わるが、固体の溶解度は一般的に温度が上がると上昇する。

沸点上昇

水を張った皿を密閉容器に入れて、ようすを見る。はじめのうちは表面から水が蒸発して水が少なくなるが、

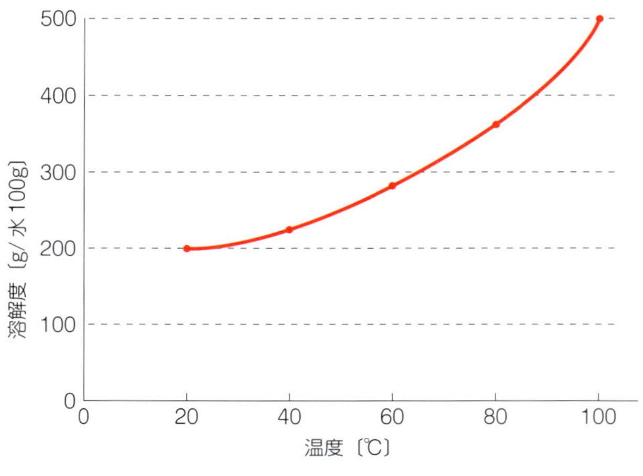

砂糖の溶解度

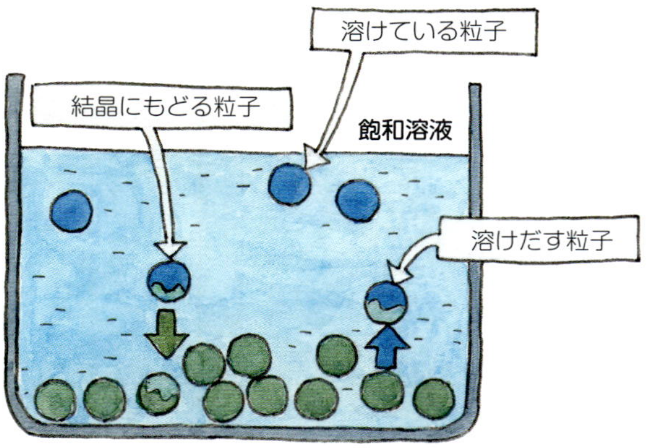

しばらくすると変化がなくなる。このとき、水から水蒸気になる分子と水蒸気から水にもどる分子の数が同じになって、表面的にはもう蒸発しないように見える。平衡に達したのだ。これを「飽和した」といい、そのときの水蒸気の圧力を、「飽和蒸気圧（蒸気圧）」と呼ぶ。

第1章の水の状態図のうち、沸点に近い部分をもうすこし拡大したものが、沸点上昇の図の青線である。同じ蒸気圧のとき、温度が下がって青色線の左側（1章の状態図で液体となっている部分）にくると水蒸気から水にもどるほうが多くなるし、温度が青色線の右側にまであがると（1章の状態図で気体となっている部分）、水は表面からだけでなく内部からもどんどん気体になっていく（沸騰する）。平地での大気の圧力はふつう1気圧（1013hPa）で、このとき沸騰が始まる温度は100℃だが、大気の圧力がもっと低い場合は低温で沸騰を始めるということが、図からも読みとれる。

水に何かが溶けこんでいると、沸点が100℃よりも上がる。この沸点上昇はなぜ引き起こされるのだろうか。

溶液では、溶質にじゃまされて水は蒸発しにくくなる

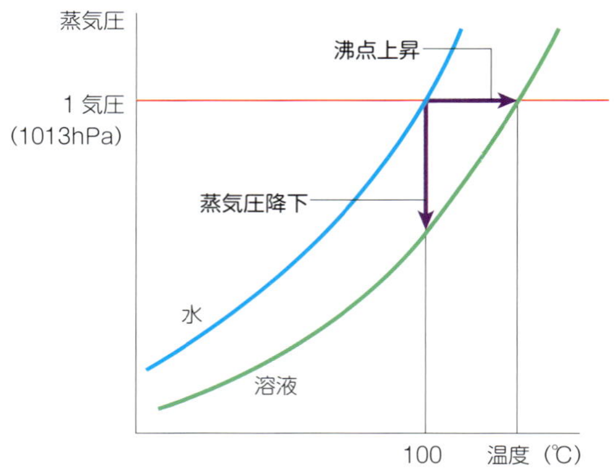

沸点上昇の状態図

が、水蒸気から水にもどるほうは影響されないので、水にもどるほうが多くなり、その結果、蒸気圧が下がる（これを「蒸気圧降下」と呼ぶ）。図にすると、緑の線の状態図になる。この溶液が大気圧1気圧のときに沸騰するためには、100℃以上の温度が必要だ。沸点が上昇したのだ。

コロイドについて

本書でとりあげたセッケン水やマヨネーズは、油のまわりを多数のセッケンやレシチンが丸くとり囲み、大きな粒となって水の中に浮かんでいる。こうした液を「コロイド溶液（液体コロイド）」という。

コロイドには、液体コロイドだけでなく、気体や固体の中に大きな粒子が分散した気体コロイドや固体コロイドもある。「雲」は大気の中に水滴が散らばった気体コロイド、「オパール」は鉱物の中に水が散らばった固体コロイドである。

一般に、コロイドとは、直径が1～100nm（ナノメートル：10億分の1メートル）の粒子が、気体・液体・固体に分散している状態をさす。コロイドにはさまざまな分類法があるが、そのうち2つを紹介する。

〈コロイドの分類その1〉

コロイドは、分散質（分散しているもの）と分散媒（分散させているもの）の組み合わせによって、8つに分類できる（次ページの表）。

〈コロイドの分類その2〉

コロイドは粒子の構造のちがいによって、次の3つに分類することもできる。

①分子コロイド　分子1個でコロイド粒子の大きさがあるもの（でんぷんやタンパク質などの高分子）

コロイドの分類

名　称	分散媒	分散質	例
気体コロイド（エーロゾル）	気体	液体	霧（大気中の水滴）、雲
		固体	煙（空気中の炭素粒）、粉塵、スモッグ
液体コロイド（コロイド溶液）	液体	気体	ビールの泡
		液体	牛乳、マヨネーズ（乳濁液）
		固体	泥水、墨汁、ペンキ（懸濁液）
固体コロイド	固体	気体	軽石、スポンジ
		液体	オパール（鉱物中の含有水）
		固体	着色ガラス（ガラスに金属）、ルビー

『化学I・IIの新研究―理系大学受験』（卜部吉庸著、三省堂）より引用

②会合コロイド（ミセルコロイド）　小さい分子が多数集まってコロイド粒子になったもの（セッケンなどの界面活性剤）

③分散コロイド　不溶性の固体がコロイド粒子になったもの（金属や粘土など）

セッケン水やマヨネーズは、会合コロイドである。セッケン水の場合は、50～100個のセッケン分子が、水となじみやすい親水基を外側に、油となじみやすい親油基を内側に向けて球状に集合し（この集合体を「ミセル」という）、コロイド粒子となっている。

第4章

酸素はなぜ反応しやすいのか

酸素は多くのものと反応をするということがわかったが、それはなぜだろうか。

化学反応とは、原子と原子の結合が新たにつくられたり逆に切れたりしてちがう物質ができることだが、この結合や切断は、原子のもっている電子の移動にともなって起きる。電子を放出しやすいものや電子を引きつける力の強いものほど、反応を起こしやすい。酸素は、あらゆる元素のなかでも、フッ素の次に電子を引きつける力（「電気陰性度」と呼ぶ）が強い。酸素原子は、そばにほかの原子や分子があると、それらがもっている電子を引き寄せて反応を起こしてしまうのだ。

では、なぜ酸素は電子を引きつけやすいのだろう。

ここで、酸素と同じくらいの大きさの原子を見てみよう（右上の図）。原子は、真ん中にプラスの電気を帯びる陽子があり、原子の種類によって陽子の数は決まっている。陽子と同じ数の電子がまわりをまわっているが、

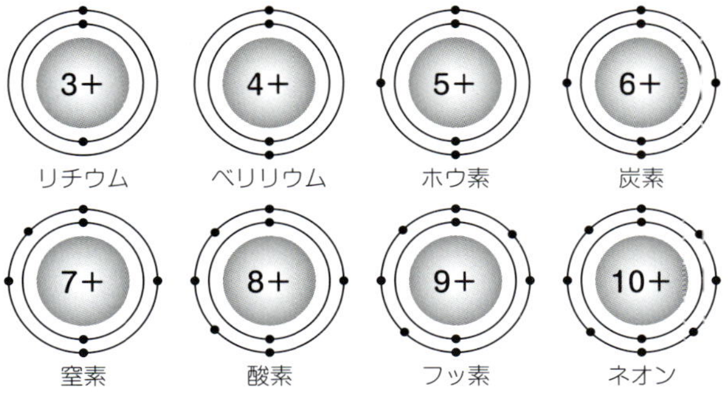

電子配置

でたらめにまわっているわけではなく内側の軌道から順に埋まっていく。

リチウムからネオンでは、いちばん内側の軌道はすでに埋まり、その外側の軌道で1個ずつ電子が増えている。この軌道には電子が8個まで入ることができ、電子が何もないか、8個全部が入ったときが安定状態になる。たとえばネオンは、すでに8個の電子が入っているので安定していて、ほかのものと反応しない。

リチウムは、外側の軌道に1個の電子が入っているから、安定状態になるためにはこの1個の電子を放出して0個にするか、どこからか7個の電子をとってきて8個にしなければならない。もっている1個を放りだすほうがかんたんなので、リチウムは電子を放出して＋（プラス）イオンになりやすい。逆に酸素やフッ素の場合は、すでにいっぱいある電子を放出するよりも、あと1、2個の電子がくれば8個全部埋まるのだから、どこかから電子をうばって安定したかたちになりたい。だから、まわりにある電子を引きつける力が強いのだ。

上の図からわかるように、電気陰性度がいちばん高いのはフッ素、次いで酸素となる。フッ素は、酸素よりももっと反応性が高いのだが、大気中には酸素が多いので、酸素による反応が際立っている。

酸化と還元

本文中では、「酸素と結びつくことが酸化、酸素を失うことが還元である」と酸素の授受で酸化と還元を定義したが、これとはべつに、水素や電子の授受による定義もある。

P.94のビタミンCとヨウ素の実験では、ビタミンCが水素2個を失い、その水素がヨウ素に結びついてヨウ化水素となる反応が起きている。実験では、ヨウ素がヨウ化水素になったので、ヨウ素による茶色い色が消えた。

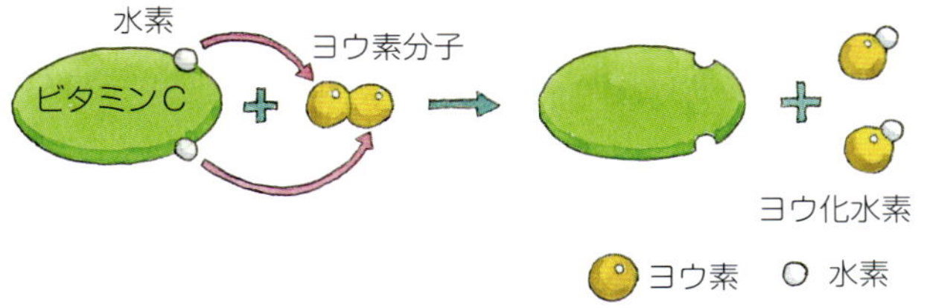

ビタミンCとヨウ素の反応

酸化と還元

	酸化	還元
酸素原子	結びつく	失う
水素原子	失う	結びつく
電子	失う	得る

ビタミンCが水素を失うのは酸化、ヨウ素がヨウ化水素になるのは、水素が結びついているので、還元である。一方が失えば他方が受けとるので、酸化と還元は常に同時に起こる。

エネルギー

エネルギーとは、物体がまわりのものになんらかの仕事をする能力である。エネルギーには運動エネルギーや光のエネルギーなどの種類があり、たがいに変換可能だということは、本文でも述べた。あるエネルギーからほかのエネルギーに変換する過程で、変換前のエネルギーと変換後のエネルギーの総和は等しい。つまり、無からエネルギーを生じることはできないし、エネルギーをなくすこともできない。これは、「エネルギー保存の法則」と呼ばれている。

エネルギーが保存するのなら、エネルギー不足などの問題は生じないような気がする。しかし、エネルギーの変換の際にはしばしば熱を生じる（ものが滑り落ちるときや、タービンをまわすときの摩擦熱など）。いったん熱に変わったエネルギーは、そのすべてを仕事に使うことができないので、使えるエネルギーはだんだん減っていく。いつまでも動き続ける永久機関はできないのだ。実際、火力発電で電気として使えるのは、投入エネルギーの約40％程度、原子力発電では30％程度と計算されている。

第5章

環境に配慮したり、生活に便利なように工夫したりした合成高分子のことを、「機能性高分子」という。このような高分子が開発されることによって、わたしたちの生活はますます便利になっている。そのいくつかを紹介しよう。

〈電気をとおすプラスチック〉

プラスチックは電気をとおさないものだと思われていたが、アセチレンを重合したポリアセチレンに少量のヨウ素やアルカリ金属を加えてできたプラスチックは金属と同じように電気をとおすことがわかり、携帯電話の電池、タッチパネルなどに利用されている。電気をとおすうえに、軽くてどんなかたちにも加工できるというプラスチックの特性をかね備えているため、さまざまな装置の小型軽量化にも大いに役立っている。電気をとおすプラスチックの発見と開発をおこなった白川英樹博士は、2000年にノーベル化学賞を受賞した。

〈砂漠を緑に！　高吸水性高分子〉

紙オムツや生理用品に使われている高分子は、1gあたり1ℓもの水を吸収することができる高吸水性高分子だ。網目のような構造のなかに水分をとりこんでふくれる。砂漠に植物を根づかせるための保水材としても注目されている。

〈抜糸のいらない糸〉

手術のあとで傷口を縫い合わせると、傷口がふさがった後で糸を抜く必要がある。ところが生体吸収性高分子を使った糸を使うと、術後、糸はじょじょに体内に吸収され、酵素がこれを二酸化炭素と水に分解し、やがて体の外に排出される。この糸のおかげで抜糸の必要がなくなり、患者の負担が軽くなった。

〈微生物が分解できるプラスチック〉

軽くて丈夫なプラスチックは便利だが、ゴミになったときには容易に分解しないことが短所となる。そこで開発されたのが、生分解性高分子だ。この高分子は、自然界の微生物によって小さい分子に分解することができる。代表的なものには、乳酸を重合したポリ乳酸がある。食器、ゴミ袋、梱包材、緩衝材などに使われている。

さくいん

〈た〉

〈な〉

〈は〉

〈ま〉

〈や〉

〈ら〉

読書案内

目で見る元素の世界　身のまわりの元素を調べよう

子供の科学★サイエンスブックス
齊藤幸一／編
誠文堂新光社

物質を構成する基本的な成分である元素。現在約110種類が発見されているが、この本では、111種類の元素を原子番号順に紹介。豊富な写真を使って、元素の存在や利用場所、性質、特徴についてコンパクトにまとめてある。どこから読んでも楽しめる。

しょうにゅうどう探検

科学のアルバム
徳富一光
あかね書房

鍾乳洞を豊富な写真で紹介した本。鍾乳洞の天井から石灰分を溶かしこんだ水が滴り落ちて、つらら石や石筍などの鍾乳石ができるようすがわかりやすく説明される。巻末には、鍾乳洞と鍾乳石ができるしくみや、鍾乳石の種類と成長の過程などの解説つき。

分子のはたらきがわかる10話

齋藤勝裕
岩波ジュニア新書

原子がつながってできた分子。わたしたちのまわりにある物質のほとんどがこの分子でできている。この本では、原子がどのようにつながって分子になるのかを皮切りに、さまざまな分子のはたらきのうち、10種類のはたらきを選んで紹介。爆発する、光りかがやく、命を守る、鏡に映るなど、身近で興味深そうなものが多い。

ポップコーンの科学　ふくらむなぞに挑戦

相場博明／文　藤田ひおこ／絵
さ・え・ら書房

子どもたちの大好きなポップコーンにも、現代社会を大きく進歩させたひみつがいっぱいつまっている。なぞをときあかすための実験がとてもよく工夫されているので、楽しんで実験しながら、自然に水、水蒸気、圧力などについて理解できるようになる。家庭でもできる実験がうれしい。

カルメ焼きはなぜふくらむ　二酸化炭素の実験

高梨賢英／文　永井泰子／絵
さ・え・ら書房

サブタイトルにもあるように、二酸化炭素のことがよくわかる実験がたくさん載っている。二酸化炭素を得る方法は、ドライアイス、酸と重曹を混ぜる、貝殻に酸を加えるなどさまざまだ。カルメ焼きをふくらますのは、二酸化炭素の力を使っている。カルメ焼きをじょうずにつくる方法も、ていねいに書いてある。

ガリレオ工房の炎のひみつ　燃焼の科学

伊知地国夫／写真　土井美香子／文　滝川洋二／監修
さ・え・ら書房

燃焼という現象のすべてを、ハイスピードカメラの映像で見せながら解説している。炎は気体が燃えて出るなど、ただの観察だけではわからなかったことを精緻な写真で見ることができるので、納得して理解できる。防災の科学についても述べられている。

色はいろいろ

科学であそぼう5
重原淳孝／文　矢崎芳則／絵
岩波書店

色の3原色、光の3原色、光と色の関係、色素と酸性・アルカリ性、pHとイオンの関係など、光に関するさまざまな内容が、楽しい絵とともにわかりやすく紹介されている。黒インクの色素分離や、食塩の電気分解、紫キャベツの染めものなど、実験も豊富。

プラスチック　ものづくりと再生のしくみ

新版・環境とリサイクル8
半谷高久／監修　江尻京子／指導　本間正樹・大角修／文
菊池東太／写真
小峰書店

プラスチックの歴史、種類、つくりかた、長所と短所、リサイクルなどについて、基本的なことが、写真やグラフもまじえて、わかりやすくまとめられている。新しい統計的なデータやリサイクルの最新事情などを加え、2003年に新版が出た。最後にリサイクルの問題点についてまとめてある。

■著者・画家紹介

原田佐和子（はらだ・さわこ）

日本女子大学家政学部化学科卒業。同大学院食物学科修士課程修了。東京在住。科学読物研究会会員。小学生対象の「サイエンスくらぶ」などで、科学あそびをしている。訳書に『天文学』『数学』『は虫類のこと』『海のこと』（いずれも玉川大学出版部）、『酸素の物語』『水素の物語』（大月書店）、著書に『びっくり！科学あそびの本』（共著、メイツ出版）、『新・科学の本っておもしろい』（共著、連合出版）など。

小川真理子（おがわ・まりこ）

パリ南オルセー大学3eme cycle、東京大学工系大学院修士修了。東京工芸大学芸術学部教授。日本大学理工学部、東京工芸大学女子短期大学部を経て現職。工学博士。科学読物研究会会員。子どもと科学の本をつなげる活動を行っている。訳書に『代数と幾何』『海の世界』（いずれも玉川大学出版部）、著書に『科学よみものの30年』（共著、連合出版）、『学校の世界地図』（大月書店）など。

片神貴子（かたがみ・たかこ）

奈良女子大学理学部物理学科卒業。科学読物研究会会員。おもに科学分野の翻訳に携わる。雑誌翻訳に米科学誌Science、日経ナショナルジオグラフィック誌。訳書に『音楽』『テクノロジー』（いずれも玉川大学出版部）、『自然療法百科事典』（共訳、産調出版）、『生命科学の今を知る　体外受精』『人がつなげる科学の歴史　光の発見』（いずれも文溪堂）、『チャレンジ！ 太陽系　実験と工作でさぐる宇宙の秘密』（少年写真新聞社）、『ハッブル宇宙望遠鏡　時空の旅』（インフォレスト）など。

溝口恵（みぞぐち・めぐみ）

お茶の水女子大学理学部化学科卒業。同大学院修士課程理学研究科化学専攻修了。お茶の水女子大学附属高等学校教諭・お茶の水女子大学非常勤講師。日本化学会教育会員。東京都高等学校理科教育研究会理化部会会員。

富士鷹なすび（ふじたか・なすび）

1956年新潟県生まれ。1981年『週刊少年チャンピオン』（秋田書店）にて、ギャグ漫画「タマゴたまご」でデビュー。ほのぼの漫画を中心に一コマ、四コマ漫画にも挑戦。
現在は日本野鳥の会会誌『野鳥』や『BIRDER』（文一総合出版）などに野鳥イラストや野鳥漫画を発表している。野鳥関連の著作に『原色非実用野鳥おもしろ図鑑』（日本野鳥の会）など。日本ワイルドライフアート協会会員、日本野鳥の会会員。

協力：福田豊（お茶の水女子大学名誉教授）

編集・制作：本作り空Sola
装丁：オーノリュウスケ（Factory701）

ボクの名前は「チュン太」
（スズメの子ども）。
好きな食べものは「ごはん」。
将来の夢は、
りっぱな科学者
になること
です。

ぐるり科学《かがく》ずかん

変身《へんしん》のなぞ 化学《かがく》のスター!

2013年11月25日　初版第１刷発行

著　者———原田佐和子・小川真理子・片神貴子・溝口恵
画　家———富士鷹なすび
発行者———小原芳明
発行所———玉川大学出版部
〒194-8610　東京都町田市玉川学園6-1-1
TEL 042-739-8935　FAX 042-739-8940
http://tamagawa.jp/up/
振替：00180-7-26665
編集：森 貴志
印刷・製本——図書印刷株式会社

乱丁・落丁本はお取り替えいたします。

ISBN978-4-472-05941-4 C8643 / NDC430

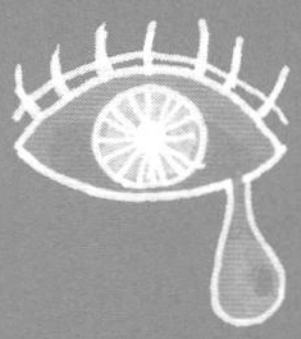
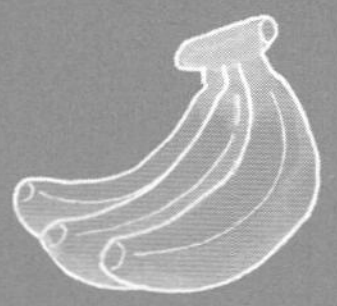

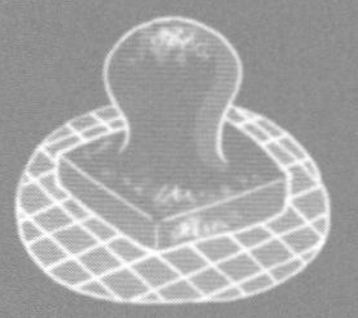
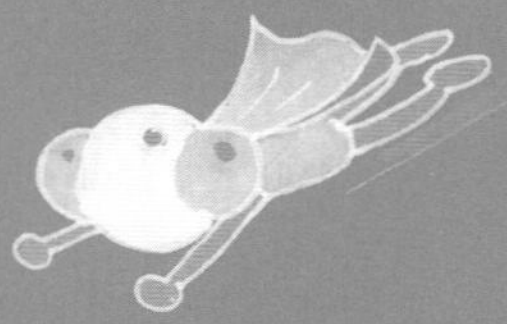